近代数学講座 2

実函数論

近藤基吉 著

朝倉書店

小松　勇作
編　集

まえがき

数学の理論の中には，他の理論への応用を目的とするものとそうでないものとがあって，前者を応用理論，後者を純粋理論という．この見解に立つとき，実函数論についても，応用実函数論と純粋実函数論とが区別せられる．例えば，位相解析や確率論への応用を目的とする実函数論は応用実函数論である．このごろ刊行されている多くの実函数論の書は応用実函数論を対象としていて，純粋実函数論の書はほとんどない．これは純粋実函数論が長らく停滞していて，新しく純粋実函数論の書を出す必要もなかったからである．

しかし，数学基礎論の最近の発達によって，純粋実函数論の研究も促進せられ，目覚しい多くの成果が得られている．実際，1938年ごろから停止状態にはいった射影集合論は帰納函数論から出現した階層論として1955年ごろから新しい発展期を迎えた．また，公理的集合論に関連して，選択の公理，一般連続体仮説に関する K. Gödel，P. J. Cohen の画期的な成果が発表せられ，多くの数学者の注目を集めている．しかし，これらの成果を土台とした純粋実函数論の書はいまだ刊行されていない．ただ，これらに関係する数学基礎論の書は昨秋一冊刊行された．J. Shoenfield の著作になるこの書は最近の諸成果を含んでいて，数学基礎論の専門家に多くの示唆を与えているが，実函数論的な諸問題に関する著者の見解は解析学の専門家たちを十分に満足させるものではないように思う．

そこで，この方面の諸成果に基いて，ここで純粋実函数論を展開することにした．本書はもちろん専門書ではなく，上で述べたような純粋実函数論の諸成果を数学に関心を持つ人びとに紹介し，さらに進んでこの方面の研究に参加しようとする人びとにはその準備のための知識を指示する一般書である．このため，ここで取り扱った諸成果の中には単なる結果の報告に終ったものもあるけれども，全体を総括的に見通すことに重点を置いて，入門書としての役目を十分に果すように努めた．なお本書には続編として「実函数論演習」が予定されていて，演習的な具体的な諸問題をそこで論ずることになっている．そこで，本書では純粋実函数論をもっと高い見地から (nach oben) 考察し，続編の方ではこれをもっと低い見地から (nach unten) 論じて，考察の全体的な効果をあげることにした．

また本書では，E. Zermelo，A. Fraenkel の集合論 ZF* において，純粋実函数論を展開した．最近のこの方面の諸成果は非常に精緻で，集合論 ZF* のような高度の知識を必要とするからである．

ここで展開される集合論 ZF* は

（1） 原始記号： ϕ, x, =,′ ∈, ⌐, →, ∀, |, (,),

（2） 項，論理式に関する構成規則，

（3） 推論規則： [S. 1]，[S. 2]，

（4） 数学論理に関する公理： [P. 1]～[P. 5]，[E. 1]，[E. 2]，

（5） 集合に関する公理： [A. 1]～[A. 5]，[C. 1]～[C. 3]，[D]

から構成される．

集合論 ZF* がこのように展開されるようになったのは最近のことで，本書で集合論 ZF* を展開することができたのもそのためである．しかしながら本書は専門書でないので，論理式を使った形式的な証明は全部避けた．

終りに，本書の執筆をすすめて下さり，いろいろな御意見をたまわった小松勇作教授に心から謝意を表する．

1968 年 1 月

著者しるす

目　　次

第1章　集　　合

§ 1. 集　　合

集合論の創始者カントルは集合を次のように定義した.

定義 M. 確定的で，十分に区別される，われわれの直観または思惟の対象を一団として把握したものが**集合**で，ここで考えられている対象がその**要素**である.

この定義において，**"確定的"**(bestimmt)ということは，任意の対象が今考えている集合の要素であるかどうかが確定していることであり，**"十分に区別される"**(wohlunterschieden)ということは，今考えている集合の任意の二つの要素が相等しいかどうかが判明していることである．また**"われわれの直観または思惟の対象"**は，図形，数，函数のような数学的対象の他に，文字，記号，物体などをも指しており，**"一団として把握"**ということは，多を一として把握することである．また彼が指示した多くの実例は，彼の集合概念を具体的に説明している.

カントルの集合論——これを集合論 C ということにする——はこのような集合概念に立脚するもので，今日の数学においても一般的に使われている．しかしながらこの集合論 C においては，集合概念が必ずしも明確ではなく，この理論の初期の時代に，後で述べるような逆理(p. 8 参照)がそこから現われることにもなった．このために集合概念を明確に規定して，もっと精密な集合論を展開しようとする機運になってきた.

公理的集合論はこのような要請の中から生まれたもので，チェルメロ，フレンケル，ノイマン，ベルナイズ，ゲーデルらの研究によって，その体系が確立された.

注意. クワインの展開した公理的集合論のように，型数概念に立脚する公理的集合論や，モストウスキの考察した，**素要素**をもっている公理的集合論なども知られているが，これらは今日の集合論の公理論的研究の主流からはずれているので，このような公理的集合論はここで取り扱わない.

公理的集合論の基本的な対象は**集合**または**集合**と**類**で，基本的な関係は**所属関係** $\in$ である．集合(集合または類) x, y に対して，x が y に**属している**とき，このことを $x \in y$ で示す．またこのとき x を y の**要素**という．

なお，x が y に属しないことを $x \overline{\in} y$ で示す．

注意．相等関係 = を数学論理に所属させる場合とそうでない場合とがあって，後の場合には相等関係 = を公理的集合論の基本的な関係と考えている．しかしここでは前の場合を取り，相等関係 = を数学論理に所属させることにする．

また集合と類を基本的な対象と考える場合，他の集合または類の要素となることのできる類が集合である．従って基本的な対象を集合と考える場合と，集合の他に類を考える場合とは，考察は全く平行に展開される．そこでここでは前の場合を主として考える．

このとき相等関係 = と所属関係 $\in$ との関連を明らかにしておくことが必要である．このため次の公理

(A.1)　(**外延の公理**)　集合 x, y においては，x の各要素が y に属し，y の各要素が x に属しているときに限り，これらは互いに相等しい

が置かれている．集合 x, y に対して，x の各要素が y に属しているとき，x は y に**含まれる**，また x は y の**部分集合**であるといい，このことを $x \subseteqq y$ または $y \supseteqq x$ で示す．また，x が y の部分集合で，x が y と異なるとき，x を y の**真部分集合**といい，このことを $x \subset y$ または $y \supset x$ で示す．このとき公理 (A.1) によれば，集合 x, y に対しては $x \subseteqq y$，$y \subseteqq x$ が同時に成り立つときに限り $x = y$ が成立する．またこのことを集合の**外延性**という．次に公理

(A.2)　(**空集合の公理**)　集合 ϕ にはどんな要素も所属していない

を置く．この公理で述べられている集合 ϕ を**空集合**という．これを集合と考えることは集合論の特質の一つで，この公理はその存在を主張している．

また公理

(A.3)　(**対集合の公理**)　集合 x, y に対して，x, y のみを要素とする集合が存在する

を置く．この公理で述べられている集合を x, y の**対集合**といい，これを $\{x, y\}$ で表わす．また $\{x, x\}$ を $\{x\}$ で表わし，これを x が作られる**単位集合**という

また集合 $a_1, a_2, a_3, \cdots$ に対して

(1.1) $\langle a_1\rangle \equiv a_1,$

(1.2) $\langle a_1, a_2\rangle \equiv \{\{a_1\}, \{a_1, a_2\}\},$

(1.3) $\langle a_1, a_2, \cdots, a_n, a_{n+1}\rangle \equiv \langle a_1, \langle a_2, a_3, \cdots, a_{n+1}\rangle\rangle$

によって，帰納的に集合 $\langle a_1, a_2, \cdots, a_n\rangle$ が定義される．これを**長さ n の集合列**という．例えば $\langle \phi, \{\phi\}, \{\{\phi\}\}\rangle$ は集合列である．

補題 1.1. 集合 a_k, b_k $(k=1,2,\cdots,n)$ に対して，$\langle a_1, a_2, \cdots, a_n\rangle = \langle b_1, b_2, \cdots, b_n\rangle$ であるがために必要にして十分な条件は $a_k=b_k$ $(k=1,2,\cdots,n)$ である．

証明. $n=2$ のとき，$\langle a_1, a_2\rangle = \langle b_1, b_2\rangle$ を書き直すと，$\{\{a_1\}, \{a_1, a_2\}\} = \{\{b_1\}, \{b_1, b_2\}\}$ である．従って $a_1=a_2$ であれば，この式の左辺は $\{\{a_1\}\}$ となり，$a_1=b_1=b_2$ が得られる．従って $a_1=b_1$，$a_2=b_2$ である．また $a_1 \neq a_2$ であれば，$\{a_1, a_2\}$ は単位集合でない．従って $b_1 \neq b_2$ が得られ，$a_1=b_1$, $a_2=b_2$ であることがわかる．ゆえに $n=2$ のとき補題1.1は成立する．また $n=1$ のとき (1.1) によって補題1.1は成立する．ゆえに (1.3) より，n に関する数学的帰納法によって補題1.1が証明される．

また集合 x の各要素が長さ n の集合列であるとき，x を **n 項集合**という．ところで a が n 項集合であるとき，$\langle x_1, x_2, \cdots, x_n\rangle \in a$ によって x_k $(k=1,2,\cdots,n)$ の関係が定義される．これを x_k $(k=1,2,\cdots,n)$ の間の **n 項関係**といい，R_a で示す．また a を R_a の**幾何像**という．そして x_k $(k=1,2,\cdots,n)$ が R_a の関係にあることを $R_a(x_1, x_2, \cdots, x_n)$ で示す．

特に，R_a が 2 項関係であるとき，$R_a(x, y)$ を xR_ay で示すことがある．

また n 項集合 a, b に対して，$a \subseteq b$ が成立するとき，R_b を R_a の**拡大**，R_a を R_b の**縮小**といい，このことを $R_a \subseteq R_b$ または $R_b \supseteq R_a$ で示す．そして $a=b$ であるとき R_a, R_b は互いに**相等しい**といい，このことを $R_a = R_b$ で示す．

次に，R_a が $n+1$ 項関係であるとき，$R_a(x_1, x_2, \cdots, x_n, y)$ である限り

$$F(x_1, x_2, \cdots, x_n) = y$$

であるような対応 F が定義される．これを a の定める **n 項対応**または単に**対応**といい，F_a で示す．また a を F_a の**幾何像**という．

二つの対応 F_a, F_b の間の拡大，縮小，相等は，関係の場合と同様に定義さ

れる．すなわち $a \subseteqq b$ が成立するとき，F_b を F_a の**拡大**，F_a を F_b の**縮小**といい，このことを $F_a \subseteqq F_b$ または $F_b \supseteqq F_a$ で示す．また $a=b$ であるとき，F_a, F_b は互いに**相等しい**といい，このことを $F_a=F_b$ で示す．

次に巾集合の存在に関する公理

(A.4) **(巾集合の公理)**　集合 x に対して，x のすべての部分集合からなる集合が存在する

を置く．この公理で述べられている集合が x の**巾集合**で，$\mathfrak{P}(x)$ で表わされる．

また和集合の存在に関して，公理

(A.5) **(和集合の公理)**　集合 x に対して，x の要素に属する要素の全体からなる集合が存在する

を置く．この公理で述べられている集合が x に属する集合の**和**で，$\mathfrak{S}(x)$ または $\bigcup_{y \in x} y$ で表わされている．

今これらの公理の簡単な応用を考えよう．集合 x, y に対して

(1.4)
$$x \smile y \equiv \mathfrak{S}(\{x, y\})$$

と置き，これを x, y の**和**という．

補題 1.2. $x \smile y$ は x の要素と y の要素の全体からなる集合である．

証明. $\mathfrak{S}(\{x, y\})$ の定義によって，x の要素，y の要素は $\mathfrak{S}(\{x, y\})$ に属す．逆に $\mathfrak{S}(\{x, y\})$ の要素は x または y の要素である．ゆえに $x \smile y$ は x の要素と y の要素の全体からなる集合である．

従って

(1.5)
$$(x \smile y) \smile z = x \smile (y \smile z),$$

(1.6)
$$x \smile y = y \smile x,$$

(1.7)
$$x \smile x = x$$

が得られる．また集合 $a_1, a_2, \cdots$ に対して

(1.8)
$$\{a_1, a_2, \cdots, a_n, a_{n+1}\} \equiv \{a_1, a_2, \cdots, a_n\} \smile \{a_{n+1}\}$$

によって，帰納的に集合 $\{a_1, a_2, \cdots, a_n\}$ が定義される．これを $a_1, a_2, \cdots, a_n$ から作られる**集合**という．

補題 1.3. $(\nu_1, \nu_2, \cdots, \nu_n)$ を自然数列 $(1, 2, \cdots, n)$ の任意の順列とするとき

$$\{a_{\nu_1}, a_{\nu_2}, \cdots, a_{\nu_n}\} = \{a_1, a_2, \cdots, a_n\}$$

である.

また定義から，例えば

$$\mathfrak{S}(\{a, b, c\}) = a \smile b \smile c,$$

$$\mathfrak{S}(\{\{a, b\}, \{c, d\}, \{e, f\}\}) = \{a, b, c, d, e, f\}$$

が得られる.

ところで，これらの公理 (A. 1)～(A. 5) に続いて，集合の間の演算に関する次の公理が置かれている.

(B_0) **(分出の公理)** 集合 a と a の要素に関する有意味な性質 E が与えられたとき，性質 E をもった a の要素の全体からなる集合が存在する.

この公理で述べられている集合を E によって a から**分出された集合**といい，$\mathfrak{M}_{a,E}$ で表わす．ところで，この公理における**"有意味な性質"** (sinnvolle Eigenschaft)に多くの疑義がもたれているが，次の諸例によってこの概念を理解することができる.

(I) x を集合 a の部分集合とするとき，有意味な性質

(1. 9) $E_{\mathrm{I}}(y)$： y は a に属し，x に属しない

によって a から分出された集合が a に関する x の**補集合**で，$\mathfrak{C}(a, x)$ または $\mathfrak{C}(x)$ で表わされる.

また補集合を使って，集合 x, y の**積**または**共通部分**が

(1. 10) $$x \frown y \equiv \mathfrak{C}(x \smile y, \mathfrak{C}(x \smile y, x) \smile \mathfrak{C}(x \smile y, y))$$

によって定義される.

補題 1. 4. $x \frown y$ は x, y に同時に属する要素の全体からなる集合である.

このことから次の関係式が得られる.

(1. 11) $$(x \frown y) \frown z = x \frown (y \frown z).$$

(1. 12) $$x \frown y = y \frown x,$$

(1. 13) $$x \frown x = x,$$

(1. 14) $$x \frown (y \smile z) = (x \frown y) \smile (x \frown z),$$

(1. 15) $$x \smile (y \frown z) = (x \smile y) \frown (x \smile z),$$

(1.16)　$\mathfrak{C}(a, \mathfrak{C}(a, x)) = x,$

(1.17)　$\mathfrak{C}(a, x \smile y) = \mathfrak{C}(a, x) \frown \mathfrak{C}(a, y),$

(1.18)　$\mathfrak{C}(a, x \frown y) = \mathfrak{C}(a, x) \smile \mathfrak{C}(a, y).$

(II)　集合 a, x において，$\mathfrak{S}(x) \subseteq a$ であるとき，有意味な性質

(1.19)　$E_{\mathrm{II}}(y)$：　$y = \mathfrak{C}(a, z)$，$z \in x$ を満足する集合 z が存在する

によって a から分出された集合 $\mathfrak{M}_{a, E_{\mathrm{II}}}$ は，x の要素 z の a に関する補集合 $\mathfrak{C}(a, z)$ の全体からなる集合である．

従って集合 x に対して $a = \mathfrak{S}(x)$ と置くとき，

$$y = \mathfrak{C}(a, \mathfrak{S}(\mathfrak{M}_{a, E_{\mathrm{II}}}))$$

は x の要素に共通する要素の全体からなる集合である．実際 $u \in y$ のとき $u \overline{\in} \mathfrak{S}(\mathfrak{M}_{a, E_{\mathrm{II}}})$ である．また x の要素 z に対して $\mathfrak{C}(a, z) \in \mathfrak{M}_{a, E_{\mathrm{II}}}$ であるから，$\mathfrak{C}(a, z) \subseteq \mathfrak{S}(\mathfrak{M}_{a, E_{\mathrm{II}}})$ である．よって $u \overline{\in} \mathfrak{C}(a, z)$ が得られ，$u \in z$ が成立する．またその逆も明らかである．従って y が求められた性質をもっている．そこで y を x のすべての要素の**積**または**共通部分**といい，これを $\bigcap_{y \in x} y$ で示す．

(III)　集合 x に対して，$a = \mathfrak{P}(x)$ と置くとき，有意味な性質

(1.20)　$E_{\mathrm{III}}(y)$：　$y = \{z\}$，$z \in x$ を満足する集合 z が存在する

によって a から分出された集合 $\mathfrak{M}_{a, E_{\mathrm{III}}}$ は，集合 $\{z\}$（ただし $z \in x$）の全体からなる集合である．

同様にして，$\{u, v\}$（ただし $u \in x$, $v \in x$）の全体からなる集合や集合列 $\langle u, v \rangle$（ただし $u \in x$, $v \in x$）の全体からなる集合を定義することができる．

(IV)　集合 x, y に対して，集合列 $\langle u, v \rangle$（ただし $u \in x \smile y$, $v \in x \smile y$）の全体からなる集合を a とするとき，有意味な性質

(1.21)　$E_{\mathrm{IV}}(z)$：　$z = \langle u, v \rangle$，$u \in x$，$v \in y$ を満足する集合 u, v が存在する

によって a から分出された集合が x, y の**直積**で，$x \times y$ で表わされる．

また集合 x_k（$k = 0, 1, 2, \cdots, n$）の直積 $x_0 \times x_1 \times x_2 \times \cdots \times x_n$ は

(1.22)　$x_0 \times x_1 \times x_2 \times \cdots \times x_{k+1} \equiv x_0 \times (x_1 \times x_2 \times \cdots \times x_{k+1})$

によって帰納的に定義される．

補題 1.5. 直積 $x_0 \times x_1 \times x_2 \times \cdots \times x_n$ は，条件

(1.23)　　$u_k \in x_k \qquad (k=0,1,2,\cdots,n)$

を満足する集合列 $\langle u_0, u_1, u_2, \cdots, u_n\rangle$ の全体からなる集合である．

証明． $\langle u_0, u_1, u_2, \cdots, u_n\rangle = \langle u_0, \langle u_1, u_2, \cdots, u_n\rangle\rangle$ であるから，(1.22) より補題1.5が得られる．

また $x_k = x\ (k=0,1,2,\cdots,n-1)$ であるとき，直積 $x_0 \times x_1 \times x_2 \times \cdots \times x_{n-1}$ を x^n で示す．

(V), (VI)　集合 x に対して，$a = \mathfrak{S}(\mathfrak{S}(x))$ と置くとき，有意味な性質

(1.24)　$E_{\mathrm{V}}(u)$: $\langle u, v\rangle \in x$ を満足する集合 v が存在する

(1.25)　$E_{\mathrm{VI}}(v)$: $\langle u, v\rangle \in x$ を満足する集合 u が存在する

によって a から分出された集合をそれぞれ x の**定義域**，**値域**といい，これらをそれぞれ $\mathfrak{D}(x)$，$\mathfrak{W}(x)$ で示す．例えば

$$x = \{\langle a, b, c\rangle, \langle a, b\rangle, \langle b, c\rangle, a, b, c\}$$

のとき

$$\mathfrak{D}(x) = \{a, b\}, \qquad \mathfrak{W}(x) = \{\langle b, c\rangle, b, c\}$$

である．

ところで，集合の定義域，値域の概念を使って，対応に関する概念を定義することができる．集合 x に対して

(1.26)　　$x \subseteq \mathfrak{D}(x) \times \mathfrak{W}(x)$

が成立するとき，対応 F_x が定義される．その定義域は $\mathfrak{D}(x)$ で，値域は $\mathfrak{W}(x)$ である．また F_x を簡単に x で示す．さらにこれが条件

(1.27)　$\mathfrak{D}(x)$ の各要素 u に対して，$\langle u, v\rangle \in x$，$\langle u, w\rangle \in x$ のとき，$v = w$ である

を満足するとき，x を**一意写像**または単に**写像**という．このとき $\langle u, v\rangle \in x$ であれば，v を u における x の**値**といい，これを $x`u$ または $x(u)$ で示す．また $\mathfrak{D}(x)$ の部分集合 z に対して，$\mathfrak{W}((z \times \mathfrak{W}(x)) \frown x)$ を x に関する z の**像**といい，これを $x``z$ または $x[z]$，$x(z)$ で示す．

(VII)　集合 x に対して，集合列 $\langle u, v\rangle$ (ただし $u \in \mathfrak{S}(\mathfrak{S}(x))$，$v \in \mathfrak{S}(\mathfrak{S}(x))$) の全体からなる集合を a とするとき，有意味な性質

(1.28)　$E_{\mathrm{VII}}(y)$：$y=\langle v,u\rangle$, $\langle u,v\rangle\in x$ を満足する集合 u,v が存在する

によって a から分出された集合を x の**反転集合**といい，これを x^{-1} で示す.

定義によって

(1.29)
$$\mathfrak{D}(x^{-1})=\mathfrak{W}(x),\qquad \mathfrak{W}(x^{-1})=\mathfrak{D}(x)$$

である．また x が対応であるとき，x^{-1} もまた対応である．これを x の**逆対応**という．また，(1.26) が成立するとき

(1.30)
$$(x^{-1})^{-1}=x$$

が得られる．また x^{-1} が一意写像であるとき，x を**逆一意対応**といい，x, x^{-1} がともに一意写像であるとき，x を**一対一写像**という.

次に，無限集合の存在に関しては，次の公理を置く.

(C.1)　**(無限集合の公理)**　集合 a で，条件

i）　$\phi\in a$,

ii）　$x\in a$ のとき $x\smile\{x\}\in a$

を満足するものが存在する.

また集合論からラッセルの逆理を排除するために

(C.2)　**(正則性の公理)**　集合 x が空でないとき

$$x\frown y=\phi$$

を満足する x の要素 y が存在する

が取られている．よく知られているように，ラッセルが指摘した**集合論の逆理**は

(1.31)
$$x\in x$$

を満足する集合 x の存在を利用する．例えば条件 (1.31) を満足しない集合 x の全体が集合 y であるとする．このとき $y\in y$ であれば，y は条件 (1.31) を満足する．他方で y の各要素は条件 (1.31) を満足しないから，$y\in y$ によって y は条件 (1.31) を満足しない．これは矛盾である．従って $y\in y$ は成立しない．ところでこのことは y が y の要素であること，すなわち $y\in y$ であることを示している．これもまた矛盾である.

従って集合論からラッセルの逆理を排除するには，(1.31) を満足する集合 x

の存在しないことが保証されなければならない．ところでこれについては，公理（C. 2）から次の補題が証明される．

補題 1.6. 集合 x_k $(k=0,1,2,\cdots,n)$ で，条件

(1.32) $$x_k \in x_{k+1} \quad (k=0,1,2,\cdots,n-1), \qquad x_0=x_n$$

を満足するものは存在しない．

証明. $y=\{x_0,x_1,x_2,\cdots,x_{n-1}\}$ とおく．条件（1.32）が成立すれば

$$x_{k-1} \in x_k \frown y \qquad (k=1,2,\cdots,n-1),$$

$$x_{n-1} \in x_0 \frown y$$

が得られ，公理（C. 2）に矛盾する．よって補題 1.6 が証明される．

系. (1.31) を満足する集合 x は存在しない．

またチェルメロは集合論 C に次の公理を導入した．

(C. 3) **（選択の公理）** 空でない集合 x のすべての要素が空でない集合であるとき，x で定義された一意写像 f で，x の各要素 u に対して

$$f(u) \in u$$

を満足するものが存在する．

この公理で述べられている一意写像 f を**選択写像**という．その存在に関しては多くの疑義がもたれているが，1904 年にチェルメロが指摘したように，この公理を許容するとき，カントルの集合論 C の根本問題の多くのものが解決される．またこの公理は AC で表わされる場合が多い．

ところで，今までに述べてきた公理（A. 1）～(A. 5)，(B_0)，(C. 1)～(C. 3) は 1904 年に発表されたチェルメロの公理論に由来するものである．そこで，これらの公理の下で展開される集合論を Z_0^* で示し，これから選択の公理 (C. 3) を除いて得られる集合論を Z_0 で示す．そしてこれらを総称して**強義のチェルメロの集合論**という．

注意. すでに述べたように，強義のチェルメロの集合論では，相等関係 = は基本的な関係でない．従ってこれ自体に関する公理は取りあげられていない．よく知られているように，集合 a の要素の間の 2 項関係 R が，条件

(1.33) **（反射性）** $R(x,x)$,

(1.34) **（対称性）** $R(x,y)$ のとき $R(y,x)$,

(1.35) (**移動性**) $R(x,y)$，$R(y,z)$ のとき $R(x,z)$

を満足するとき，R を**相等関係**という．しかし相等関係 $=$ に関する公理としてはこれだけでは不十分で，公理 [E.1]，[E.2] (p.18 参照) に相当する公理が必要である．

これらの集合論については次の諸点があげられる．

(P_1) 分出の公理 (B_0) の精密化

(P_2) 集合論 Z_0, Z_0^* の整合性

(P_3) 集合論 Z_0, Z_0^* の完全性

(P_4) 選択の公理 (C.3) の許容性

課題 (P_1) については§2で述べるように，論理式の使用によってその精密化が完全に達成される．ここで新しく分出の公理 (B) が得られ，集合論 Z_0, Z_0^* における公理 (B_0) を公理 (B) で置き換えて得られる集合論が Z, Z^* である．

次に課題 (P_2) については現在ほとんど対策がなく，その処理は今後に残されている．分出の公理 (B_0) を精密化して得られる集合論 Z, Z^* の(論理的)整合性は有限の立場から証明することはできない．ゲーデルの第2非完全性定理がこのことを主張しているからである．またその(認識論的)整合性の課題は数学の範囲を越えるものである．従って数学の現段階においては，集合論 Z, Z^* またその拡張である ZF, ZF^* の(論理的)整合性を仮定するより他に方途がない．

次に課題 (P_3) については，集合論 Z, Z^* の(論理的)整合性を仮定した場合，これらの集合論が完全でないことが証明される．ゲーデルの第1非完全性定理がそこで成立するからである．従って，例えば集合論 ZF^* の(論理的)整合性を仮定したとき，その整合性を保持したままで，無限の仕方で集合論 ZF^* を拡張することができる．これはコーヘンの方法で証明される(§12 参照)．従って集合論 ZF^* は集合論の中でも非常に公理の少ないものである．しかしながら，本書で取り扱われている実函数論の諸定理を集合論 ZF^* で証明することができる．

次に課題 (P_4) については，集合論 ZF の(論理的)整合性を仮定した場合，

選択の公理 (C. 3) が集合論 ZF の公理から独立であることが，ゲーデル，コーヘンによって証明(§ 12 参照)されている．このことは選択の公理 (C. 3) の整合性に関する一つの解答である．これを理由にして，積極的に選択の公理 (C. 3) を許容することもできる．しかし選択写像の存在には多くの疑義がもたれていて，その存在が証明されるとき，この公理は使われていない．そして選択写像の存在が証明されていないとき，その存在がこの公理によって保証されることになる．このことは，その存在が論理的に整合であるにしても，存在論的にはとうてい許容されないところである．このために，集合論，従って全数学からこの公理を排除することが試みられている．

注意． 選択の公理 (C. 3) の排除の課題は本講座第 4 巻の「実函数論演習」で取り扱い，本書では積極的には取り扱わない．

問 1. 集合の列 a_k $(k=0,1,2,\cdots)$ で，$a_{k+1}\in a_k$ $(k=0,1,2,\cdots)$ を満足するものは存在しないことを示せ．

問 2. 集合の全体は集合であるか．

問 3. 次の関係式を証明せよ．

i) $\mathfrak{C}(\bigcap_{x\in y} x)=\bigcup_{x\in y}\mathfrak{C}(x)$,

ii) $\mathfrak{C}(\bigcup_{x\in y} x)=\bigcap_{x\in y}\mathfrak{C}(x)$.

§ 2. 集合と論理

前節で展開した集合に関する考察をさらに精密にし，課題 (P_1) を解決するために，集合と論理との関連をここで考える．今，次の 10 個の記号

(2. 1)　**定数記号：** ϕ

(2. 2)　**変数記号：** x

(2. 3)　**関係記号：** $=$, $\in$

(2. 4)　**論理記号：** $\neg$, $\rightarrow$, $\forall$

(2. 5)　**指数記号：** $|$

(2. 6)　**補助記号：** (,)

を取り，これを**原始記号**という．

ここで ϕ は空集合を表わす．また

(2.7)　　$x_0 \equiv x, \quad x_{n+1} \equiv (x_n)|$　　$(n=0, 1, 2, \cdots)$

と置き，これらを**変数**という．なお便宜上，変数 x_n $(n=0, 1, 2, \cdots)$ を表わす略記号として $x, y, z, \cdots$ を使う．

そこで項と論理式に関する**構成規則**を置く．定数記号 ϕ と変数 x_n $(n=0, 1, 2, \cdots)$ を**項**という．また便宜上，項を $s, t, \cdots$ で表わす．

次に，**論理式**を

(2.8)　項 s, t より作られる式

$$s=t, \qquad s \in t$$

は論理式である

(2.9)　論理式 A, B に対して

$$\neg A, \qquad A \to B, \qquad (\forall x_n) A$$

は論理式である

によって帰納的に定義する．例えば

$$(\exists x_0)(x_0 \in x_1 \smile x_0 \in x_2),$$
$$u \in x \smile \neg(\exists v)(v \in x)$$

は論理式である．また略記号として，論理記号 $\smile$，$\frown$，$\rightleftarrows$，$\exists$ を次のように導入する．

(2.10)　　$A \smile B \equiv \neg A \to B,$

(2.11)　　$A \frown B \equiv \neg(A \to \neg B),$

(2.12)　　$A \rightleftarrows B \equiv (A \to B) \frown (B \to A),$

(2.13)　　$(\exists x_n) A \equiv \neg(\forall x_n)(\neg A).$

ところで，このように形式的に定義された論理式に次のような解釈を与えることができる．

(2.14)　　$s=t$：s は t に相等しい

(2.15)　　$s \in t$：s は t に属す

(2.16)　　$\neg A$：A でない

(2.17)　　$A \smile B$：A または B である

(2.18)　　$A \frown B$：A かつ B である

(2.19) $A \to B$: AであればBである

(2.20) $A \rightleftarrows B$: A, Bは同値である

(2.21) $(\exists x_n)A$: Aを満足するx_nが存在する

(2.22) $(\forall x_n)A$: すべてのx_nがAを満足する

例えば次の論理式

$$f \subseteqq \mathfrak{D}(f) \times \mathfrak{W}(f) \frown (\forall x)(\forall y)(\forall z)((\langle x, y\rangle \in f \frown \langle x, z\rangle \in f) \to y = z)$$

は f が一意写像であることを書いたものである．この論理式を $\mathrm{Un}(f)$ で表わす．また論理式

$$\mathrm{Un}(f) \frown \mathrm{Un}(f^{-1})$$

は f が一対一写像であることを書いたものである．これを $\mathrm{Un}_1(f)$ で示す．

また逆に，与えられた命題を解釈にもつような論理式を与えることのできる場合も多い．例えば公理 (A. 1)～(A. 5), (C. 1)～(C. 3) については，次の論理式があげられる[1)]．

[A. 1] $(\forall x)(\forall y)(x = y \rightleftarrows (\forall z)(z \in x \rightleftarrows z \in y))$,

[A. 2] $(\forall y) \urcorner (y \in \phi)$,

[A. 3] $(\forall x)(\forall y)(\exists z)(\forall u)(u \in z \rightleftarrows (u = x \smile u = y))$,

[A. 4] $(\forall x)(\exists y)(\forall z)(z \in y \rightleftarrows z \subseteqq x)$,

[A. 5] $(\forall x)(\exists y)(\forall z)(z \in y \rightleftarrows (\exists u)(z \in u \frown u \in x))$,

[C. 1] $(\exists a)(\phi \in a \frown (\forall x)(x \in a \to (x \smile \{x\}) \in a))$,

[C. 2] $(\forall x)(\urcorner x = \phi \to (\exists y)(y \in x \frown (x \frown y) = \phi))$,

[C. 3] $(\forall x)((\urcorner x = \phi \frown (\forall y)(y \in x \to \urcorner y = \phi))$
$\to (\exists f)(\mathrm{Un}(f) \frown \mathfrak{D}(f) = x \frown (\forall y)(y \in x \to f`y \in y)))$.

また，後で述べる公理 (B), (D) (p. 15, 17 参照) は次の論理式で書かれる．

[B] $(\forall x)(\exists y)(\forall x_1)(\forall x_2)\cdots(\forall x_n)((x_1 \in x \frown x_2 \in x \frown \cdots$
$\frown x_n \in x \frown A(x_1, x_2, \cdots, x_n)) \rightleftarrows \langle x_1, x_2, \cdots, x_n\rangle \in y)$,

[D] $(\forall z_1)(\forall z_2)\cdots(\forall z_n)(\forall x)(\exists y)(\mathfrak{T}_A[x] = y)$

1) これらの論理式から $\subseteqq$, $x \smile \{x\}$, $\langle \cdots \rangle$, $x \frown y$, $\mathfrak{D}(f)$ を消去することができる．第4巻「実函数論演習」を参照．

ただし $u\in\mathfrak{T}_A[x]\equiv(\exists v)(v\in x \frown A(v, u, z_1, z_2, \cdots, z_n))$.

しかし命題の中には，分出の公理 (B_0) のように論理式で書けないものがあって，これらが数学を混乱させている．そこで本書では，論理式または論理式で書かれる命題を主体として論議を展開することにする．しかし序文において述べたように，本書は論理式を使って形式的に論議しない．従って定理の証明において使われる論理は形式化されていない．しかしこれらを**“相等性の許容された第1階の応用古典述語論理”**の中で実現できるように配慮されている．

注意． 第1階の応用古典述語論理の公理として

[P.1] $A\to(B\to A)$,

[P.2] $(A\to(B\to C))\to((A\to B)\to(A\to C))$,

[P.3] $(A\to B)\to((A\to \neg B)\to \neg A)$,

[P.4] $\neg\neg A\to A$,

[P.5] $(\forall x)A(x)\to A(t)$ （ただし $A(x)$ は t に関して x に関連しない）

があげられ，**推論規則**としては

[S.1] $\dfrac{A, A\to B}{B}$,

[S.2] $\dfrac{A\to B(x)}{A\to(\forall x)B(x)}$ （ただし A は x に自由関連しない）

があげられる．また相等性の公理 [E.1], [E.2] は p.18 で述べる．

ところで，一つの論理式に含まれる変数に二つの種類がある．例えば，論理式

$(\forall z)(z\in x\to z\in y)$ ： x のすべての要素は y に属する

$(\exists z)(\neg x=\phi\to z\in x)$ ： x が空でなければ，x に属する要素が存在する

は変数 x または y と変数 z を含む．しかしそれらの解釈の上には，x また y は現われているが，z は現われていない．従って z は表面的に変数の作用をしていない．これは z が $\exists$ または $\forall$ によって形容されているからであって，数学論理では変数を $\exists$ または $\forall$ によって形容することを**束縛**するといい，束縛された変数を**束縛変数**，そうでない変数を**自由変数**という．例えば上記の論理式では z は束縛変数で，x, y は自由変数である．しかしこのことは次のように明確に定義される．

(2.23) 論理式 $s=t$, $s\in t$ では，そこに含まれる変数が自由変数で，束縛

変数は存在しない．

(2.24)　x が論理式 A の自由変数であるとき，x は $\neg A$，$A\to B$，$C\to A$ の自由変数である．また A の束縛変数はこれらの束縛変数である．

(2.25)　x が論理式 A の自由変数であるとき，x は $(\forall y)A$ の自由変数である．また A の束縛変数はこれの束縛変数である．他方で y は $(\forall y)B$ の束縛変数であるが自由変数でない．

また論理記号 $\smile$，$\frown$，$\rightleftarrows$，$\exists$ と自由変数，束縛変数との関係は，これらの定義と (2.23)～(2.25) からわかる．例えば，論理式

$$(\exists y)(y\in x)\to(\exists z)(z\in x\frown(x\frown z)=\phi)$$

では x が自由変数で，y, z が束縛変数である．

注意． 一つの論理式の中で，同じ変数が自由変数と束縛変数との作用をすることがある．例えば，論理式

$$(\exists y)(y'=x)\to(y<z\to xy<xz)$$

では，y は自由変数であるとともに束縛変数である．

そこで，論理式 A が $x_1, x_2, \cdots, x_n$ と異なる自由変数を含まないとき，A を $A(x_1, x_2, \cdots, x_n)$ で示すことがある．例えば

$$A(x)\equiv(\exists y)(\forall z)(z\in y\rightleftarrows z\subseteqq x)$$

である．

ところで，集合と論理式との間には密接な関係があって，これを積極的に表明したものが分出の公理，置換の公理である．すでに述べたように，強義のチェルメロの集合論 Z_0, Z_0^* では，分出の公理 (B_0) が重要な役目を果している．しかしそこで使われている“有意味な性質”は数学的に明確な概念ではない．このために，その明確化が集合論の重要な課題の一つであることを述べておいた．ところで，これを解決するには，論理式の概念によってこの公理を次のように修正([B] は p. 13 で述べた)すれば十分である．

(B)　**(分出の公理)**　集合 a と論理式 $A(x_1, x_2, \cdots, x_n)$ が与えられたとき，

条件

i)　$x_k\in a$　　$(k=1, 2, \cdots, n)$,

ii)　$A(x_1, x_2, \cdots, x_n)$

を満足する集合列 $\langle x_1, x_2, \cdots, x_n\rangle$ の全体からなる集合が存在する.

ここで述べられている集合が $A(x_1, x_2, \cdots, x_n)$ によって a から**分出された集合**で,

(2.26) $\mathfrak{M}_a A(x_1, x_2, \cdots, x_n)$ または $\{\langle x_1, x_2, \cdots, x_n\rangle | A(x_1, x_2, \cdots, x_n)\}_a$

で示される. また簡単に, この集合を $\mathfrak{M}_a A$, $\mathfrak{M}A$, $\{\langle x_1, x_2, \cdots, x_n\rangle | A(x_1, x_2, \cdots, x_n)\}$ で示すことがある. 例えば x を集合 a の部分集合とするとき,

$$A_{\mathrm{I}}(y) \equiv y \in a \frown \urcorner y \in x$$

と置けば

$$\mathfrak{M}_a A_{\mathrm{I}}(y) = \mathfrak{M}_{a, E_{\mathrm{I}}}$$

である. また集合 a, x において, $\mathfrak{S}(x) \subseteqq a$ であるとき

$$A_{\mathrm{II}}(y) \equiv (\exists z)(y = \mathfrak{C}(a, z) \frown z \in x)$$

と置けば

$$\mathfrak{M}_a A_{\mathrm{II}}(y) = \mathfrak{M}_{a, E_{\mathrm{II}}}$$

である. 同様に, 有意味な性質 $E_{\mathrm{III}}, E_{\mathrm{IV}}, \cdots, E_{\mathrm{VII}}$ に対応する論理式 A_{III}, $A_{\mathrm{IV}}, \cdots, A_{\mathrm{VII}}$ を求めて, $\mathfrak{M}_a A_{\mathrm{III}} = \mathfrak{M}_{a, E_{\mathrm{III}}}$, $\cdots$, $\mathfrak{M}_a A_{\mathrm{VII}} = \mathfrak{M}_{a, E_{\mathrm{VII}}}$ であるようにできる.

また一般に

(2.27) $\mathfrak{M}_a \urcorner A(x_1, x_2, \cdots, x_n) = \mathfrak{C}(a^n, \mathfrak{M}_a A(x_1, x_2, \cdots, x_n))$,

(2.28) $\mathfrak{M}_a(A \smile B) = \mathfrak{M}_a A \smile \mathfrak{M}_a B$,

(2.29) $\mathfrak{M}_a(A \frown B) = \mathfrak{M}_a A \frown \mathfrak{M}_a B$,

(2.30) $\mathfrak{M}_a(A \to B) = \mathfrak{C}(\mathfrak{M}_a A) \smile \mathfrak{M}_a B$,

(2.31) $\mathfrak{M}_a(A \rightleftarrows B) = (\mathfrak{C}(\mathfrak{M}_a A) \frown \mathfrak{C}(\mathfrak{M}_a B)) \smile (\mathfrak{M}_a A \frown \mathfrak{M}_a B)$

が得られる.

他方で, 任意の論理式 $A(x)$ は, その構成から考えて, 集合に関する“有意味な性質”と理解される. また集合論の現段階において, 公理(B_0)と公理(B)との間に効用上の差異はないように思われる. 従って“有意味な性質”の明確化の課題は公理 (B) による修正によって完全に解決されたことになる.

しかし明確を期して, 集合論 $\mathrm{Z}_0, \mathrm{Z}_0{}^*$ における公理 (A. 1)～(A. 5), (B_0),

(C. 1)～(C. 3) を公理 [A. 1]～[A. 5], [B], [C. 1]～[C. 3] で置き換えて得られる集合論をそれぞれ Z, Z* で示し, **弱義のチェルメロの集合論**ということにする.

ところでフレンケルの指摘したように, チェルメロの集合論 Z_0, Z_0*, Z, Z* においては, 超限数の処理においてある程度の制限を受けることになる. このために, 新しい公理を導入して, チェルメロの集合論を拡大することが考えられている.

論理式 $A(x, y, z_1, z_2, \cdots, z_n)$ が, 条件

(2. 32) $$(\forall x)(\exists y)A(x, y, z_1, z_2, \cdots, z_n),$$

(2. 33) $$(A(x, y, z_1, z_2, \cdots, z_n) \frown A(x, z, z_1, z_2, \cdots, z_n)) \to y = z$$

を満足するとき, 集合 $z_1, z_2, \cdots, z_n$ を固定すれば, 任意の集合 x に, $A(x, y, z_1, z_2, \cdots, z_n)$ を満足する集合 y を対応させる一意対応が定義される. これは §1 で定義した意味での対応ではないが, これもまた一種の対応である. そこでこれを論理式 A の定める**超写像**といい. 形式的に $\mathfrak{T}_A$ で示すことにする. 従って集合 x, y に対して $\mathfrak{T}_A(x) = y$ であることは, $A(x, y, z_1, z_2, \cdots, z_n)$ の略記号, すなわち

(2. 34) $$\mathfrak{T}_A(x) = y \equiv A(x, y, z_1, z_2, \cdots, z_n)$$

であると考える. また, 集合 u に対して

$$B(y) \equiv (\exists x)(x \in u \frown \mathfrak{T}_A(x) = y)$$

と置くとき,

$$y \in z \rightleftarrows B(y)$$

を満足する集合 z が存在するならば, これを $\mathfrak{T}_A$ に関する u の**像**といい, $\mathfrak{T}_A[u]$ で示すことにする.

このとき次の公理([D] は p. 13 で述べた)が導入される.

(D) **(置換の公理)** 任意の集合 u と超写像 $\mathfrak{T}_A$ とに対して, $\mathfrak{T}_A$ に関する u の像が存在する.

そこで, チェルメロの集合論 Z, Z* の公理群に置換の公理 [D] を添加して得られる集合論をそれぞれ**チェルメロ, フレンケルの集合論** ZF, ZF* という.

補題 2.1. 集合論ZFにおいては，分出の公理[B]が他の公理から導かれる．

証明． 集合 a と論理式 $A(x_1, x_2, \cdots, x_n)$ とに対して

$$B(x) \equiv (\exists x_1)(\exists x_2)\cdots(\exists x_n)(x = \langle x_1, x_2, \cdots, x_n \rangle \frown A(x_1, x_2, \cdots, x_n)),$$

$$b = a^n$$

と置くとき，$\mathfrak{M}_b B = \mathfrak{M}_a A$ であるから，$n=1$ の場合を考えれば十分である．今

$$C(x, y) \equiv (A(x) \to y = x) \frown (\neg A(x) \to y = \phi)$$

を取る．これは条件 (2.32), (2.33) を満足しているから超写像 $\mathfrak{T}_C$ が定義される．また

$$\begin{aligned} \mathfrak{T}_C(x) &= x \qquad x \in \mathfrak{M}_a A \text{ のとき}, \\ &= \phi \qquad x \,\overline{\in}\, \mathfrak{M}_a A \text{ のとき} \end{aligned}$$

であるから，公理 [D] によって，$\mathfrak{T}_C[a]$ が存在し，しかも

$$\mathfrak{T}_C[a] = \mathfrak{M}_a A \quad \text{または} \quad \mathfrak{M}_a A \smile \{\phi\}$$

である．ゆえに $\mathfrak{M}_a A$ は集合である．よって公理[B]が他の公理から得られる．

従ってチェルメロ，フレンケルの集合論 ZF* は公理 [A.1]〜[A.5], [C.1]〜[C.3], [D] の下で展開され，集合論 ZF はこれから公理 [C.3] を除いたところで展開される．また相等関係に関する公理は

[E.1] $\qquad x = x,$

[E.2] $\qquad x = y \to (A(x) \to A(y))$

である．ただし，x, y は $A(x)$ の束縛変数でないとする．

なお本書は原則として集合論 ZF* で展開する．

注意． 集合と類とを基本的な対象としている公理的集合論には**ノイマン，ベルナイズ，ゲーデルの集合論** NBG, NBG* がある．この集合論では，集合の全体――これを V で示し**普遍類**という――のような全体を類として積極的に取りあげている．集合論 ZF*, ZF で取りあげた超写像は類の一種である．そして一般に一つの論理式 $A(x_1, x_2, \cdots, x_n)$ が与えられたとき，これを満足する集合列 $\langle x_1, x_2, \cdots, x_n \rangle$ の全体が A の定める**類**で，集合の場合と同様に $\mathfrak{M}A$ で表わされる．また $A(x_1, x_2, \cdots, x_n)$ を満足する集合列 $\langle x_1, x_2, \cdots, x_n \rangle$ を $\mathfrak{M}A$ の**要素**という．例えば

$$V = \mathfrak{M}(\neg x \in x), \qquad \mathfrak{C}(V, \mathfrak{M}A) \equiv \mathfrak{M}(\neg A)$$

が補題1.6の系から得られる．また

$$\mathfrak{M}A \smile \mathfrak{M}B \equiv \mathfrak{M}(A \smile B), \qquad \mathfrak{M}A \frown \mathfrak{M}B \equiv \mathfrak{M}(A \frown B)$$

によって，$\mathfrak{M}A, \mathfrak{M}B$ の和，積が定義される．

問 1. 有意味な性質 $E_{\mathrm{III}}, E_{\mathrm{IV}}, \cdots, E_{\mathrm{VII}}$ に対応する論理式 $A_{\mathrm{III}}, A_{\mathrm{IV}}, \cdots, A_{\mathrm{VII}}$ を求めよ．

問 2. 論理式 $A(x, y)$ と集合 a とに対して $A^{\langle y\rangle} \equiv \{x|x \in a \frown A(x, y)\}$ と置くとき，次式を証明せよ．

i）$\mathfrak{M}_a(\exists y)(A(x, y) \frown y \in a|) = \bigcup_{y \in a} A^{\langle y\rangle}$,

ii）$\mathfrak{M}_a(\forall y)(A(x, y) \frown y \in a|) = \bigcap_{y \in a} A^{\langle y\rangle}$.

§3. 順　序　数

集合の超限数には超限順序数と超限計数との2種類があって，カントルによって定義されたものである．しかしこれらの明確な定義はノイマンに負うところが多い．そこでノイマンの定義に従ってこれらを論ずることにする．

集合 a の要素の間の2項関係 R が，条件

(3.1)　（**非対称性**）　$R(x, x)$ を満足する a の要素 x が存在しない

(3.2)　（**移動性**）　$R(x, y)$，$R(y, z)$ のとき $R(x, z)$ である

(3.3)　（**結合性**）　a の任意の要素 x, y に対して

$$R(x, y), \qquad x = y, \qquad R(y, x)$$

の中のただ一つが成立する

を満足するとき，R を**順序関係**，a を**順序集合**という．また $R(x, y)$ であるとき，このことを $x < y$ または $y > x$ で示す．

注意. $x < y$ または $x = y$ であることを $x \leqq y$ または $y \geqq x$ で示す．

また a を順序関係 R に関する順序集合とし，b を a の部分集合とするとき，R を b の上に**縮小**して得られる2項関係はまた順序関係で，b はこれに関する順序集合である．そこで b を a の**順序部分集合**という．

今 R を集合 a の上の順序関係とする．このとき R が，条件

(3.4)　（**整列条件**）　a の任意の空でない部分集合 b に対して，b の要素 c で，$x \in b$ のとき，$c \leqq x$ であるものが存在する．なお c を b の**最前要素**という

を満足するならば，R を**整列関係**，a を**整列集合**という．

例. a が所属関係 $\in$ に関する順序集合であるとき，a は整列集合である．

実際aが整列集合でなければ，aの空でない部分集合bで，最前要素の存在しないものが存在している．ところで公理［C. 2］によれば，bの要素cで，$b\frown c=\phi$を満足するものが存在する．またcはbの最前要素でないから，bの要素dで，$d\in c$を満足するものが存在する．このとき，$d\in b$であるから，$d\in b\frown c$が得られる．これは矛盾である．よってaは整列集合である．

また整列関係Rに関する整列集合aの部分集合bが，条件

(3.5)　**(切片条件)**　$x\in b,\ y<x$　のとき　$y\in b$

を満足するとき，bをaの**切片**という．またaの切片でa自身と異なるものをaの**純切片**という．

例えば，aの任意の要素xに対して，$y<x$を満足するaの要素yの集合はaの純切片である．これをxの定める**切片**という．

補題 3.1. bをaの純切片とするとき，bを定めるaの要素が存在する．

証明. 定義によって$\mathfrak{C}(a,b)\neq\phi$である．従って$\mathfrak{C}(a,b)$の最前要素を$x$とすれば，$b$は$x$の定める$a$の切片である．実際$b$が$x$の定める$a$の切片$c$に含まれることは明らかである．次に$y$を$c$の要素とすれば，$y<x$が成立する．よって$y\leqq z$を満足する$b$の要素$z$が存在する．従って$b$の定義より$y\in b$が得られる．ゆえに$c\subseteqq b$が成立する．よって$b=c$である．

次にa, bをそれぞれ整列関係R, Sに関する整列集合とするとき，aで定義され，値域がbに含まれる一意写像fが，条件

(3.6)　**(相似条件)**　aの異なる要素x, yに対して，$R(x,y)$のとき，$S(f(x),f(y))$，すなわち$x<y$のとき，$f(x)<f(y)$である

を満足するならば，fを**相似写像**という．

また，このときfの値域がbであれば，fを，aをbに写す**相似写像**といい，a, bの間に一対一の相似写像が存在すれば，aはbに**相似**であるという．そしてこのことを$a\simeq b$で示す．定義より

(3.7)　$x\simeq x,$

(3.8)　$x\simeq y$　のとき　$y\simeq x,$

(3.9)　$x\simeq y,\ y\simeq z$　のとき　$x\simeq z$

が得られる．すなわち $\simeq$ は相等関係である．

ところで，ノイマンは**順序数**を，次の条件

(3.10)　x は所属関係 $\in$ に関する順序集合である

(3.11)　x の各要素 y に対して $y \subseteq x$ である

を満足する集合 x として直接に定義した．例えば

$$\phi,\ \{\phi\},\ \{\phi, \{\phi\}, \{\phi, \{\phi\}\}\}$$

は順序数である．また整列集合の例(p. 19 参照)からわかるように，所属関係 $\in$ に関する順序集合は $\in$ に関する整列集合である．このことから次の補題が得られる．

補題 3.2. 順序数の定義で使われる条件 (3.11) は

(3.12)　x の各要素 y は y の定める x の切片に等しい

で置きかえることができる．

証明. 集合 x が条件 (3.10), (3.11) を満足するとき，x の要素 y の定める切片を z とする．z の要素 u に対して，$u \in y$ であるから，$z \subseteq y$ である．次に y の要素 u に対して，$u \in y$ より $u \in z$ が得られる．従って $y \subseteq z$ である．ゆえに $y = z$，すなわち y は，y の定める x の切片である．

逆に，集合 x が条件 (3.10), (3.12) を満足するとき，x は明らかに (3.11) を満足する．

定理 3.1. 順序数 x, y に対して，y が x の真部分集合であれば，y は x の要素である．すなわち $y < x$ である．

証明. y の任意の要素 u と，$v < u$ を満足する x の要素 v とに対して，$v \in u$ であって，y は順序数であるから，$v \in y$ である．よって y は x の切片である．ところで y は x の真部分集合であるから，y は x の純切片である．ゆえに補題 3.1 と補題 3.2 によって y は x の要素である．

定理 3.2. 順序数 x, y に対して $x < y$, $x = y$, $y < x$ の中のただ一つが成立する．

証明. x, y は $\in$ に関する整列集合であるから，$x \frown y$ は $\in$ に関する整列集合である．また $x \frown y$ の要素 z は，z の定める x, y の切片である．従って z は

またzの定める$x\frown y$の切片である．よって$x\frown y$はまた順序数である．

ところで$x\neq y$であれば$x\frown y$はxまたはyの真部分集合である．ゆえに定理3.1によって，$x\frown y$はxまたはyに属する．従って形式的には次の三つの場合

(3.13) $$x\frown y=x,\qquad x\frown y\in y,$$

(3.14) $$x\frown y\in x,\qquad x\frown y=y,$$

(3.15) $$x\frown y\in x,\qquad x\frown y\in y$$

が考えられる．(3.13) のときには$x\in y$である．同様に (3.14) のときには$y\in x$である．また (3.15) のときには，$x\frown y$はx,yの要素であるから，$(x\frown y)\in(x\frown y)$が得られる．これは補題1.6の系に矛盾する．よって (3.15) は成立しない．ゆえに定理3.2は成立する．

そこで順序数の集合について考える．

定理 3.3. 順序数の集合xに対して$\mathfrak{S}(x)$はまた順序数である．

証明. $\mathfrak{S}(x)$の要素uに対して，補題1.6より，$u\in u$は成立しない．また$\mathfrak{S}(x)$の要素u,v,wに対して$u\in v$, $v\in w$のとき，$v\subseteqq w$によって$u\in w$である．また$\mathfrak{S}(x)$の要素u,vは順序数であるから，定理3.2によって，$u\in v$, $u=v$, $v\in u$の中のただ一つが成立する．

ゆえに$\mathfrak{S}(x)$は$\in$に関する順序集合である．

また$\mathfrak{S}(x)$の要素uに対して，$v\in u$のとき，$v\in\mathfrak{S}(x)$である．ゆえに$u\subseteqq\mathfrak{S}(x)$である．ゆえに定義によって$\mathfrak{S}(x)$は順序数である．

順序数の集合xに対して順序数$\mathfrak{S}(x)$は次の性質をもっている．

(3.16) $y\in x$のとき$y\subseteqq\mathfrak{S}(x)$.

(3.17) $y\in\mathfrak{S}(x)$のとき，$y=x$または$y\in z$を満足するxの要素zが存在する．

そこで$\mathfrak{S}(x)$をxに属する順序数の**上端**といい，これを$\sup_{y\in x} y$で示す

定理 3.4. 順序数の集合xは$\in$に関する整列集合である．

証明. xの要素の中に最大の順序数が存在しないならば$x\subseteqq\mathfrak{S}(x)$である．実際$x$の任意の要素$u$に対して，$u\in v$を満足する$x$の要素$v$が存在する．従

って $u\in v\subseteqq\mathfrak{S}(x)$ によって $u\in\mathfrak{S}(x)$ である．よって $x\subseteqq\mathfrak{S}(x)$ である．ところで $\mathfrak{S}(x)$ は整列集合であるから，x は整列集合である．

x の要素の中に最大の順序数 u が存在するとき，$u\smile\{u\}$ は順序数であるから整列集合である．ところで $x\subseteqq u\smile\{u\}$ であるから，x はまた整列集合である．

また順序数 x に対して

(3.18) $$x'\equiv x\smile\{x\}$$

と置き，これを x の**直後の順序数**という．

補題 3.3. 順序数 x, y に対して $x<y$ のとき，$x'\leqq y$ である．

証明. $x<y$ のとき，x は y の真部分集合である．また $x\in y$ である．よって $x'\subseteqq y$ が得られる．ゆえに $x'\leqq y$ である．

そこで順序数 x に対して $x=y'$ を満足する順序数 y が存在するとき，x は**第1種**または**孤立**であるといい，x が第1種でないとき，x は**第2種**であるという．また x が第2種で ϕ でないとき，x を**極限順序数**という．

例えば

$$\{\phi,\ \{\phi\},\ \{\phi, \{\phi\}\},\ \{\phi, \{\phi\}, \{\phi, \{\phi\}\}\}\}$$

は第1種の順序数である．

ところで，これらの順序数のように，ϕ または第1種の順序数で，その要素が ϕ または第1種の順序数であるものを**有限順序数**といい，これらをその大きさの順序に従って，アラビヤ数字を使って

$$0, 1, 2, 3, \cdots$$

で表わす．また有限でない順序数を**超限順序数**という．

定理 3.5. 超限順序数が存在する．

証明. 公理 [C.1] によって，集合 a で，条件

(3.19) $$\phi\in a,$$

(3.20) $$x\in a\rightarrow x'\in a$$

を満足するものが存在する．そこで

(3.21) $$A(x)\equiv(\forall u)(\forall v)(\forall w)((u\in v\frown v\in w\frown w\in x)\rightarrow u\in w),$$

(3.22)　$B(x) \equiv (\forall u)(\forall v)((u \in x \frown v \in x) \to (u \in v \smile u = v \smile v \in u))$,

(3.23)　$C(x) \equiv (\forall u)(u \in x \to u \subseteq x)$

に対して，$b = \mathfrak{M}_a A \frown \mathfrak{M}_a B \frown \mathfrak{M}_a C$ と置く.

$A(x), B(x), C(x)$ の与える条件は，所属関係 $\in$ が x において (3.2), (3.3), (3.11) を満足することである．従って公理 [C.1] によって，b が a に属する順序数の全体からなる集合であることがわかる．ところで有限順序数はいずれも b に属している．実際有限順序数の中に b に属していないものがあれば，その中の最小数を u とする．$\phi \in b$ によって $u \neq \phi$ である．従って u の有限性から，$u = v'$ を満足する有限順序数 v が存在し，これは a に属す．よって (3.20) より，v' すなわち u が a に属することがわかる．従って $u \in b$ である．これは矛盾である．従ってすべての有限順序数は b に属す.

そこで $c = \mathfrak{S}(b)$ とすれば，定理3.3によって c はまた順序数である．ところで c が有限順序数であれば，c' もまた有限で，b に属す．従って $c' \subseteq \mathfrak{S}(b) = c$ である．ゆえに $c' \in c$ から $c \in c$ が得られる．これは補助定理1.6の系に矛盾する．よって c は超限順序数である．従って超限順序数は存在する.

系. 極限順序数が存在する.

証明. 定理3.5によって超限順序数が存在する．その一つを x とするとき，これは ϕ と異なる第2種の順序数，すなわち極限順序数をもっている.

ところで定理3.5によって与えられた順序数 c はすべての有限順序数を含む．従って

$$D(x) \equiv (\forall y)(y \in x \to (y = \phi \smile (\exists z)(y = z')) \frown (x = \phi \smile (\exists z)(x = z')))$$

と置くとき，$d = \mathfrak{M}_c D$ は有限順序数の全体からなる集合である．ところで $\mathfrak{S}(d)$ は極限順序数である．実際 $\mathfrak{S}(d) = e'$ を満足する順序数 e が存在すれば，$e < \mathfrak{S}(d)$ であるから，e は有限順序数である．従って e' すなわち $\mathfrak{S}(d)$ はまた有限順序数である．よって $\mathfrak{S}(d)' \in \mathfrak{S}(d)$ が得られる．これは矛盾である．ゆえに $\mathfrak{S}(d)$ は極限順序数である．また $\mathfrak{S}(d)$ より小なる順序数は有限であるから，$\mathfrak{S}(d)$ は最小の極限順序数である．これを ω で示す.

そこで整列集合の順序数を考える．整列集合 a が順序数 u と相似であるとき，u を a の**順序数**といい，これを $|a|$ で示すことにする．

注意． カントルは整列集合 a の順序数を $\bar{a}$ で示した．

補題 3.4． a を整列集合とするとき，その順序数が存在すれば，それは一意的に決定される．

証明． a が順序数 u, v と相似であれば，u を v に写す相似写像 f が存在する．

ところで u の各要素 x に対して $x \leqq f(x)$ である．実際 $f(y) < y$ を満足する u の要素 y が存在するならば，集合 $b \equiv \mathfrak{M}_u(f(y) < y)$ は空でない．そこで b の最小要素を z とすれば，$f(z) < z$ であるから，$f(f(z)) < f(z)$ である．これは z の定義に矛盾する．よって u の各要素 x に対して $x \leqq f(x)$ である．

同様に f の逆写像 f^{-1} は v を u に写す相似写像であるから，v の各要素 y に対して $y \leqq f^{-1}(y)$，従って $f(y) \leqq y$ である．

従って $u \frown v$ の各要素 x に対して，$x \leqq f(x)$，$f(x) \leqq x$ が同時に成立する．ゆえに $f(x) = x$ である．

ところで，$u \leqq v$ のとき $u \frown v = u$ であるから，u の各要素 x に対して $f(x) = x$ が得られ，$u = v$ である．同様に $v \leqq u$ のときにも $u = v$ が得られる．従って a の順序数が存在するとき，それは一意的に決定される．

系． 任意の順序数 a に対しては $|a| = a$ である．

定理 3.6． 任意の整列集合 a には，その順序数 $|a|$ が定義される．

証明． $a = \phi$ のとき $|a| = 0$ である．

次に $a \neq \phi$ であるとする．a の各要素 x に対して

(3.24) $$s_x \equiv \{y | y < x, y \in a\}$$

と置き，論理式

$$A(u, v) \equiv (\neg u \in a \frown v = \phi) \smile (u \in a \frown (\exists w)(\mathrm{On}(v) \frown \mathrm{Un}_i(w) \frown \mathfrak{D}(w) = s_u \frown \mathfrak{W}(w) = v)),$$

$$\mathrm{On}(v) \equiv A(v) \frown B(v) \frown C(v),$$

$$\mathrm{Un}_i(w) \equiv \mathrm{Un}_1(w) \frown (\forall x)(\forall y)((x \in \mathfrak{D}(w) \frown y \in \mathfrak{D}(w) \frown x < y) \rightarrow w`x < w`y)$$

((3.21)～(3.23) 参照)を取る．これは v が s_u の順序数であることを論理式に書いたものである．そこで a の最前要素を u_0 とするとき，

$$B(u,v)\equiv((\exists w)A(u,w)\frown v=u)\smile(\neg(\exists w)A(u,w)\frown v=u_0)$$

と置けば，明らかに B の定める超写像 $\mathfrak{T}_B$ が存在する．

今 $b=\mathfrak{T}_B[a]$ と置く．定義によって $b\subseteqq a$ である．ところで $a\frown\mathfrak{C}(b)\neq\phi$ であれば，その最前要素を w とする．$u_0\in b$ であるから，$w\neq u_0$ である．従って $s_w\neq\phi$ が得られる．

また s_w の各要素 u には順序数 $|s_u|$ が対応しているから，$A(u,|s_u|)$ が成立する．従って

$$A_0(u,v)\equiv(u\in s_w\frown A(u,v))\smile(\neg u\in s_w\frown v=\phi)$$

は超写像 $\mathfrak{T}_{A_0}$ を定義する．そこで $c=\mathfrak{T}_{A_0}[s_w]$ と置けば

$$c=\{|s_u|\,|\,u\in s_w\}$$

である．ゆえに $f\equiv\mathfrak{M}_d A_0(u,v)\frown(s_w\times c)$ (ただし $d=s_w\smile c$) は s_w で定義された一意写像で，その値域は c である．また s_w の要素 u_1,u_2 に対して，$u_1<u_2$ のとき，$s_{u_1}\subset s_{u_2}$ であるから，$f(u_1)<f(u_2)$ である．従って f は s_w を c の上に写す相似写像である．ところで c は順序数である．実際 c は $\in$ に関する整列集合である．また $v_1\in c$ のとき $f(u_1)=v_1$ を満足する s_w の要素 u_1 が存在して，$|s_{u_1}|=v_1$ である．ところで v を v_1 の要素とすれば，$s_{u_1}\simeq v_1$ によって，v に対応する s_{u_1} の要素 u が存在する．このとき $s_u\simeq v$ であるから，$|s_u|=v$ が得られる．従って $v\in c$ である．ゆえに $v_1\subseteqq c$ が成立する．従って c は順序数である．

ところで $s_w\simeq c$ であるから $|s_w|=c$ が得られる．これは仮定に矛盾する．従って $b=a$ である．

ところで $A_0(u,v)$ における s_w を a で置き換えて得られる論理式を $A_1(u,v)$ と置けば，超写像 $\mathfrak{T}_{A_1}$ が定義される．従って $e=\mathfrak{T}_{A_1}[a]$ と置けば，前と同様に，e は順序数で，$|a|=e$ である．ゆえに定理3.6が証明される．

次に順序数の上の演算を考える．順序数 x,y に対して，$z=\{0\}\times x\smile\{1\}\times y$ と置き，z の要素の間の2項関係 R を次のように定義する．

$$R(\langle s, t\rangle, \langle u, v\rangle) \equiv (s=0 \frown u=1) \smile (s=u \frown t<v).$$

このとき z は R に関する整列集合で，$\{0\}\times x$，$\{1\}\times y$ の順序数はそれぞれ x, y である．そこで

(3.25) $$x+y \equiv |z|$$

と置き，これを x, y の**和**という．

定理 3.7.

(3.26) $$x=y,\ u=v \quad \text{のとき} \quad x+u=y+v,$$

(3.27) $$(x+y)+z=x+(y+z),$$

(3.28) $$x+0=0+x=x,$$

(3.29) $$x'=x+1.$$

証明. (3.26)～(3.28) は順序数の和の定義から明らかである．次に (3.29) は x' の定義からただちに得られる．

注意. 順序数の加法については交換律が成立しない．

また順序数 x, y に対して，直積 $x\times y$ の要素の間の2項関係 R を次のように定義する．

$$R(\langle s, t\rangle, \langle u, v\rangle) \equiv s<u \smile (s=u \frown t<v).$$

このとき R は $x\times y$ の上の整列関係である．実際 R が条件 (3.1)～(3.3) を満足することは明らかである．次に a を $x\times y$ の空でない部分集合とする．このとき $\mathfrak{D}(a)$ は空でない．そこで $\mathfrak{D}(a)$ の中の最小数を u_0 とする．次に $b\equiv\{t|\langle u_0, t\rangle\in a\}$ とすれば，b は空でない順序数の集合である．その中の最小数を v_0 とする．a の任意の要素 $\langle u, v\rangle$ に対して $u_0\leqq u$ であるから，$u_0<u$ のとき $R(\langle u_0, v_0\rangle, \langle u, v\rangle)$ が成立し，$u_0=u$ のとき $v_0\leqq v$ である．ところで $v_0<v$ のとき $R(\langle u_0, v_0\rangle, \langle u, v\rangle)$ が得られ，$v_0=v$ のとき $\langle u_0, v_0\rangle=\langle u, v\rangle$ である．よって $x\times y$ は R に関する整列集合である．そこで

(3.30) $$yx \equiv |x\times y|$$

によって x, y の**積** yx を定義する．

定理 3.8.

(3.31) $$x=y,\ u=v \quad \text{のとき} \quad xu=yv,$$

(3.32) $$(xy)z=x(yz),$$

(3.33) $$0x=x0=0,$$

(3.34) $$1x=x1=x,$$

(3.35) $$x(y+z)=xy+xz.$$

証明は定義より明らかである.

注意. 交換律 $xy=yx$, 分配律 $(x+y)z=xz+yz$ は一般に成立しない.

最後に**超限的帰納法**の原理を考える.

定理 3.9. 論理式 $A(x)$ が, 条件

(3.36) $A(0)$ は成立する

(3.37) 任意の順序数 x に対して, $(\forall y)(y<x\to A(y))$ が成立するとき, $A(x)$ もまた成立する

を満足するとき, 任意の順序数 x に対して $A(x)$ が成立する.

証明. 順序数 u_0 に対して $A(u_0)$ が成立しないならば, 論理式

$$B(x,y)\equiv(A(x)\frown x=y)\smile(\neg A(x)\frown y=\phi)$$

の定める超写像 $\mathfrak{T}_B$ を取り, $z=\mathfrak{T}_B[u_0']$ と置く. このとき $u_0\overline{\in}z$ であるから, $u_0'\frown\mathfrak{C}(z)\neq\phi$ である. そこで $u_0'\frown\mathfrak{C}(z)$ の中の最小数を u_1 とする. 定義によって $u_1\neq 0$ である. また $x<u_1$ のとき $A(x)$ が成立する. 従って (3.37) によって $A(u_1)$ はまた成立する. これは u_1 の定義と矛盾する. よって定理 3.9 が得られる.

系. 論理式 $A(x)$ が, 条件

(3.38) $A(0)$ は成立する

(3.39) 任意の有限順序数 n に対して, $A(n)$ が成立するとき, $A(n')$ もまた成立する

を満足するとき, 任意の有限順序数 n に対して $A(n)$ が成立する.

これを**数学的帰納法**の原理という.

順序数 x の巾は, また超限的帰納法によって定義される. 実際

i) $x^0\equiv 1 \quad (x\neq 0),$

ii) $x^{y+1}\equiv x^y x,$

iii) $x^y \equiv \sup_{z<y} x^z$

により，超限的帰納法によって x の巾 x^y が定義される．

このような定義を**超限的帰納法による定義**という．

問． 順序数の巾については

i) $x^y x^z = x^{y+z}$,

ii) $(x^y)^z = x^{yz}$

が成立することを証明せよ．

§ 4. 計　　数

集合の計数を定義するため，集合の対等性を定義する．集合 a, b に対して定義域が a，値域が b である一対一写像が存在するとき，a, b は**対等**であるといい，このことを $a \sim b$ で示す．相似関係と同様に，これも相等関係である．

このとき，与えられた集合 a の計数は，a に対等な集合に共通な性質であるが，ここでは階数の概念を利用して計数を定義する．今，集合 a の**階数** $\rho(a)$ を，条件

(4.1)　$\rho(\phi)=0$,

(4.2)　集合 a の各要素 x に対して，その階数 $\rho(x)$ が定義されているとき

$$\rho(a)=\sup_{x\in a}(\rho(x)+1)$$

によって定義する．例えば任意の順序数 α に対して

$$\rho(\alpha)=\alpha$$

である．

補題 4.1. 集合 a に対して，条件

(4.3)　$a \subseteq b$,

(4.4)　b の要素の要素はまた b に属す

を満足する集合 b が存在する．

証明． 集合 a に対して

$$A(x, z) \equiv (x \in \omega) \frown (\exists w)(\mathrm{Un}(w) \frown w`0 = z \frown w`x \in a)$$
$$\frown (\forall k)(k' < x \to w`k \in w`k')$$

と置くとき，これは条件

(4.5) $a_0=z,\quad a_x\in a,$

(4.6) $k'<x$ のとき $a_k\in a_{k'}$

を満足する集合列 $\langle a_0, a_1, \cdots, a_x\rangle$ の存在することを論理式に書いたものである．従って

$$B(x,y)\equiv((x\in\omega)\frown(\forall z)(z\in y\rightleftarrows A(x,z)))\smile(\neg x\in\omega\frown y=\phi)$$

と置くとき，$x\in\omega$ であれば，これは

$$y=\mathfrak{S}^x(a)$$

であることを書いた論理式である[1]．またBの定める超写像 $\mathfrak{T}_B$ が存在する．そこで $b=\mathfrak{T}_B[\omega]$ と置く．

定義によって $b=\bigcup_{n\in\omega}\mathfrak{S}^n(a)$ であるから，$a\subseteq b$ である．また b の要素 u に対して，$u\in\mathfrak{S}^n(a)$ を満足する有限順序数 n が存在する．このとき u の要素 v は $\mathfrak{S}^{n+1}(a)$ に属す．従って b は条件 (4.3), (4.4) を満足する．

注意． 補題 4.1 で定義された集合 $b=\bigcup_{n\in\omega}\mathfrak{S}^n(a)$ を a の $\in$ 被といい，$C_\in(a)$ で示す．

定理 4.1． すべての集合 a に対して，その階数 $\rho(a)$ が定義される．

証明． 集合 a に対して，その $\in$ 被 b を取る．そこで

$$A(x)\equiv x\in b\frown(\exists y)(\mathrm{On}(y)\frown y=\rho(x))$$

と置くとき，公理［B］によって，集合

$$b^*=\mathfrak{M}_b A$$

が存在する．b^* は階数の定義される b の要素の全体からなる集合である．ところで $b\neq b^*$ であれば，公理 [C. 2] によって $b\frown\mathfrak{C}(b^*)$ の要素 z で，$(b\frown\mathfrak{C}(b^*))\frown z=\phi$ を満足するものが存在する．

$z\,\overline{\in}\,b^*$ であるから，もちろん $z\neq\phi$ である．また $b\frown\mathfrak{C}(b^*)\frown z=\phi$ であるから，z の要素は $b\frown\mathfrak{C}(b^*)$ に属しない．また，z の要素は b に属している．ゆえに z の要素は b^* に属す．すなわち z の各要素にはその階数が定義されている．従って条件 (4.2) より z にも階数が定義されることになる．これは $z\,\overline{\in}\,b^*$ に矛盾する．ゆえに $b=b^*$ である．従って $a\subseteq b$ によって，a の各要素にその

1） $\mathfrak{S}^0(a)\equiv a,\quad \mathfrak{S}^{k+1}(a)\equiv\mathfrak{S}(\mathfrak{S}^k(a))\quad(k=0,1,2,\cdots)$ とする．

階数が定義される．よって条件 (4.2) より a の階数もまた定義される．

そこで集合 a が与えられたとき

$$b=\{\rho(x)\,|\,a\sim x,\ \rho(x)\leqq\rho(a)\}$$ [1)]

の最小数が ρ_0 であれば

$$\|a\|\equiv\{x\,|\,a\sim x,\ \rho(x)=\rho_0\} \tag{4.7}$$

と置き，これを a の**計数**という．

注意． カントルは集合 a の計数を $\bar{\bar{a}}$ で示した．

定義によって

$$\|\phi\|=\{\phi\}$$

である．また定義より

定理 4.2. 集合 a, b に対して $\|a\|=\|b\|$ であるがために必要にして十分な条件は $a\sim b$ である

が得られる．そこで集合 a, b に対して

$$a\sim c,\qquad c\subseteqq b \tag{4.8}$$

を満足する集合 c が存在するとき，このことを $\|a\|\leqq\|b\|$ または $\|b\|\geqq\|a\|$ で示す．また $\|a\|\leqq\|b\|$ で $\|a\|=\|b\|$ でないことを $\|a\|<\|b\|$ または $\|b\|>\|a\|$ で示し，$\|a\|$ は $\|b\|$ より小，$\|b\|$ は $\|a\|$ より**大**であるという．

定理 4.3.

$$\|a\|\leqq\|a\|, \tag{4.9}$$

$$\|a\|\leqq\|b\|,\ \|b\|\leqq\|c\|\quad \text{のとき}\quad \|a\|\leqq\|c\|, \tag{4.10}$$

$$\|a\|\leqq\|b\|,\ \|b\|\leqq\|a\|\quad \text{のとき}\quad \|a\|=\|b\|. \tag{4.11}$$

証明． (4.9), (4.10) の証明は定義より明らかである．次に (4.11) を考える．a の部分集合 a_1，b の部分集合 b_1 に対して，$a\sim b_1$，$b\sim a_1$ とする．また a_1, b_1 はそれぞれ a, b の真部分集合である場合を考えれば十分である．

今 a を b_1 に写す一対一写像を F，b を a_1 に写す一対一写像を G とし，集合

---

1) $y=\rho(x)$ は論理式で，次のように書かれる．

$$(\exists w)(\mathrm{Un}(w)\frown\mathfrak{D}(w)=C_{\in}(x)\frown(\forall u)(u\in\mathfrak{D}(w)\to$$
$$((\mathrm{On}(w`u)\frown\neg u=\phi\frown w`u=\sup_{v\in u}(w`v+1))\smile(u=\phi\frown w`u=0))\frown y=w`x))$$

a_n $(n=0,1,2,\cdots)$ を，条件

(4.12) $$a_0 \equiv a, \qquad a_1 = G(b),$$

(4.13) $$a_{n+2} \equiv GF(a_n) \qquad (n=0,1,2,\cdots)$$

によって定義する．$a_0 \supset a_1$，$a_1 \supset a_2$ であるから，一般に

(4.14) $$a_n \supset a_{n+1}$$

である．そこで

$$d_n = a_n \frown \mathfrak{C}(a_{n+1}),$$

$$e = \bigcap_{n=0}^{\infty} a_n$$

と置けば

(4.15) $$a_0 = e \smile \bigcup_{n=0}^{\infty} d_n,$$

(4.16) $$a_1 = e \smile \bigcup_{n=1}^{\infty} d_n$$

である．実際 (4.15) の右辺が左辺に含まれることは明らかである．次に a_0 の要素 x に対して，$x \in a_n$ $(n=0,1,2,\cdots)$ であれば $x \in e$ であり，$x \in a_n$ $(n=0,1,2,\cdots,p)$，$x \overline{\in} a_{p+1}$ であれば $x \in d_p$ であるから，(4.15) の左辺は右辺に含まれる．ゆえに (4.15) が得られる．同様に (4.16) も得られる．

また

(4.17) $$a_0 = \left(e \smile \bigcup_{n=0}^{\infty} d_{2n+1}\right) \smile \bigcup_{n=0}^{\infty} d_{2n},$$

(4.18) $$a_1 = \left(e \smile \bigcup_{n=0}^{\infty} d_{2n+1}\right) \smile \bigcup_{n=1}^{\infty} d_{2n}$$

が得られる．ゆえに

$$H(x) = x \qquad x \in e \smile \bigcup_{n=0}^{\infty} d_{2n+1} \text{ のとき},$$

$$= GF(x) \qquad x \in \bigcup_{n=0}^{\infty} d_{2n} \text{ のとき}$$

と置けば，$GF(d_{2n}) = d_{2(n+1)}$ によって，$H(d_{2n}) = d_{2(n+1)}$ である．ゆえに (4.17), (4.18) によって

$$H(a_0)=a_1$$

が成立する．しかも e，d_n $(n=0,1,2,\cdots)$ は互いに素で，GF は一対一写像である．従って H はまた一対一写像である．ゆえに $a_0\sim a_1$ が得られる．

ところで，$a_0=a$，$a_1\sim b$ であるから，$a\sim b$ すなわち $\|a\|=\|b\|$ である．

注意． (4.11) は**ベルンスタインの定理**といわれる．

そして計数 $\mathfrak{a},\mathfrak{b}$ に対して

$$\mathfrak{a}\leqq\mathfrak{b} \quad \text{または} \quad \mathfrak{b}\leqq\mathfrak{a}$$

が成立するとき，$\mathfrak{a},\mathfrak{b}$ は**比較可能**であるという．

このとき，定理 4.3 によって

定理 4.4． 計数 $\mathfrak{a},\mathfrak{b}$ に対して，これらが比較可能のとき

$$\mathfrak{a}<\mathfrak{b}, \qquad \mathfrak{a}=\mathfrak{b}, \qquad \mathfrak{a}>\mathfrak{b}$$

の中のただ一つが成立する

が得られる．また計数の比較可能性に関して次の定理が成立する．

定理 4.5． 順序数 a,b に対して，計数 $\|a\|,\|b\|$ は比較可能である．

証明． $a\leqq b$ のとき，a は b の切片と相似であるから $\|a\|\leqq\|b\|$ である．同様に，$b\leqq a$ であれば $\|b\|\leqq\|a\|$ である．

また計数の存在に関して次の定理が得られる．

定理 4.6． 空でない集合 a に対して

$$\|a\|<\|\mathfrak{P}(a)\|$$

が成立する．

証明． $b\equiv\{\{x\}\,|\,x\in a\}$ とすれば，$a\sim b$ は明らかに成立する．また $b\subseteqq\mathfrak{P}(a)$ であるから $\|a\|\leqq\|\mathfrak{P}(a)\|$ である．

ところで，$a\sim\mathfrak{P}(a)$ であれば，a を $\mathfrak{P}(a)$ の上に写す一対一写像 G が存在する．そこで

$$c=\{x\,|\,x\,\overline{\in}\,G(x)\} \tag{4.19}$$

と置く．定義によって $c\subseteqq a$ であるから，$G(u)=c$ を満足する a の要素 u が存在する．

このとき $u\in G(u)$ であれば，(4.19) によって $u\,\overline{\in}\,c$ であるから，$c=G(u)$

より $u\overline{\in}G(u)$ が得られ，仮定に矛盾する．また $u\overline{\in}G(u)$ であれば $u\in c$ である．これは $G(u)=c$ に矛盾する．従って a は $\mathfrak{P}(a)$ と対等でない．

また $\mathfrak{P}(a)$ は a の任意の部分集合とも対等でない．

ゆえに $\|a\|<\|\mathfrak{P}(a)\|$ である．

また

定理 4.7. 任意の順序数 a に対して $\|a\|<\|b\|$ を満足する順序数 b が存在する．

証明. すべての順序数 x に対して $\|x\|\leqq\|c\|$ が成立するような順序数 c が存在するとする．このとき定理3.6によって，任意の整列集合の計数は $\|c\|$ を越えない．

そこで $\mathfrak{P}(c\times c)$ の要素 u の定める2項関係を R_u とする．すなわち $R_u(x, y)\equiv\langle x, y\rangle\in u$ と置く．また

$$A(u)\equiv\neg(\exists x)R_u(x, x),$$

$$B(u)\equiv(\forall x)(\forall y)(\forall z)((R_u(x, y)\frown R_u(y, z))\rightarrow R_u(x, z)),$$

$$C(u)\equiv(\forall x)(\forall y)((x\in\mathfrak{D}(u)\frown y\in\mathfrak{D}(u))\rightarrow(R_u(x, y)\smile x=y\smile R_u(y, x))),$$

$$D(u)\equiv(\forall x)(\exists y)(\forall z)((x\subseteqq\mathfrak{D}(u)\frown\neg x=\phi)\rightarrow(y\in x\frown(z\in x\rightarrow(R_u(y, z)\smile y=z))))$$

と置くとき，$A(u)\frown B(u)\frown C(u)\frown D(u)$ は R_u が $\mathfrak{D}(u)$ の整列関係であることを書いた論理式である．従って

$$w=\mathfrak{M}(A(u)\frown B(u)\frown C(u)\frown D(u))$$

は，R_u が $\mathfrak{D}(u)$ の整列関係であるような u の全体からなる集合である．そこで論理式

$$E(u, v)\equiv(u\in w\frown v=|\mathfrak{D}(u)|)\smile(\neg u\in w\frown v=\phi)$$

を取る．これが定める超写像 $\mathfrak{T}_E$ が存在する．従って $e=\mathfrak{T}_E(w)$ は R_u に関する整列集合 $\mathfrak{D}(u)$（ただし $u\in w$）の順序数 $|\mathfrak{D}(u)|$ の全体からなる集合である．

ところで仮定によって整列集合の計数は $\|c\|$ を越えない．従って任意の整列集合 z に対して，$z\simeq\mathfrak{D}(u)$ を満足する w の要素 u が存在する．よって e はす

べての整列集合の順序数の全体からなる集合である.

他方で定理3.3より $f=\mathfrak{S}(e)$ は順序数である. また補題3.4の系によって $|f|=f$ である. ゆえに $f\in e$ が得られる. 従って f は e に含まれる最大の順序数である. ところで $f+1$ は整列集合であるから, その順序数 $f+1$ はまた e の要素である. これは f が e の最大の順序数であることに矛盾する.

従って $\|u\|<\|v\|$ を満足する順序数 v が存在する.

そこで有限順序数の計数を**有限計数**といい, 有限順序数と同様に, これらを

$$0, 1, 2, \cdots$$

で表わす. また有限計数をもった集合を**有限集合**といい, そうでない集合を**無限集合**という.

注意. 無限集合についてのこの定義では, 有限計数が使われているが, 有限計数を使わないで, これを直接定義することができる(p. 38 問1を参照).

また任意の順序数 a に対して

$$A_a(u)\equiv(\forall v)(v\in u\to\|v\|<\|u\|)\frown\neg(u\in\omega)\frown u\in a$$

と置くとき, $\mathfrak{M}A_a$ は順序数の集合であるから整列集合である. その順序数を b とするとき $\mathfrak{M}A_a$ を b に写す相似写像が存在する. これを F_a とするとき, $\mathfrak{M}A_a$ の要素 u に対して, $F_a(u)=p$ であれば

$$\omega_p=u,\qquad \aleph_p=\|u\|$$

と置く. 例えば

$$\omega_0=\omega,\qquad \aleph_0=\|\omega\|$$

である. 定義により $\aleph_p$ は a の取り方に関係しない.

また次の定理が成立する.

補題 4.2. 任意の順序数 u に対して

$$\|u\|=\aleph_p$$

を満足する順序数 p が存在する.

証明. 定理 4.7 によって, $\|u\|<\|a\|$ を満足する順序数 a を取り,

$$B(v)\equiv v\in a\frown\|u\|=\|v\|$$

と置けば, $B(u)$ が成立するから, $\mathfrak{M}_aB\neq\phi$ である. そこで $\mathfrak{M}_aB$ に属する

最小の順序数を v_0 とすれば，$A_a(v_0)$ が成立する．従って $F_a(v_0)=p$ であれば

$$\|n\|=\|v_0\|=\aleph_p$$

が得られる．

定理 4.8. 任意の順序数 p に対して，順序数 ω_p，計数 $\aleph_p$ が定義される．

証明. 今，論理式 A_a，写像 F_a に対して

$$B(p)\equiv(\exists a)(\exists u)(\mathrm{On}(a)\frown A_a(u)\frown F_a(u)=p)$$

と置く．このとき $B(p)$ を満足しない順序数が存在すれば，その中の最小数を p_0 とし

(4.20) $$b=\sup_{p<p_0}\omega_p$$

と置く．定理 3.3 と補題 4.2 によって $\|b\|=\aleph_q$ を満足する順序数 q が存在する．また $q<p_0$ である．

他方で定理 4.7 により，$\aleph_q<\|v\|$ を満足する順序数 v が存在する．そこで $\|v\|=\aleph_r$ を満足する順序数 r を取る．このとき $q<r$ である．従って $b<\omega_r$ である．これは (4.20) に矛盾する．よって定理 4.8 が得られる．

そこで任意の順序数 p に対して

$$Z(\aleph_p)\equiv\mathfrak{M}(\aleph_p=\|x\|\frown\mathrm{On}(x))$$

と置き，$Z(\aleph_p)$ の順序数を**第 2+ p 級の順序数**という．例えば $Z(\aleph_0)$ の順序数は第 2 級である．また ω_p は $Z(\aleph_p)$ の最小数である．これを $Z(\aleph_p)$ の**始数**という．なお有限順序数を第 1 級の**順序数**という．

他方で $\aleph_p$ のように有限でない計数を**超限計数**という．任意の超限計数 a に対して

(4.21) $$a=\aleph_p$$

を満足する順序数 p が存在するかという問いには集合論 ZF で答えることはできない．しかし選択の公理 [C.3] の仮定された集合論 ZF* では，次の定理

定理 4.9. 任意の超限計数 a に対して，(4.21) を満足する順序数 p が存在する

が証明される．

注意. この定理は

（整列可能性の定理） すべての集合は整列することができる

から，ただちに得られる．よく知られているようにチェルメロは選択の公理［C.3］によってこの定理を証明し，これを応用して集合論 C の多くの難問題を解決した．しかし本書では主要的な役目を果さないので，ここでは取り扱わない．なお第4巻の「実函数論演習」でこれを述べる．

また集合論 ZF* では，最小の超限計数が $\aleph_0$ である．計数 $\aleph_0$ の集合 a では，その要素を有限順序数 $0, 1, 2, \cdots$ に従って並べることができる．そこで a を**可付番集合**という．

定理 4.10. a_k $(k=0, 1, 2, \cdots)$ を可付番集合とするとき，$\bigcup_{k=0}^{\infty} a_k$ はまた可付番である．

証明. a_k は可付番であるから，ω で定義され値域が a_k である一対一写像が存在する．その一つを f_k とし，

$$a_{kj}=f_k(j) \qquad (k, j=0, 1, 2, \cdots)$$

と置くとき，$\bigcup_{k=0}^{\infty} a_k$ は a_{kj} $(k, j=0, 1, 2, \cdots)$ の全体からなる集合である．従って $\bigcup_{k=0}^{\infty} a_k$ はまた可付番である．

系. 第2級数の順序数 a_k $(k=0, 1, 2, \cdots)$ に対して $\sup_{k\in\omega} a_k$ は第2級の順序数である．

次に計数の上の演算を考える．計数 $\mathfrak{a}, \mathfrak{b}$ に対して，$\|a\|=\mathfrak{a}$, $\|b\|=\mathfrak{b}$ を満足する集合 a, b を取るとき，$c=\{0\}\times a\cup\{1\}\times b$ に対して

$$\mathfrak{a}+\mathfrak{b}\equiv\|c\|, \tag{4.22}$$

$$\mathfrak{a}\mathfrak{b}\equiv\|a\times b\| \tag{4.23}$$

と置き，これらをそれぞれ $\mathfrak{a}, \mathfrak{b}$ の**和**，**積**という．$\mathfrak{a}+\mathfrak{b}$, $\mathfrak{a}\mathfrak{b}$ が集合 a, b の取り方に関係しないことは明らかである．

定理 4.11.

$$(\mathfrak{a}+\mathfrak{b})+\mathfrak{c}=\mathfrak{a}+(\mathfrak{b}+\mathfrak{c}), \tag{4.24}$$

$$(\mathfrak{a}\mathfrak{b})\mathfrak{c}=\mathfrak{a}(\mathfrak{b}\mathfrak{c}), \tag{4.25}$$

$$\mathfrak{a}+\mathfrak{b}=\mathfrak{b}+\mathfrak{a}, \tag{4.26}$$

$$\mathfrak{a}\mathfrak{b}=\mathfrak{b}\mathfrak{a}, \tag{4.27}$$

(4.28) $$\mathfrak{a}(\mathfrak{b}+\mathfrak{c})=\mathfrak{a}\mathfrak{b}+\mathfrak{a}\mathfrak{c}.$$

証明は定義より明らかである．また $\mathfrak{a}=\|a\|$，$\mathfrak{b}=\|b\|$ のとき，

$$A(f)\equiv \mathrm{Un}(f)\frown\mathfrak{D}(f)=a\frown\mathfrak{W}(f)\subseteq b$$

に対して

(4.29) $$\mathfrak{b}^{\mathfrak{a}}\equiv\|\mathfrak{M}_c A\|, \qquad ただし \quad c=\mathfrak{P}(a\times b)$$

と置き，これを $\mathfrak{b}$ の巾という．これも集合 a, b の取り方に関係しない．例えば

$$\|\mathfrak{P}(a)\|=2^{\mathfrak{a}}$$

である．従って定理 4.6 より

(4.30) $$\mathfrak{a}<2^{\mathfrak{a}}$$

が得られる．

なお $2^{\aleph_0}=\aleph_1$ であるかどうかはカントルによって取りあげられた集合論の根本問題の一つで，**連続体問題**といわれる．またこれについての仮説

(4.31) $$2^{\aleph_0}=\aleph_1$$

が置かれていて，**連続体仮説** CH といわれる．さらにこれを一般化した**一般連続体問題**や任意の順序数 ξ に対して

(4.32) $$2^{\aleph_\xi}=\aleph_{\xi+1}$$

であるという**一般連続体仮説** GCH も考えられている．

カントルが志向するように，一般連続体仮説が成立し，あらゆる超限計数が $\aleph_\xi$ の一つであることになれば，カントルの集合論 C の体系がカトリック秩序のもとに壮麗に展開されることになり，古典的な数学的世界像が確立されることになる．しかし数学的思考の自由性と想像の恣意性はカントルの志向をはるかに越えて，集合論を極度に多様的なものにしている（§12 参照）．

問 1. 無限集合に関する次の条件が互いに同等であることを示せ．

i） 任意の有限計数 u に対して，集合 a は計数 u の部分集合を含む．

ii） 集合 a が可付番部分集合を含む．

iii） 集合 a がその真部分集合の一つと対等である．

注意． 集合論 ZF ではこれらは同等でない．

問 2. 順序数 p, q に対して次の等式を証明せよ．

i） $\aleph_p+\aleph_q=\aleph_r$,

ii）$\aleph_p\aleph_q=\aleph_r$,　　ただし　$r=\sup(p,q)$.

問 題 1

1. 次の等式を証明せよ.

i）$a\frown\bigcup_{x\in b}x=\bigcup_{x\in b}(a\frown x)$,

ii）$a\smile\bigcap_{x\in b}x=\bigcap_{x\in b}(a\smile x)$.

2. $2^{\aleph_0}\geqq\aleph_1$ を証明せよ.

3. f を，ω_1 で定義され，値域が ω_1 に含まれ，条件

i）$u<v$ のとき $f(u)\leqq f(v)$,

ii）ω_1 に含まれる極限順序数 u に対して $\sup_{x\in u}f(x)=f(\sup_{x\in u}x)$ である

を満足する一意写像とするとき，集合 $\{x|f(x)=x\}$ は非可付番であることを示せ．なお $f(x_0)=x_0$ であるとき，x_0 を f の**不動点**という．

4. 任意の順序数 x（ただし $x\neq0$）に対して，$\omega^y\leqq x<\omega^{y+1}$ を満足する順序数 y がただ一つ存在することを証明し，

i）$x=\omega^{y_0}z_0+\omega^{y_1}z_1+\cdots+\omega^{y_n}z_n$,

ii）$y_k>y_{k+1}$　$(k=0,1,2,\cdots,n-1)$,

iii）$0<z_k<\omega$　$(k=0,1,2,\cdots,n)$

を満足する順序数 y_k,z_k（$k=0,1,2,\cdots,n$）が一意的に決定されることを示せ.

5. a が可付番順序集合で，条件

$x<y$ を満足する a の任意の要素 x,y に対して，$x<z<y$ を満足する a の要素 z が存在する

を満足するとき，任意の第2級の順序数 u に対して，$u\simeq b$ を満足する a の部分集合 b の存在することを示せ.

6. 順序数の全体，計数の全体は集合であるか.

第2章　実数と初等空間

§5. 自　然　数

具体的な数から捨象作用によって得られる数が抽象的な自然数で，これは計数であるとともに順序数であるが，ここでは有限順序数

$$0, 1, 2, \cdots$$

を**自然数**ということにする．

また順序数 ω，すなわち自然数の全体からなる集合を**自然数域**という．これを N で示し，N の上の変数を $l, m, n, \cdots$ で示す．

自然数の間の基本関係は相等関係 $=$ である．すなわち

(5.1)　$l=l$,

(5.2)　$l=m$　のとき　$m=l$,

(5.3)　$l=m$, $m=n$　のとき　$l=n$

が成立する．また自然数の間の基本的な演算は

$'$ (**直後算法**)，　$+$ (**加法**)，　$\cdot$ (**乗法**)

で，直後算法 $'$ については，(3.29) より，$l'=l+1$ である．

定理 5.1.

(5.4)　$l=m$　のとき　$l'=m'$,

(5.5)　$l'=m'$　のとき　$l=m$,

(5.6)　$l'\neq 0$.

証明. (5.4), (5.6) は定義より明らかである．

次に，$l'=m'$ のとき $l\smile\{l\}=m\smile\{m\}$ であるから，$l\neq m$ であれば $l\in m$, $m\in l$ である．これは補題1.6に矛盾する．よって $l=m$ である．

また数学的帰納法については次の定理が成立する．

定理 5.2. 論理式 $A(n)$ において，条件

(5.7)　$A(0)$ が成立する

(5.8)　$A(n)$ が成立すれば，$A(n')$ もまた成立する

が成立するとき，すべての自然数 n に対して，$A(n)$ は成立する．

これは定理 3.9 の系に他ならない．

次に，加法と乗法について考える．

補題 5.1. $l_1=l_2$, $m_1=m_2$ のとき

$$l_1+m_1=l_2+m_2, \tag{5.9}$$

$$l_1m_1=l_2m_2 \tag{5.10}$$

が成立する．

定理 5.3.

$$(l+m)+n=l+(m+n), \tag{5.11}$$

$$(lm)n=l(mn), \tag{5.12}$$

$$l+m=m+l, \tag{5.13}$$

$$lm=ml, \tag{5.14}$$

$$(l+m)n=ln+mn, \tag{5.15}$$

$$l+m'=(l+m)', \tag{5.16}$$

$$l'm=lm+m. \tag{5.17}$$

証明. 順序数についての 定理 3.7, 定理 3.8 から (5.11), (5.12) が得られる．また (3.27), (3.29) によって

$$l+m'=l+(m+1)=(l+m)+1=(l+m)'$$

である．ゆえに (5.16) が得られる．

次に (5.13) を考える．

$$A(m)\equiv 1+m=m+1$$

と置く．(3.28) によって $1+0=0+1$ であるから，$A(0)$ は成立する．また $1+m=m+1$ であれば，(5.16) によって

$$1+m'=(1+m)'=(m+1)',$$

$$m'+1=(m+1)+1=(m+1)'$$

であるから，$1+m'=m'+1$ である．すなわち $A(m)$ から $A(m')$ が得られる．ゆえに数学的帰納法によって $A(m)$ が成立する．そこで

$$B(l)\equiv l+m=m+l$$

と置く．(3.28) によって $0+m=m+0$ であるから，$B(0)$ が成立する．次に $l+m=m+l$ であれば，$(l+m)'=(m+l)'$，$1+m=m+1$ であるから

$$\begin{aligned} l'+m &= (l+1)+m = l+(1+m) \\ &= l+(m+1) = l+m' = (l+m)' \\ &= (m+l)' = m+l' \end{aligned}$$

によって，$l'+m=m+l'$ である．すなわち $B(l)$ から $B(l')$ が得られる．ゆえに数学的帰納法によって $B(l)$ が成立する．ゆえに (5.13) が得られる．

次に (5.17) を考える．

$$C(m) \equiv l'm = lm+m$$

と置く．(3.28), (3.33) によって $C(0)$ は成立する．また $l'm=lm+m$ から

$$\begin{aligned} l'm' &= l'm+l' && \text{(3.29), (3.35)} \\ &= (lm+m)+l' && \text{仮定} \\ &= lm+(m+l') && \text{(5.11)} \\ &= lm+(m+l)' && \text{(5.16)} \\ &= lm+(l+m)' && \text{(5.13)} \\ &= lm+(l+m') && \text{(5.16)} \\ &= (lm+l)+m' && \text{(5.11)} \\ &= lm'+m' && \text{(3.35)} \end{aligned}$$

によって，$l'm'=lm'+m'$ である．すなわち $C(m)$ から $C(m')$ が得られる．ゆえに数学的帰納法によって $C(m)$ が成立する．ゆえに (5.17) が得られる．

次に $D(l) \equiv lm=ml$ と置く．(3.33) によって $D(0)$ が成立する．また $lm=ml$ であれば

$$\begin{aligned} l'm &= lm+m && \text{(5.17)} \\ &= ml+m && \text{仮定} \\ &= ml' && \text{(3.28), (3.35)} \end{aligned}$$

によって，$l'm=ml'$ である．すなわち $D(l)$ から $D(l')$ が得られる．ゆえに数学的帰納法によって $D(l)$ が成立する．ゆえに (5.14) が得られる．

次に (3.35) によって

$$(l+m)n=n(l+m)=nl+nm=ln+mn$$

から，(5.15) が得られる．

補題 5.2. $l=l+m$ のとき $m=0$ である．

証明. 論理式

$$A(l)\equiv l=l+m\to m=0$$

を取る．$0=0+m$ のとき $m=0$ であるから，$A(0)$ は成立する．次に $A(l)$ が成立するとする．このとき $l'=l'+m$ であれば

$$l'=l'+m=m+l'=(m+l)'=(l+m)'$$

によって，$l'=(l+m)'$ である．ゆえに (5.5) によって $l=l+m$ が得られる．従って仮定により $m=0$ である．すなわち $A(l')$ は成立する．

ゆえに定理 5.2 によって，$A(l)$ はすべての自然数 l に対して成立する．

補題 5.3. $m\neq 0$，$n\neq 0$ であれば $mn\neq 0$ である．

証明. $m\neq 0$，$n\neq 0$ のとき $m\neq\phi$，$n\neq\phi$ であるから，順序数の積の定義によって $mn\neq\phi$ である．ゆえに $mn\neq 0$ である．

定理 5.4. 自然数 l, m に対して $l\geqq m$ であるがために必要にして十分な条件は，$l=m+n$ を満足する自然数 n が存在することである．

証明. 論理式

$$A(m)\equiv l\geqq m\to(\exists n)(l=m+n)$$

を取る．$m=0$ のとき $l\geqq 0$，$l=0+l$ であるから，$A(0)$ は成立する．

次に $A(m)$ が成立するとき，$l\geqq m'$ であれば，$m'>m$ によって $l>m$ である．ゆえに $l=m+n$ を満足する自然数 n が存在する．また $l>m$ によって $n\neq 0$ である．従って $n=k'$ を満足する自然数 k が存在する．このとき

$$l=m+n=m+k'=(m+k)'=(k+m)'=k+m'=m'+k$$

である．従って $A(m')$ はまた成立する．

よって定理 5.2 により，$A(m)$ はすべての自然数 m に対して成立する．

次に自然数 l, m に対して，$l=m+n$ を満足する自然数 n が存在するとする．このとき $l<m$ であれば，すでに証明したように，$m=l+k$，$k\neq 0$ を満足する自然数 k が存在する．従って

$$l=m+n=(l+k)+n=l+(k+n)$$

である．ゆえに補題5.2より $k+n=0$ である．ところで $k\neq 0$ であるから，$k=j'$ を満足する自然数 j が存在する．従って

$$0=k+n=j'+n=n+j'=(n+j)'$$

が得られ，(5.6) と矛盾する．よって $l\geqq m$ である．

ゆえに定理5.4が証明される．

定理 5.5.

(5.18)　　$l<m$ のとき $l+n<m+n$ である．

(5.19)　　$l<m,\ n\neq 0$ のとき $ln<mn$ である．

証明. $l<m$ のとき，$m=l+k$ を満足する自然数 k が存在する．従って

$$m+n=(l+k)+n=(l+n)+k$$

である．よって $k\neq 0$ から，$l+n<m+n$ である．ゆえに (5.18) が得られる．

次に $n\neq 0$ であれば，$k\neq 0$ と補題 5.3 より $kn\neq 0$ が得られ，

$$mn=(l+k)n=ln+kn$$

である．ゆえに $ln<mn$ である．すなわち (5.19) は成立する．

われわれは自然数の間の演算 $'$ + ・ を考えてきたが，これを組み合わせて，もっと複雑な演算を定義することができる．またこれらによって，自然数に関するいろいろな函数，例えば

$$l^2+m^2, \qquad \frac{1}{2}(l+m)(l+m+1)$$

が定義される．このような函数の中で最も基本的なものは**帰納函数**である．またこれらは**原始帰納函数**と**一般帰納函数**とに区別されている．

原始帰納函数の基礎となる函数は

(5.20)　**直後函数**　$S(l)\equiv l'$,

(5.21)　**定数函数**　$C_a^p(l_1, l_2, \cdots, l_p)\equiv a$,

(5.22)　**恒等函数**　$I_j^p(l_1, l_2, \cdots, l_p)\equiv l_j$

（ただし a は任意の自然数）で，これらは**初期函数**といわれる．また原始帰納函数に関する過程は次の2種である．

(5.23) **(合成過程)** 函数 $F(m_1, m_2, \cdots, m_q)$, $G_k(l_1, l_2, \cdots, l_p)$ $(k=1, 2, \cdots, q)$ が与えられたとき，合成函数

$$F(G_1(l_1, l_2, \cdots, l_p), G_2(l_1, l_2, \cdots, l_p), \cdots, G_q(l_1, l_2, \cdots, l_p))$$

を作る．

(5.24) **(帰納過程)** 函数 $F(m_1, m_2, \cdots, m_p)$, $G(l_1, l_2, m_1, m_2, \cdots, m_p)$ が与えられたとき

$$H(0, m_1, m_2, \cdots, m_p) = F(m_1, m_2, \cdots, m_p),$$

$$H(l', m_1, m_2, \cdots, m_p) = G(l, H(l, m_1, m_2, \cdots, m_p), m_1, m_2, \cdots, m_p)$$

によって，$H(l, m_1, m_2, \cdots, m_p)$ を作る[1]．

そして初期函数にこれらの過程をくり返して施して得られる函数を**原始帰納函数**という．

原始帰納函数の中では，次の諸函数が基本的である．

(5.25) $$l+m.$$

実際 $F(m) \equiv I_1^1(m)$, $G(l_1, l_2, m) \equiv S(l_2)$ はともに原始帰納函数であるから

$$H(0, m) = F(m) = m,$$

$$H(l', m) = G(l, H(l, m), m) = S(H(l, m)) = (H(l, m))'$$

によって，$H(l, m)$ を定義するとき，$H(l, m) = l+m$ であることが数学的帰納法によってわかる．ゆえに $l+m$ は原始帰納函数である．

(5.26) $$lm.$$

実際 $F(m) \equiv C_0^1(m)$, $G(l_1, l_2, m) \equiv l_2 + m$ はともに原始帰納函数であるから

$$H(0, m) = F(m) = 0,$$

$$H(l', m) = G(l, H(l, m), m) = H(l, m) + m$$

によって定義される $H(l, m)$ は原始帰納函数である．ところで $H(l, m) = lm$ であることが，l に関する数学的帰納法によってわかる．

(5.27) $$pd(l) \equiv 0 \qquad l=0 \text{ のとき},$$
$$\equiv m \qquad l=m' \text{ のとき}.$$

実際 $pd(0)=0$, $pd(l')=l$ であるから，$F=0$, $G(l_1, l_2) = I_1^2(l_1, l_2)$ に対して

1) $p=0$ のときには，$F(m_1, m_2, \cdots, m_p)$ は定数 F を表わすことにする．

$$H(0)\equiv 0, \qquad H(l')=G(l, H(l))=l$$

によって $H(l)$ を定義するとき，$H(l)=pd(l)$ である．よって $pd(l)$ は原始帰納函数である．

注意． $pd(l)$ を**直前函数**という．

(5.28)
$$l \dot{-} m \equiv l-m \qquad l \geqq m \text{ のとき},$$
$$\equiv 0 \qquad l<m \text{ のとき}.$$

実際 $m \dot{-} 0=m$，$m \dot{-} l'=pd(m \dot{-} l)$ であるから，$F(m)=I_1^1(m)$，$G(l_1, l_2, m)=pd(l_2)$ に対して

$$H(0, m)=F(m)=m,$$
$$H(l', m)=G(l, H(l, m), m)=pd(H(l, m))$$

によって $H(l, m)$ を定義するとき，$H(l, m)=m \dot{-} l$ である．ゆえに $l \dot{-} m$ はまた原始帰納函数である．

注意． $\dot{-}$ を**準減法**という．

(5.29)
$$\max(l, m), \qquad \min(l, m).$$

実際
$$\min(l, m)=l \dot{-}(l \dot{-} m),$$
$$\max(l, m)=(l+m) \dot{-} \min(l, m)$$

が得られる．ゆえに $\max(l, m)$，$\min(l, m)$ はともに原始帰納函数である．

また原始帰納函数に対応して原始帰納集合が考えられている．N^p の部分集合 A に対して

$$F_A(l_1, l_2, \cdots, l_p)\equiv 1 \qquad \langle l_1, l_2, \cdots, l_p\rangle \in A \text{ のとき},$$
$$\equiv 0 \qquad \langle l_1, l_2, \cdots, l_p\rangle \overline{\in} A \text{ のとき}$$

を A の**特性函数**という．

注意． 数学論理と数学とでは，集合の特性函数の定義の中の 0 と 1 が反対になっている．ここでは数学の定義に従って特性函数を定義する．

そして N^p の部分集合 A の特性函数が原始帰納函数であるとき，A は**原始帰納集合**といわれる．

定理 5.6． A, B が N^p に含まれる原始帰納集合であるとき，$A \smile B$，$A \frown B$，$\mathfrak{C}(N^p, A)$ はともに原始帰納集合である．

証明. A, B の特性函数 F_A, F_B に対して

(5.30) $$F_{A\smile B}=\max(F_A, F_B),$$

(5.31) $$F_{A\frown B}=\min(F_A, F_B),$$

(5.32) $$F_{\mathfrak{C}(A)}=1\dot{-}F_A$$

であるから，$A\smile B$, $A\frown B$, $\mathfrak{C}(N^p, A)$ はともに原始帰納集合である．

次に原始帰納函数と論理式との関係を考える．

補題 5.4. 原始帰納函数 $F(l_1, l_2, \cdots, l_p)$ に対して

(5.33) $$A(l_1, l_2, \cdots, l_p, m)\rightleftarrows F(l_1, l_2, \cdots, l_p)=m$$

を満足する論理式 $A(l_1, l_2, \cdots, l_p, m)$ が存在する．

注意. (5.33) によって与えられる論理式 $A(l_1, l_2, \cdots, l_p, m)$ を F の定める論理式といい，これを A_F で示す．

証明. 初期函数 $S(l)$，$C_a^p(l_1, l_2, \cdots, l_p)$，$I_j^p(l_1, l_2, \cdots, l_p)$ の定める論理式の存在することは明らかである．

次に合成過程を考える．原始帰納函数 $F(m_1, m_2, \cdots, m_q)$，$G_k(l_1, l_2, \cdots, l_p)$ $(k=1, 2, \cdots, q)$ の定める論理式 A_F，A_{G_k} $(k=1, 2, \cdots, q)$ の存在するとき，合成函数

$$H(l_1, l_2, \cdots, l_p)=F(G_1(l_1, l_2, \cdots, l_p), G_2(l_1, l_2, \cdots, l_p), \cdots, G_q(l_1, l_2, \cdots, l_p))$$

に対して

$$H(l_1, l_2, \cdots, l_p)=m\rightleftarrows(\exists m_1)(\exists m_2)\cdots(\exists m_q)(A_F(m_1, m_2, \cdots, m_q, m)$$
$$\frown A_{G_1}(l_1, l_2, \cdots, l_p, m_1)\frown\cdots\frown A_{G_q}(l_1, l_2, \cdots, l_p, m_q))$$

であるから，$H(l_1, l_2, \cdots, l_p)$ の定める論理式が存在する．

次に帰納過程を考える．原始帰納函数 $F(m_1, m_2, \cdots, m_p)$，$G(l_1, l_2, m_1, m_2, \cdots, m_p)$ の定める論理式 A_F, A_G の存在するとき，(5.24) によって定義された原始帰納函数 $H(l, m_1, m_2, \cdots, m_p)$ を取る．簡単のため $p=1$ の場合を考える．論理式

$$B(f)\equiv\mathrm{Un}(f)\frown\mathfrak{D}(f)=N^2\frown\mathfrak{W}(f)\subseteq N$$

に対して，$\mathfrak{M}_a B$ (ただし $a=\mathfrak{P}(N^3)$) は N^2 で定義され，値域が N に含まれる一価函数の全体の集合である．従って $H(l, m)$ もまた $\mathfrak{M}_a B$ の要素である．

ところで $\mathfrak{M}_a B$ の要素 $f(l,m)$ に対して，$H(l,m)=f(l,m)$ である条件は

(5.34)　　$A_F(m, f(0,m))$,

(5.35)　　$A_G(l, f(l,m), m, f(l',m))$　　$(l=0,1,2,\cdots)$

が成立することである．従って

$$H(l,m)=n \rightleftarrows (\exists f)(f(l,m)=n \frown A_F(m,f(0,m)) \frown (\forall k)(k<l \to A_G(k,f(k,m),m,f(k',m))))$$

が得られる．ゆえに $H(l,m)$ の定める論理式が存在する．

従って帰納的に補題5.4が証明される．

注意． 補題5.4の証明で $\mathfrak{P}(N^3)$ が使われているが，第4巻の「実函数論演習」で述べるように，この点が改良される．

系． 原始帰納函数 $F(l_1,l_2,\cdots,l_p)$ に対して

(5.36)　　$A(l_1,l_2,\cdots,l_p) \rightleftarrows F(l_1,l_2,\cdots,l_p)=0$

を満足する論理式 $A(l_1,l_2,\cdots,l_p)$ が存在する．

この論理式 $A(l_1,l_2,\cdots,l_p)$ を**原始帰納論理式**という．

定理 5.7． A, B を原始帰納論理式とするとき

$$\neg A,\quad A\smile B,\quad A\frown B,\quad A\to B,\quad A\rightleftarrows B$$

はまた原始帰納論理式である．

証明． $A\equiv F=0$，$B\equiv G=0$ を満足する原始帰納函数 F, G に対して

$$\neg A\equiv 1\dot{-}F=0, \qquad A\smile B\equiv FG=0$$

であるから，$\neg A$，$A\smile B$ は原始帰納論理式である．従って $A\frown B$，$A\to B$，$A\rightleftarrows B$ もまた原始帰納論理式である．

系． N^p に含まれる原始帰納集合 E に対して，

$$\mathfrak{M}_{N^p}A=E$$

を満足する原始帰納論理式 A が存在する．

ところで原始帰納論理式からまたいろいろな論理式が得られる．$A(l_1,l_2,\cdots,l_p,m)$ を原始帰納論理式とするとき，$(\exists m)A$，$(\forall m)A$ をそれぞれ $\sum_1^0$ 論理式，Π_1^0 論理式という．また $A(l_1,l_2,\cdots,l_p,m)$ が Π_k^0 論理式であるとき，$(\exists m)A$ を $\sum_{k+1}^0$ 論理式，$A(l_1,l_2,\cdots,l_p,m)$ が $\sum_k^0$ 論理式であるとき，$(\forall m)A$ を Π_{k+1}^0

論理式という．従って数学的帰納法により $\sum_k^0$, Π_k^0 **論理式** ($k=0,1,2,\cdots$) が定義される．また $\sum_k^0$ 論理式 A が Π_k^0 論理式によって表わされるとき，A を Δ_k^0 **論理式**という．そしてこれらを総称して**算術的論理式**という．

またこれらと平行して**算術的集合**が定義される．すなわち $\sum_k^0$ (または Π_k^0) 論理式 A より得られる集合 $\mathfrak{M}A$ を $\sum_k^0$ (または Π_k^0) **集合**といい，同時に $\sum_k^0$ 集合で，Π_k^0 集合であるものを Δ_k^0 **集合**という．

これらの論理式や集合を特に算術的という理由は，これらが公理的自然数論において中心的な役目を果すからである．

またこれらの論理式や集合の中で，特に Δ_1^0 論理式，Δ_1^0 集合を**一般帰納的**という．同様に N^p で定義された一価函数 $F(l_1, l_2, \cdots, l_p)$ に対して

$$A(l_1, l_2, \cdots, l_p, m) \rightleftarrows F(l_1, l_2, \cdots, l_p)=m$$

を満足する一般帰納論理式 $A(l_1, l_2, \cdots, l_p, m)$ が存在するとき，$F(l_1, l_2, \cdots, l_p)$ を**一般帰納函数**という．

注意. 一般帰納函数のこの定義は記述的で，構成的ではない．その構成的な定義の一つでは，原始帰納函数の場合の**初期函数**に**合成過程** (5.23)，**帰納過程** (5.24) と**最小過程**(「実函数論演習」で述べる)を適用して得られる函数として一般帰納函数を定義する．

定義によってわかるように，原始帰納函数は一般帰納函数であるが，原始帰納函数でない一般帰納函数の存在が知られている．

一般帰納函数の特質は，函数の値が独立変数の値から**具現的** (effective) に算出されることである．ここで具現的ということは“具体的に実際的に実現される”ことであって，チューリングの表現に従えば，“**器械**によって実現される”ことである．そして今日までに自然数論で現われた，具現的に計算される函数はいずれも一般帰納函数である．このことは1936年に発表されたチャーチの

提言 R. 自然数論に現われる具現的に計算される函数は一般帰納函数であるを立証するもので，その支持者も少なくない．

注意. 数学的対象を帰納的に定義されるものに限定しようとする主張が**帰納主義**で，数学の各方面，特に数学解析において注目される成果を収めている．

問 1. $N\times N$ の要素をカントルは次のように並べた.

$$\langle 0,0\rangle, \langle 0,1\rangle, \langle 1,0\rangle, \langle 0,2\rangle, \langle 1,1\rangle, \langle 2,0\rangle, \cdots$$
$$\cdots, \langle 0,n\rangle, \langle 1,n-1\rangle, \langle 2,n-2\rangle, \cdots, \langle n,0\rangle, \cdots$$

この列において，第 n 番目の列を $\langle l,m\rangle$ とするとき，$\varphi(l,m)=n$ によって定義される一意写像 φ は原始帰納函数であることを証明せよ.

問 2. $N^n\ (n=1,2,\cdots)$ が可付番であることを証明せよ.

§ 6. 整数，有理数

まず整数について考える．N^2 の上の 2 項関係 R_0 を

(6.1) $$R_0(\langle l,m\rangle, \langle p,q\rangle)\equiv l+q=m+p$$

で定義する．このとき

(6.2) $$R_0(x,x),$$

(6.3) $$R_0(x,y) \quad \text{のとき} \quad R_0(y,x),$$

(6.4) $$R_0(x,y),\ R_0(y,z) \quad \text{のとき} \quad R_0(x,z)$$

が得られる．従って R_0 は相等関係である．そこで N^2 の要素 x に対して

$$\Gamma_0(x)\equiv\{y|R_0(x,y)\}$$

を**整数**という．また整数の全体からなる集合を**整数域**といい，J で示す．すなわち

$$J\equiv\{\Gamma_0(x)|x\in N^2\}$$

と置き，また J の上の変数を $a,b,c,\cdots$ で示す.

なお簡単のために $\Gamma_0(\langle l,m\rangle)$ を $\Gamma_0(l,m)$ で示す.

そこで整数 $\Gamma_0(l,m)$，$\Gamma_0(p,q)$ の**和**，**積**をそれぞれ

(6.5) $$\Gamma_0(l,m)+\Gamma_0(p,q)\equiv\Gamma_0(l+p,m+q),$$

(6.6) $$\Gamma_0(l,m)\Gamma_0(p,q)\equiv\Gamma_0(lp+mq,lq+mp)$$

で定義する．(6.5), (6.6) によって，$\Gamma_0(l,m)$，$\Gamma_0(p,q)$ の和，積は一意的に決定される.

定理 6.1.

(6.7) $$(a+b)+c=a+(b+c),$$

(6.8) $$(ab)c=a(bc),$$

(6.9) $$a+b=b+a,$$

(6.10) $$ab=ba,$$

(6.11) $$a(b+c)=ab+ac,$$

(6.12) 任意の整数 a, b に対して $a+c=b$ を満足する整数 c が存在する．これを $b-a$ で示す．

証明． $a=\Gamma_0(l_1, l_2)$，$b=\Gamma_0(m_1, m_2)$，$c=\Gamma_0(n_1, n_2)$ とするとき

$$a+b=\Gamma_0(l_1+m_1, l_2+m_2)$$

であるから

$$(a+b)+c=\Gamma_0((l_1+m_1)+n_1, (l_2+m_2)+n_2)$$

である．同様に

$$a+(b+c)=\Gamma_0(l_1+(m_1+n_1), l_2+(m_2+n_2))$$

であるから，(6.7) が得られる．

同様に (6.8)～(6.11) が得られる．

また $a=\Gamma_0(l_1, l_2)$，$b=\Gamma_0(m_1, m_2)$ に対して $c=\Gamma_0(p_1, p_2)$ と置くとき，$a+c=b$ であれば

(6.13) $$l_1+p_1+m_2=l_2+p_2+m_1$$

が得られる．ところで

$$p_1=l_2+m_1, \qquad p_2=l_1+m_2$$

と置くとき，p_1, p_2 は (6.13) を満足する．従ってこのような p_1, p_2 に対して $a+c=b$ が得られる．ゆえに (6.12) が成立する．

なお $b-a$ を a, b の**差**という．また

(6.14) $$\bar{l}\equiv\Gamma_0(l, 0),$$

(6.15) $$\bar{N}\equiv\{\bar{l}\,|\,l\in N\}$$

と置き，$\bar{N}$ の要素を**整の自然数**または簡単に**自然数**という．

定理 6.2. N の各要素 l に対して，$f(l)=\bar{l}$ と置くとき

(6.16) $$f(l+m)=f(l)+f(m),$$

(6.17) $$f(lm)=f(l)f(m),$$

(6.18) $$f(N)=\bar{N}$$

が得られる．

証明は定義より明らかである．

注意． 代数的にいえば，f は N を $\bar{N}$ の上に写す同型写像である．なお簡単に $\bar{N}$ を N で示し，$\bar{N}$ の要素 $\bar{n}$ を n で示すことがある．

また定義によって

$$\Gamma_0(l, m)+\overline{m}=\bar{l}$$

である．従って

(6.19) $$\bar{l}-\overline{m}\equiv\Gamma_0(l, m)$$

である．

次に整数 $\Gamma_0(l, m)$，$\Gamma_0(p, q)$ に対して

(6.20) $$\Gamma_0(l, m)<\Gamma_0(p, q)\equiv l+q<m+p$$

と置き，このことを，$\Gamma_0(p, q)$ は $\Gamma_0(l, m)$ より**大**，$\Gamma_0(l, m)$ は $\Gamma_0(p, q)$ より**小**であるという．定義よりただちに次の定理が得られる．

定理 6.3． 整数域 J は2項関係 $<$ に関する順序集合である．

また $a<b$ であることを $b>a$ で示し，$a<b$ または $a=b$ であることを $a\leqq b$ または $b\geqq a$ で示す．

定理 6.4．

(6.21) $a<b$ のとき $a+c<b+c$ である．

(6.22) $a<b$ のとき，$\bar{0}<c$ であれば $ac<bc$ であり，

$c<\bar{0}$ であれば $ac>bc$ である．

証明は定義より容易に得られる．

また整数 a に対して，$\bar{0}<a$ であるとき，a を**正の整数**，$a<\bar{0}$ であるとき，a を**負の整数**という．

次に有理数を考える．今 $\bar{N}^{(+)}=\{x|x>0, x\in\bar{N}\}$ と置き，$J\times\bar{N}^{(+)}$ の上の2項関係 R_1 を

(6.23) $$R_1(\langle a, b\rangle, \langle c, d\rangle)\equiv ad=bc$$

で定義する．このとき R_0 の場合と同様に R_1 は相等関係である．そこで $J\times\bar{N}^{(+)}$ の要素 x に対して

(6.24) $$\Gamma_1(x)\equiv\{y|R_1(x, y)\}$$

を**有理数**という．また有理数の全体からなる集合を**有理数域**といい，R で示す．すなわち

(6.25) $$R\equiv\{\Gamma_1(x)\,|\,x\in J\times\bar{N}^{(+)}\}$$

と置く．また R の上の変数を $r, s, t, \cdots$ で示す．

なお簡単のために $\Gamma_1(\langle a, b\rangle)$ を $\Gamma_1(a, b)$ で示す．

補題 6.1. 有理数域 R は可付番である．

証明. $\bar{N}^{(+)}$ の要素 k に対して

$$E_k=\{\Gamma_1(x, k)\,|\,x\in J\}$$

と置くとき，E_k は可付番であって，$R=\bigcup_{k=1}^{\infty}E_k$ であるから，定理 4.10 によって R は可付番である．

そこで，有理数 $\Gamma_1(a, b)$，$\Gamma_1(c, d)$ の**和**，**積**をそれぞれ

(6.26) $$\Gamma_1(a, b)+\Gamma_1(c, d)\equiv\Gamma_1(ad+bc, bd),$$

(6.27) $$\Gamma_1(a, b)\Gamma_1(c, d)\equiv\Gamma_1(ac, bd)$$

で定義する．(6.26), (6.27) によって，$\Gamma_1(a, b)$，$\Gamma_1(c, d)$ の和，積が一意的に決定される．

定理 6.5.

(6.28) $$(r+s)+t=r+(s+t),$$

(6.29) $$(rs)t=r(st),$$

(6.30) $$r+s=s+r,$$

(6.31) $$rs=sr,$$

(6.32) $$r(s+t)=rs+rt,$$

(6.33) 任意の有理数 r, s に対して，$r+t=s$ を満足する有理数 t が存在する．これを $s-r$ で示す．

証明. (6.28)～(6.32) の証明は定理 6.1 のこれに対応する等式の証明と同様である．例えば，$r=\Gamma_1(a_1, a_2)$，$s=\Gamma_1(b_1, b_2)$，$t=\Gamma_1(c_1, c_2)$ であるとき

$$(r+s)+t=\Gamma_1((a_1b_2+a_2b_1)c_2+(a_2b_2)c_1, (a_2b_2)c_2),$$

$$r+(s+t)=\Gamma_1(a_1(b_2c_2)+(b_1c_2+b_2c_1)a_2, a_2(b_2c_2))$$

であるから，(6.28) が得られる．

また $r=\Gamma_1(a_1, a_2)$，$s=\Gamma_1(b_1, b_2)$ に対して，$t=\Gamma_1(c_1, c_2)$ と置くとき，$r+t=s$ から

$$(a_1c_2+a_2c_1)b_2=(a_2c_2)b_1, \tag{6.34}$$

すなわち

$$a_2b_2c_1=(a_2b_1-a_1b_2)c_2$$

が得られる．従って

$$c_2=a_2b_2, \qquad c_1=a_2b_1-a_1b_2$$

は (6.34) を満足する．ゆえにこのような c_1, c_2 に対して，$r+t=s$ が得られる．すなわち (6.33) が成立する．

なお $s-r$ を r, s の差という．次に

$$\bar{a}\equiv\Gamma_1(a, 1), \tag{6.35}$$

$$\bar{J}\equiv\{\bar{a}|a\in J\} \tag{6.36}$$

と置き，$\bar{J}$ の要素を**有理整数**または簡単に**整数**という．

定理 6.6. J の各要素 a に対して，$f(a)=\bar{a}$ と置くとき

$$f(a+b)=f(a)+f(b), \tag{6.37}$$

$$f(ab)=f(a)f(b), \tag{6.38}$$

$$f(J)=\bar{J} \tag{6.39}$$

が得られる．

証明は定義より明らかである．

注意. 代数的にいえば，f は J を $\bar{J}$ の上に写す同型写像である．なお簡単に $\bar{J}$ を J で示し，$\bar{J}$ の要素 $\bar{a}$ を a で示すことがある．

定理 6.7. 有理数 r, s に対して $r\neq\bar{0}$ のとき，$rt=s$ を満足する有理数 t が存在する．これを s/r で示す．

証明. $r=\Gamma_1(a_1, a_2)$，$s=\Gamma_1(b_1, b_2)$ のとき，$r\neq 0$ であるから，$a_1\neq 0$ である．そこで $t=\Gamma_1(c_1, c_2)$ と置くとき，$rt=s$ から

$$a_1b_2c_1=a_2b_1c_2 \tag{6.40}$$

が得られる．ここで $a_1b_2\neq 0$ であるから

$$c_1 = a_2 b_1 e, \qquad c_2 = a_1 b_2 e.$$

ただし

$$e = 1 \qquad a_1 > 0 \text{ のとき},$$

$$= 0 - 1 \qquad a_1 < 0 \text{ のとき}$$

は (6.40) を満足する．従って $rt = s$ を満足する有理数 t が存在する．

なお s/r を r, s の**商**という．また有理数 $r = \Gamma_1(a, b)$ に対して

$$r\bar{b} = \bar{a}$$

である．そこで

$$r = \frac{\bar{a}}{\bar{b}}$$

と置く．そして $\bar{a}, \bar{b}$ をそれぞれ r の**分子**，**分母**という．

定理 6.8.

(6.41) $$\frac{\bar{a}}{\bar{b}} + \frac{\bar{c}}{\bar{d}} = \frac{\bar{a}\bar{d} + \bar{b}\bar{c}}{\bar{b}\bar{d}},$$

(6.42) $$\frac{\bar{a}}{\bar{b}} \frac{\bar{c}}{\bar{d}} = \frac{\bar{a}\bar{c}}{\bar{b}\bar{d}}.$$

また有理数 $r = \Gamma_1(a, b)$，$s = \Gamma_1(c, d)$ に対して

(6.43) $$r < s \equiv ad < bc$$

と置き，このことを，s は r より**大**，r は s より**小**であるという．定義より，ただちに次の定理が得られる．

定理 6.9. 有理数域 R は 2 項関係 $<$ に関する順序集合である．

また $r < s$ であることを $s > r$ で示し，$r < s$ または $r = s$ であることを $r \leqq s$ または $s \geqq r$ で示す．

定理 6.10. 有理数 r, s に対して，$r < s$ のとき，$r < t < s$ を満足する有理数 t が存在する．

証明. $r = \Gamma_1(a, b)$，$s = \Gamma_1(c, d)$ のとき

$$t = \Gamma_1(ad + bc, 2bd)$$

とすれば，$r < t < s$ である．

注意. 定理 6.10 で述べられている有理数域 R の性質を有理数域の**稠密性**という．

定理 6.11.

(6.44)　$r<s$ のとき $r+t<s+t$ である.

(6.45)　$r<s$ のとき, $\bar{0}<t$ であれば $rt<st$ であり,

$t<\bar{0}$ であれば $rt>st$ である.

証明は定義より容易に得られる.

そこで有理数 r に対して, $\bar{0}<r$ であるとき, r を**正**の有理数, $r<\bar{0}$ であるとき, r を**負**の有理数という.

また有理数 r に対して

$$-r\equiv\bar{0}-r,$$

$$|r|\equiv r \qquad r\geqq\bar{0} \text{ のとき},$$

$$\equiv -r \qquad r<\bar{0} \text{ のとき}$$

と置き, $|r|$ を r の**絶対値**という.

定理 6.12.

(6.46)　$|r|\geqq\bar{0}$, しかも $r=\bar{0}$ のときに限り $|r|=\bar{0}$ である.

(6.47)　$|r+s|\leqq|r|+|s|$,

(6.48)　$|rs|=|r||s|$.

証明は定義より明らかである.

問. $N\times N$ の上の2項関係 R_2 を

$$R_2(\langle l_1, l_2\rangle, \langle m_1, m_2\rangle)\equiv l_1(m_2+1)=m_1(l_2+1)$$

で定義するとき, R_2 は相等関係である. そこで, $\Gamma_2(x)\equiv\{y|R_2(x,y)\}$ を**分数**という. その性質を調べよ.

§7. 実　　数

よく知られているように, 1858年にデデキントが初めて実数論を展開した. これが論文として発表されたのが1872年で, カントルの実数論が発表された年である. カントルの実数論で特に注目される点は**分岐的実数論**を企図したことである. 実数の中には, 自然数のように単純な数, $\sqrt{2}$ のようにもっと複雑な代数的実数, e, π のような超越数などがあって, その存在形態は実に多様であるが, このような多様性の考慮された実数論が分岐的実数論で, その成立

は数学的にも認識論的にも好ましいことである．しかしその企図はやがて中止されて，これは等質的なデデキントの実数論と同値なものになった．各種の実数のもっている存在形態を捨象して，平等な存在として実数を把握するデデキントの実数論には多くの批判がなされているけれども，カントルの集合論Cの基盤がここで作られたことは重要である．

ここではカントルの定義に従って，等質的な実数論を集合論 ZF において展開する．

f を自然数域 N で定義され，値域が有理数域 R に含まれる一意写像とするとき，すなわち

(7.1)　$$A(f) \equiv \mathrm{Un}(f) \frown \mathfrak{D}(f) = N \frown \mathfrak{W}(f) \subseteq R$$

が成立するとき，

$$f(k) = r_k$$

であれば，f を

(7.2)　$$r_0, r_1, r_2, \cdots$$

または $\{r_k\}$ $(k=0, 1, 2, \cdots)$ で表わし，**有理数列**という．

またこれが次の条件

(7.3)　任意の正の整数 p に対して，正の整数 q を求めて，$k>q$，$l>q$ のとき

$$|r_k - r_l| < \frac{1}{p}$$

であるようにできる

を満足するとき，$\{r_k\}$ $(k=0, 1, 2, \cdots)$ を**基本列**という．例えば

$$\left\{\frac{3k}{k+1}\right\}, \qquad \left\{1-\frac{1}{2^k}\right\} \qquad (k=0, 1, 2, \cdots)$$

はともに基本列である．また有理数列 $\{r_k\}$ $(k=0, 1, 2, \cdots)$ が，条件

(7.4)　任意の正の整数 p に対して，正の整数 q を求めて，$k>q$ のとき

$$|r_k| < \frac{1}{p}$$

であるようにできる

を満足するとき，これを**零列**という．例えば

$$\left\{\frac{1}{k^2+1}\right\},\qquad \left\{\frac{1}{p^k}\right\}\qquad (k=0,1,2,\cdots)\qquad (\text{ただし } p>1)$$

は零列である．ところで (7.3), (7.4) は次のように論理式で書ける．

(7.5) $$B(f)\equiv(\forall p)(\exists q)\Bigl(p>0 \to\Bigl(q>0 \frown (\forall k)(\forall l)\Bigl((k>q \frown l>q)\to|f(k)-f(l)|<\frac{1}{p}\Bigr)\Bigr)\Bigr),$$

(7.6) $$C(f)\equiv(\forall p)(\exists q)\Bigl(p>0\to\Bigl(q>0 \frown (\forall k)\Bigl(k>q\to|f(k)|<\frac{1}{p}\Bigr)\Bigr)\Bigr).$$

従って，集合

(7.7) $$L_F\equiv\mathfrak{M}B(f),$$

(7.8) $$L_N\equiv\mathfrak{M}C(f)$$

が存在する．

補題 7.1. L_F の要素 f に対して

(7.9) $$|f(k)|<p$$

を満足する正の整数 p が存在する．

証明. f は L_F の要素であるから，正の整数 q を求めて，$k>q$，$l>q$ のとき

$$|f(k)-f(l)|<1$$

であるようにできる．このとき $l=q+1$ とすれば

$$|f(k)-f(q+1)|<1$$

が得られる．ゆえに $k>q$ のとき

(7.10) $$|f(k)|<|f(q+1)|+1$$

である．従って

(7.11) $$|f(k)|<p \qquad (k=0,1,2,\cdots,q),$$

(7.12) $$|f(q+1)|+1<p$$

を同時に満足する正の整数 p を取れば，(7.10)～(7.12) より (7.9) が得られる．

そこで L_F の要素 f,g の**和** $f+g$，**差** $f-g$，**積** fg をそれぞれ

(7.13) $$(f+g)(k)\equiv f(k)+g(k),$$

(7.14) $$(f-g)(k)\equiv f(k)-g(k),$$

(7.15) $$(fg)(k) \equiv f(k)g(k)$$

で定義する．

補題 7.2. L_F の要素 f, g に対して，$f+g$, $f-g$, fg はまた L_F の要素である．

証明. 正の整数 p に対して，正の整数 q を十分大に取って，$k>q$, $l>q$ のとき

$$|f(k)-f(l)|<\frac{1}{2p},$$

$$|g(k)-g(l)|<\frac{1}{2p}$$

であるようにできる．このとき $k>q$, $l>q$ であれば

$$\begin{aligned}|(f+g)(k)-(f+g)(l)| &= |(f(k)-f(l))+(g(k)-g(l))| \\ &\leqq |f(k)-f(l)|+|g(k)-g(l)|<\frac{1}{p}\end{aligned}$$

であるから，$f+g \in L_F$ である．同様に，$f-g \in L_F$ が得られる．次に補題7.1より

$$|f(k)|<p_0, \qquad |g(k)|<p_0$$

を満足する正の整数 p_0 が存在する．

このとき正の整数 p に対して，正の整数 q を求めて，$k>q$, $l>q$ のとき

$$|f(k)-f(l)|<\frac{1}{2p_0p}, \qquad |g(k)-g(l)|<\frac{1}{2p_0p}$$

であるようにできる．従って $k>q$, $l>q$ のとき

$$\begin{aligned}|(fg)(k)-(fg)(l)| &= |f(k)g(k)-f(l)g(l)| \\ &= |f(k)(g(k)-g(l))+(f(k)-f(l))g(l)| \\ &\leqq |f(k)||g(k)-g(l)|+|f(k)-f(l)||g(l)| \\ &< \frac{p_0}{2p_0p}+\frac{p_0}{2p_0p}=\frac{1}{p}\end{aligned}$$

である．ゆえに fg もまた L_F の要素である．

補題 7.3.

(7.16) $$(f+g)+h=f+(g+h),$$

(7.17)　$(fg)h = f(gh),$

(7.18)　$f+g = g+f,$

(7.19)　$fg = gf,$

(7.20)　$f(g+h) = fg+fh.$

証明は (7.13)～(7.15) より明らかである.

補題 7.4.

(7.21)　L_N の要素 f, g に対して, $f+g$, $f-g$ は L_N の要素である.

(7.22)　L_F の要素 f, L_N の要素 g に対して, fg は L_N の要素である.

証明. f, g を L_N の要素とするとき, 正の整数 p に対して, 正の整数 q を求めて, $k>q$ のとき

$$|f(k)| < \frac{1}{2p}, \qquad |g(k)| < \frac{1}{2p}$$

であるようにする. このとき $k>q$ であれば,

$$|f(k) \pm g(k)| \leqq |f(k)| + |g(k)| < \frac{1}{p}$$

であるから, $f \pm g$ はまた L_N の要素である.

次に f を L_F の要素, g を L_N の要素とすれば, 補題7.1によって

$$|f(k)| < p_0 \qquad (k=0, 1, 2, \cdots)$$

を満足する正の整数 p_0 が存在する. また正の整数 p に対して, 正の整数 q を求めて, $k>q$ のとき

$$|g(k)| < \frac{1}{p_0 p}$$

であるようにできる. 従って $k>q$ のとき

$$|f(k)g(k)| = |f(k)||g(k)| < \frac{p_0}{p_0 p} = \frac{1}{p}$$

である. ゆえに fg は L_N の要素である.

そこで L_F の上の2項関係 R を

(7.23)　$R(f, g) \equiv f-g \in L_N$

で定義する. このとき

(7.24) $R(f,f)$,

(7.25) $R(f,g)$ のとき $R(g,f)$,

(7.26) $R(f,g)$, $R(g,h)$ のとき $R(f,h)$

が得られる．実際 $f(k)-f(k)=0$ より (7.24) が得られ,

$$|f(k)-g(k)|=|g(k)-f(k)|$$

から (7.25) が得られる．また

$$f-h=(f-g)+(g-h)$$

であるから, (7.26) が得られる．従って R は相等関係である．そこで L_F の要素 f に対して

(7.27) $$\Gamma(f)\equiv\{g|R(f,g)\}$$

を**実数**といい，実数の全体からなる集合を**実数域**という．そしてこれを L で示す．すなわち

$$L\equiv\{\Gamma(f)|f\in L_F\}$$

である．また L の上の変数を $\alpha,\beta,\gamma,\cdots$ で示す．

注意. 代数的にいえば, L_F は可換環で, L_N は L_F の最大イデヤルで, 剰余環 L_F/L_N が実数域 L である．このことから L が体であることがわかる．

そこで実数 $\Gamma(f)$, $\Gamma(g)$ の**和**, **積**をそれぞれ

(7.28) $$\Gamma(f)+\Gamma(g)\equiv\Gamma(f+g),$$

(7.29) $$\Gamma(f)\Gamma(g)\equiv\Gamma(fg)$$

で定義する．$\Gamma(f)=\Gamma(f_0)$, $\Gamma(g)=\Gamma(g_0)$ のとき, $f_0=f+f_1$, $g_0=g+g_1$ を満足する L_N の要素 f_1, g_1 が存在する．このとき

$$(f_0+g_0)-(f+g)=f_1+g_1,$$

$$f_0g_0-fg=f_1g+fg_1$$

であるから, 補題7.4によって $\Gamma(f_0+g_0)=\Gamma(f+g)$, $\Gamma(f_0g_0)=\Gamma(fg)$ である．ゆえに (7.28), (7.29) によって $\Gamma(f),\Gamma(g)$ の和, 積が一意的に決定される．

定理 7.1.

(7.30) $$(\alpha+\beta)+\gamma=\alpha+(\beta+\gamma),$$

(7.31)　$(\alpha\beta)\gamma=\alpha(\beta\gamma)$,

(7.32)　$\alpha+\beta=\beta+\alpha$,

(7.33)　$\alpha\beta=\beta\alpha$,

(7.34)　$\alpha(\beta+\gamma)=\alpha\beta+\alpha\gamma$,

(7.35)　任意の実数 α, β に対して，$\alpha+\gamma=\beta$ を満足する実数 γ が存在する．これを $\beta-\alpha$ で示す．

証明． 補題7.3より，(7.30)～(7.34) が得られる．また $\Gamma(f)+\Gamma(g-f)=\Gamma(g)$ より (7.35) が得られる．

なお $\beta-\alpha$ を α, β の**差**という．次に有理数 r に対して

$$f_r(k)\equiv r$$

によって一意写像 f_r を定義するとき，f_r は L_F の要素である．そこで

(7.36)　$\bar{r}\equiv\Gamma(f_r)$,

(7.37)　$\bar{R}\equiv\{\bar{r}|r\in R\}$

と置き，$\bar{R}$ の要素を**有理実数**または簡単に**有理数**という．

定理 7.2. R の各要素 r に対して，$f(r)=\bar{r}$ と置くとき

(7.38)　$f(r+s)=f(r)+f(s)$,

(7.39)　$f(rs)=f(r)f(s)$,

(7.40)　$f(R)=\bar{R}$

が得られる．

証明は定義より明らかである．

注意． 代数的にいえば，f は R を $\bar{R}$ の上に写す同型写像である．なお簡単に $\bar{R}$ を R で示し，$\bar{R}$ の要素 $\bar{r}$ を r で示すことがある．

定理 7.3. 実数 α, β に対して，$\alpha\neq\bar{0}$ のとき，$\alpha\gamma=\beta$ を満足する実数 γ が存在する．これを β/α で示す．

証明． $\alpha=\Gamma(f)$，$\beta=\Gamma(g)$ とする．ところで $\alpha\neq\bar{0}$ のとき，正の整数 p_0, q_0 を求めて，$k>q_0$ のとき

(7.41)　$|f(k)|>\dfrac{1}{p_0}$

であるようにできる．実際このような正の整数が存在しないならば，任意の正

の整数pに対して，

$$(7.42) \qquad |f(l)|<\frac{1}{2p}$$

を満足するlが無限に存在する．他方で$f\in L_F$であるから，正の整数qを求めて，$k>q$，$l>q$であるとき

$$(7.43) \qquad |f(k)-f(l)|<\frac{1}{2p}$$

であるようにできる．そこで$l>q$で，(7.42)の成立するようなlを取れば，$k>q$のとき

$$|f(k)|\leqq|f(k)-f(l)|+|f(l)|<\frac{1}{2p}+\frac{1}{2p}=\frac{1}{p}$$

が得られる．これはfがL_Nの要素であることを示していて，$\Gamma(f)\neq\bar{0}$と矛盾する．よって(7.41)を満足する正の整数p_0, q_0が存在する．そこで

$$\begin{aligned} h(k) &\equiv 1 && (k=0, 1, 2, \cdots, q_0), \\ &\equiv f(k) && (k=q_0+1, q_0+2, \cdots) \end{aligned}$$

と置けば，$k>q_0$のとき，$h(k)-f(k)=0$であるから，$\Gamma(f)=\Gamma(h)$である．従って$\alpha=\Gamma(h)$が得られ

$$(7.44) \qquad |h(k)|>\frac{1}{p_0}$$

である．そこで

$$h_0(k)\equiv\frac{1}{h(k)}$$

と置けば，(7.44)によってh_0はNで定義されている．またこれはL_Fに属す．実際(7.44)によって$|h_0(k)|<p_0$である．他方で正の整数pに対して，正の整数qを求めて，$k>q$，$l>q$のとき

$$|h(k)-h(l)|<\frac{1}{{p_0}^2 p}$$

であるようにできる．従ってこのとき

$$|h_0(k)-h_0(l)|=|h_0(k)|\,|h_0(l)|\,|h(k)-h(l)|<\frac{{p_0}^2}{{p_0}^2 p}=\frac{1}{p}$$

である．よってh_0はL_Fの要素である．

ところで $k>q_0$ のとき

$$f(k)h_0(k)g(k)=g(k)$$

であるから

$$\beta=\Gamma(g)=\Gamma(fh_0g)=\Gamma(f)\Gamma(h_0g)=\alpha\Gamma(h_0g)$$

である．ゆえに $\gamma=\Gamma(h_0g)$ と置けば $\alpha\gamma=\beta$ である．

なお β/α を α,β の商という．また実数 $\alpha=\Gamma(f)$，$\beta=\Gamma(g)$ に対して，正の整数 p,q を求めて，$k>q$ のとき

$$g(k)-f(k)>\frac{1}{p}$$

であるようにできるならば，このことを $\alpha<\beta$ または $\beta>\alpha$ で示し，β は α より大，α は β より小であるという．

定理 7.4. 実数域 L は2項関係 $<$ に関する順序集合である．

証明. 2項関係 $<$ が非対称的で移動的であることは定義より明らかである．次に $<$ の結合性を考える．実数 α,β に対して，$\alpha<\beta$ も $\beta<\alpha$ も成立しないとする．このとき $\alpha=\Gamma(f)$，$\beta=\Gamma(g)$，$h(k)=f(k)-g(k)$ とすれば，任意の正の整数 p に対して

$$f(l)-g(l)\leqq\frac{1}{p} \quad \text{すなわち} \quad h(l)\leqq\frac{1}{p} \tag{7.45}$$

を満足する自然数 l が無限に存在する．ところで h はまた L_F の要素であるから，正の整数 q_0 を求めて，$k>q_0$，$l>q_0$ のとき

$$|h(k)-h(l)|<\frac{1}{p}$$

であるようにできる．従って (7.45) と $l>q_0$ を満足する自然数 l に対して，$k>q_0$ のとき

$$h(k)\leqq h(l)+|h(k)-h(l)|<\frac{2}{p} \tag{7.46}$$

である．同様に，$g(l)-f(l)<1/p$ を満足する自然数 l を利用して，正の整数 q_1 を定め，$k>q_1$ のとき

$$-h(k)<\frac{2}{p} \tag{7.47}$$

であるようにできる．従って (7.46), (7.47) から，$h \in L_N$ が得られ，$\alpha = \beta$ が成立する．ゆえに＜は結合的である．

よってLは＜に関する順序集合である．

定理 7.5.

(7.48)　$\alpha < \beta$ のとき $\alpha + \gamma < \beta + \gamma$ である．

(7.49)　$\alpha < \beta$ のとき，$\bar{0} < \gamma$ であれば $\alpha\gamma < \beta\gamma$ であり，

$\gamma < \bar{0}$ であれば $\alpha\gamma > \beta\gamma$ である．

証明は定義より容易に得られる．

そこで実数αに対して，$\bar{0} < \alpha$ であるとき，α を正の実数または**正数**，$\alpha < 0$ であるとき，αを負の実数または**負数**という．また

$$-\alpha \equiv \bar{0} - \alpha,$$

$$|\alpha| \equiv \alpha \qquad \alpha \geqq \bar{0} \text{ のとき},$$

$$\equiv -\alpha \qquad \alpha < \bar{0} \text{ のとき}$$

と置き，$|\alpha|$ を α の**絶対値**という．

定理 7.6.

(7.50)　$|\alpha| \geqq \bar{0}$ で，しかも $\alpha = \bar{0}$ のときに限り $|\alpha| = \bar{0}$ である．

(7.51)　$|\alpha + \beta| \leqq |\alpha| + |\beta|$,

(7.52)　$|\alpha\beta| = |\alpha||\beta|$.

証明は定義より明らかである．

次に実数域 L の連続性を考える．

定理 7.7. 実数α, βに対して，$\alpha < \beta$ であるとき，$\alpha < \bar{r} < \beta$ を満足する有理数 $\bar{r}$ が存在する．

証明. $\alpha = \Gamma(f)$，$\beta = \Gamma(g)$ とする．$\alpha < \beta$ であるから，正の整数 p, q_0 を求めて，$k > q_0$ のとき

$$g(k) - f(k) > \frac{1}{p} \tag{7.53}$$

であるようにできる．また正の整数 q_1 を求めて，$k > q_1$，$l > q_1$ のとき

$$|f(k) - f(l)| < \frac{1}{2p}, \qquad |g(k) - g(l)| < \frac{1}{2p} \tag{7.54}$$

であるようにできる．そこで q_0, q_1 より大である自然数 k_0 を取れば，(7.53)，(7.54) より，$k>q_1$ のとき

$$f(k)<f(k_0)+\frac{1}{2p}<g(k_0)-\frac{1}{2p}<g(k) \tag{7.55}$$

である．ゆえに $r=\frac{1}{2}(f(k_0)+g(k_0))$ に対して

$$h(k)=r$$

と置けば，$\Gamma(h)=\bar{r}$ であって，(7.55) より $\alpha<\bar{r}<\beta$ が得られる．

注意． 定理 7.7 で述べられている実数域 L の性質を実数域の**稠密性**という．またこの定理は有理数が L の上に稠密に分布していることも合わせて示している．

ところで有理実数でない実数を**無理数**という．例えば，自然数 k に対して

$$p^2<2^{2k+1}$$

を満足する最大の整数を p_k とするとき，

$$f(k)=\frac{p_k}{2^k} \qquad (k=0, 1, 2, \cdots)$$

によって定義される一意写像 f は L_F の要素である．そこで $\alpha_0=\Gamma(f)$ とすれば

$$\alpha_0{}^2=2 \tag{7.56}$$

であって，α_0 が無理数 $\sqrt{2}$ であることは容易にわかる．

定理 7.8． 有理実数 $\bar{r}, \bar{s}$ に対して，$\bar{r}<\bar{s}$ であるとき $\bar{r}<\alpha<\bar{s}$ を満足する無理数 α が存在する．

証明． $0<2p<s-r$ を満足する有理数 p に対して，$\alpha=\bar{r}+\bar{p}\alpha_0$（ただし $\alpha_0{}^2=2$，$\alpha_0>0$）と置けば，α は無理数で，$\bar{r}<\alpha<\bar{s}$ である．

今，自然数域 N で定義され，値域が実数域 L に含まれる一価函数 $F(k)$ に対して，$F(k)=\alpha_k$ $(k=0, 1, 2, \cdots)$ であるとき，実数の列

$$\alpha_0, \alpha_1, \alpha_2, \cdots \tag{7.57}$$

が得られる．これを**実数列**といい，簡単に $\{\alpha_k\}$ $(k=0, 1, 2, \cdots)$ で示す．また α_k をその**第 k 項**という．

実数列 (7.57) に対して

$$\alpha_k<\gamma \qquad (\text{または } \gamma<\alpha_k) \qquad (k=0,1,2,\cdots)$$

を満足する実数 γ が存在するとき，(7.57) は**上に**(または**下に**)**有界**であるといい，これが上，下に有界であるとき (7.57) は**有界**であるという．

また実数列 (7.57) に対して，実数 α が，条件

(7.58)　任意の正数 ε に対して，$|\alpha_k-\alpha|<\varepsilon$ を満足する自然数 k が無限に存在する

を満足するとき，α を (7.57) の**集積値**という．

定理 7.9. 有界な実数列は少なくとも一つの集積値をもつ．

証明. 実数列 (7.57) が有界であるとき，$\gamma<\alpha_k<\delta$ $(k=0,1,2,\cdots)$ を満足する実数 γ,δ が存在する．簡単のため $\gamma=0$，$\delta=1$ の場合を考える．

任意の自然数 k に対して

(7.59)
$$\frac{l}{2^k}<\alpha_m<1 \qquad (0\leqq l<2^k)$$

を満足する自然数 m が無限に存在することは

$$A(l,k)\equiv(\forall j)(\exists m)\left(j<m\frown\frac{l}{2^k}<\alpha_m\right)$$

で書かれる．従って無限個の自然数 m に対して，(7.59) が成立するような自然数 l の中の最大数が l_0 であることは

$$B(l_0,k)\equiv A(l_0,k)\frown\neg A(l_0+1,k)$$

で書かれる．ゆえに

$$f(k)=l\equiv B(l,k)$$

によって一価函数 f を定義し，

$$g(k)=\frac{f(k)}{2^k}$$

と置けば

(7.60)
$$0\leqq g(k+1)-g(k)\leqq\frac{1}{2^{k+1}}$$

であるから，g は L_F の要素である．

そこで $\alpha=\Gamma(g)$ と置けば，α は実数列 (7.57) の集積値である．実際 α が

(7.57) の集積値でなければ，正の整数 p を適当に選んで，$|\alpha_l-\alpha|<1/p$ を満足する自然数 l が有限個であるようにできる．このとき $\frac{1}{2^k}<\frac{1}{p}$ を満足する正の整数 k を取れば，

(7.61) $$\frac{l}{2^k}\leqq\alpha<\frac{l+1}{2^k}<\alpha+\frac{1}{p}$$

を満足する整数 l が存在する．

ところで (7.60) によって，$g(j)\leqq g(j+1)$ であるから，$\alpha<\frac{l+1}{2^k}$ より

$$g(j)<\frac{l+1}{2^k} \quad \text{すなわち} \quad \frac{f(j)}{2^j}<\frac{l+1}{2^k}$$

が得られる．従って特に $j=k$ であれば，$f(k)<l+1$ となる．よって $f(k)$ の定義から

(7.62) $$\frac{l+1}{2^k}<\alpha_m<1$$

を満足する自然数 m は有限個である．

このとき，$\frac{l}{2^k}<\alpha$ であれば，$\alpha-\frac{1}{p}<\frac{l}{2^k}$ であるから，

(7.63) $$\frac{l}{2^k}<\alpha_m<\alpha+\frac{1}{p}$$

を満足する自然数 m は有限個である．従って (7.61)～(7.63) によって

(7.64) $$\frac{l}{2^k}<\alpha_m<1$$

を満足する自然数 m はまた有限個である．

他方で，$\frac{l}{2^k}<\alpha$ であるから，十分大なる自然数 j に対して

$$\frac{l}{2^k}<g(j) \quad \text{すなわち} \quad \frac{l}{2^k}<\frac{f(j)}{2^j}$$

が得られる．従って j を k より大に取れば，$2^{j-k}l<f(j)$ である．また (7.64) より

$$\frac{2^{j-k}l}{2^j}<\alpha_m<1$$

を満足する自然数 m はまた有限個である．これは $f(j)$ の定義と矛盾する．

また $\frac{l}{2^k}=\alpha$ のときには，$\frac{l-1}{2^k}<\alpha$ より，上と同様の矛盾が得られる．ゆ

えにαは (7.57) の集積値である.

ところで, 実数列 (7.57) に対して, 実数αが条件

(7.65)　任意の正数εに対して, $\alpha_k<\alpha+\varepsilon$ $(k=q+1, q+2, \cdots)$ を満足する自然数qが存在する

(7.66)　任意の正数εと任意の自然数qに対して, $\alpha-\varepsilon<\alpha_k$, $k>q$ を満足する自然数kが存在する

を満足するとき, αを実数列 (7.57) の**上限**といい, これを $\overline{\lim\limits_{k\to\infty}}\,\alpha_k$ で示す.

同様に, 実数 α が (7.65) における $\alpha_k<\alpha+\varepsilon$ を $\alpha-\varepsilon<\alpha_k$ で置き換えて得られる条件と, (7.66) における $\alpha-\varepsilon<\alpha_k$ を $\alpha_k<\alpha+\varepsilon$ で置き換えて得られる条件を満足するとき, α を実数列 (7.57) の**下限**といい, これを $\underline{\lim\limits_{k\to\infty}}\,\alpha_k$ で示す.

例えば

$$\overline{\lim_{k\to\infty}}\,(-1)^k\frac{k}{3k+2}=\frac{1}{3},\qquad \underline{\lim_{k\to\infty}}\,(-1)^k=-1$$

である.

定理 7.10. 有界な実数列にはその上限と下限とが存在する.

証明. 定理7.9の証明で与えられた実数列 (7.57) の集積値はその上限である. 同様にしてその下限の存在が証明される.

定理 7.11.

(7.67)
$$\overline{\lim_{k\to\infty}}\,(-\alpha_k)=-\underline{\lim_{k\to\infty}}\,\alpha_k,$$

(7.68)
$$\underline{\lim_{k\to\infty}}\,(-\alpha_k)=-\overline{\lim_{k\to\infty}}\,\alpha_k.$$

証明は定義より明らかである.

今, 有界実数列 $\{\alpha_k\}$, $\{\beta_k\}$, $\{\gamma_k\}$ $(k=0, 1, 2, \cdots)$ (ただし $\gamma_k=\alpha_k+\beta_k$) に対して

$$\bar{\alpha}=\overline{\lim_{k\to\infty}}\,\alpha_k,\qquad \bar{\beta}=\overline{\lim_{k\to\infty}}\,\beta_k,\qquad \bar{\gamma}=\overline{\lim_{k\to\infty}}\,\gamma_k,$$

$$\underline{\alpha}=\underline{\lim_{k\to\infty}}\,\alpha_k,\qquad \underline{\beta}=\underline{\lim_{k\to\infty}}\,\beta_k,\qquad \underline{\gamma}=\underline{\lim_{k\to\infty}}\,\gamma_k$$

と置く.

定理 7.12.

(7.69)　　$\underline{\alpha}+\underline{\beta}\leqq\underline{\gamma}$,

(7.70)　　$\underline{\gamma}\leqq\underline{\alpha}+\bar{\beta}$,　　$\underline{\gamma}\leqq\bar{\alpha}+\underline{\beta}$,

(7.71)　　$\underline{\alpha}+\bar{\beta}\leqq\bar{\gamma}$,　　$\bar{\alpha}+\underline{\beta}\leqq\bar{\gamma}$,

(7.72)　　$\bar{\alpha}+\bar{\beta}\geqq\bar{\gamma}$.

またここで $\alpha_k\geqq0$, $\beta_k\geqq0$, $\delta_k=\alpha_k\beta_k$ $(k=0,1,2,\cdots)$ とし

$$\bar{\delta}=\varlimsup_{k\to\infty}\delta_k,\qquad \underline{\delta}=\varliminf_{k\to\infty}\delta_k$$

と置く.

定理 7.13.

(7.73)　　$\underline{\alpha}\underline{\beta}\leqq\underline{\delta}$,

(7.74)　　$\underline{\delta}\leqq\underline{\alpha}\bar{\beta}$,　　$\underline{\delta}\leqq\bar{\alpha}\underline{\beta}$,

(7.75)　　$\underline{\alpha}\bar{\beta}\leqq\bar{\gamma}$,　　$\bar{\alpha}\underline{\beta}\leqq\bar{\gamma}$,

(7.76)　　$\bar{\alpha}\bar{\beta}\geqq\bar{\gamma}$.

定理 7.12, 定理 7.13 の証明は実数列の上限, 下限の定義から得られる.

次に, 実数列 $\{\alpha_k\}$ $(k=0,1,2,\cdots)$ に対して, $\varlimsup_{k\to\infty}\alpha_k$, $\varliminf_{k\to\infty}\alpha_k$ が存在して一致するとき, この値を

$$\lim_{k\to\infty}\alpha_k$$

で示し, $\{\alpha_k\}$ $(k=0,1,2,\cdots)$ の**極限**という. またこのとき $\{\alpha_k\}$ $(k=0,1,2,\cdots)$ は**収束**するという.

定理 7.14. 実数列 $\{\alpha_k\}$ $(k=0,1,2,\cdots)$ が実数 α に収束するがために必要にして十分な条件は, 任意の正数 ε に対して, 自然数 p を求めて, $k>p$ のとき

$$|\alpha-\alpha_k|<\varepsilon$$

が成立するようにできることである.

証明. 実数列 $\{\alpha_k\}$ $(k=0,1,2,\cdots)$ が α に収束するとき, 正数 ε に対して, 自然数 p を求めて, $k>p$ のとき, $\alpha_k<\alpha+\varepsilon$, $\alpha-\varepsilon<\alpha_k$ であるようにできる. 従って $k>p$ のとき $|\alpha-\alpha_k|<\varepsilon$ である. よって与えられた条件は必要条

件である．同様にこれが十分条件であることもわかる．

定理 7.15. 実数列 $\{\alpha_k\}$ $(k=0,1,2,\cdots)$ が収束するがために必要にして十分な条件は，任意の正数 ε に対して，自然数 p を求めて，$k>p$, $l>p$ のとき

$$|\alpha_k-\alpha_l|<\varepsilon \tag{7.77}$$

が成立するようにできることである．

証明. 実数列 $\{\alpha_k\}$ $(k=0,1,2,\cdots)$ が α に収束するとき，正数 ε に対して，自然数 p を求めて，$k>p$ のとき $|\alpha-\alpha_k|<\frac{1}{2}\varepsilon$ であるようにできる．ゆえに $k>p$, $l>p$ のとき

$$|\alpha_k-\alpha_l|\leqq|\alpha_k-\alpha|+|\alpha-\alpha_l|<\frac{1}{2}\varepsilon+\frac{1}{2}\varepsilon=\varepsilon$$

が得られる．ゆえに与えられた条件は必要条件である．

次に，実数列 $\{\alpha_k\}$ $(k=0,1,2,\cdots)$ が与えられた条件を満足するとする．補題7.1の証明と同様にして，$|\alpha_k|<\gamma$ を満足する正数 γ が存在する．今簡単のため $\gamma=1$ とする．そこで $a_k\leqq 2^k\alpha_k<a_k+1$ を満足する整数 a_k を取り，

$$g(k)=\frac{a_k}{2^k}$$

によって，一価函数 $g(k)$ を定義する．このとき

$$|g(k)-\alpha_k|\leqq\frac{1}{2^k} \tag{7.78}$$

である．ところで，任意の正数 ε に対して，自然数 p_1 を求めて，$k>p_1$, $l>p_1$ のとき，$|\alpha_k-\alpha_l|<\frac{1}{3}\varepsilon$ であるようにできる．また自然数 p_2 を求めて，$k>p_2$ のとき，$\frac{1}{2^k}<\frac{1}{3}\varepsilon$ であるようにする．このとき，p_1, p_2 よりも大なる自然数 p に対して，$k>p$, $l>p$ のとき

$$\begin{aligned}|g(k)-g(l)|&\leqq|g(k)-\alpha_k|+|\alpha_k-\alpha_l|+|\alpha_l-g(l)|\\&<\frac{1}{2^k}+\frac{1}{3}\varepsilon+\frac{1}{2^l}<\varepsilon\end{aligned}$$

であるから，g は L_F の要素である．そこで実数 $\alpha=\Gamma(g)$ を考える．

任意の正数 ε に対して，$\alpha<r<\alpha+\varepsilon$ を満足する有理数 r を取る．$\alpha<r$ で

あるから，正の整数 p_0, q_0 を求めて，$k>q_0$ のとき

$$r-g(k)>\frac{1}{p_0} \tag{7.79}$$

であるようにできる．また $k>q_1$ のとき，$\dfrac{1}{2^k}<\dfrac{1}{p}$ を満足する正の整数 q_1 が存在する．そこで q_0, q_1 よりも大である正の整数 p_1 を取れば，$k>p_1$ のとき，(7.78)，(7.79) より

$$\alpha_k \leqq g(k)+\frac{1}{2^k} \leqq r-\frac{1}{p}+\frac{1}{2^k}<r<\alpha+\varepsilon,$$

従って

$$\alpha_k<\alpha+\varepsilon$$

である．同様にして，正の整数 p_2 を求め，$k>p_2$ のとき

$$\alpha-\varepsilon<\alpha_k$$

であるようにできる．ゆえに $\{\alpha_k\}$ $(k=0,1,2,\cdots)$ は α に収束する．

注意． 有理数列 $\{r_k\}$ $(k=0,1,2,\cdots)$ が基本列であるとき，有理数列 $\{\bar{r}_k\}$ $(k=0,1,2,\cdots)$ は $\Gamma(f)$（ただし $f(k)=r_k$ $(k=0,1,2,\cdots)$）に収束する．

定理 7.16． 実数列 $\{\alpha_k\}, \{\beta_k\}$ $(k=0,1,2,\cdots)$ が収束するとき，$\{\alpha_k+\beta_k\}$，$\{\alpha_k-\beta_k\}, \{\alpha_k\beta_k\}$ $(k=0,1,2,\cdots)$ もまた収束して

$$\lim_{k\to\infty}(\alpha_k+\beta_k)=\lim_{k\to\infty}\alpha_k+\lim_{k\to\infty}\beta_k, \tag{7.80}$$

$$\lim_{k\to\infty}(\alpha_k-\beta_k)=\lim_{k\to\infty}\alpha_k-\lim_{k\to\infty}\beta_k, \tag{7.81}$$

$$\lim_{k\to\infty}(\alpha_k\beta_k)=\lim_{k\to\infty}\alpha_k\lim_{k\to\infty}\beta_k \tag{7.82}$$

が成立する．

証明． 補題7.2の証明と全く同様にして (7.80)～(7.82) が証明される．

定理 7.17． 実数列 $\{\alpha_k\}, \{\beta_k\}$ $(k=0,1,2,\cdots)$ がともに収束して，$\beta_k \neq 0$ $(k=0,1,2,\cdots)$，$\lim_{k\to\infty}\beta_k \neq 0$ のとき，実数列 $\{\alpha_k/\beta_k\}$ $(k=0,1,2,\cdots)$ はまた収束して

$$\lim_{k\to\infty}\frac{\alpha_k}{\beta_k}=\frac{\lim_{k\to\infty}\alpha_k}{\lim_{k\to\infty}\beta_k} \tag{7.83}$$

が成立する．

そこで，実数列 $\{\alpha_k\}$ $(k=0,1,2,\cdots)$ に対して，$\beta_k=\sum_{j=0}^{k}\alpha_j$ と置くとき，$\lim_{k\to\infty}\beta_k$ が存在すれば，級数 $\sum_{k=0}^{\infty}\alpha_k$ は**収束**するといい，$\lim_{k\to\infty}\beta_k$ をその**和**という．またこれを $\sum_{k=0}^{\infty}\alpha_k$ で示す．収束級数は実数の表現に使われる．p を1より大である整数とするとき，実数 α に対して

$$(7.84)\qquad \alpha=a_0+\sum_{k=1}^{\infty}\frac{a_k}{p^k},\qquad ただし\ 0\leqq a_k<p$$

を満足する整数 a_k $(k=0,1,2,\cdots)$ が存在する．(7.84) の右辺を α の $\boldsymbol{p}$ **進法表現**または $\boldsymbol{p}$ **進法展開**という．

またここで，函数 $f(k)=a_k$ が一般帰納函数であるとき，α を**帰納的実数**という．例えば，代数的実数，e,π などの超越的実数はともに帰納的実数で，解析学において実効的な存在である．また $f(k)$ が $\varDelta_n^0$ 函数であるとき，α を $\boldsymbol{\varDelta_n^0}$ **実数**という．

最後に，実数域 L に無限大の概念を導入する．記号

$$+\infty,\qquad -\infty$$

をそれぞれ**正の無限大**，**負の無限大**という．実数と正負の無限大 $+\infty$，$-\infty$ との順序を

$$(7.85)\qquad -\infty<\alpha,\qquad \alpha<+\infty,\qquad -\infty<+\infty$$

で定義する．またこれらと実数との間の演算を次のように定義する．

$$(7.86)\qquad \begin{cases} \alpha+(+\infty)=(+\infty)+\alpha=+\infty, \\ \alpha+(-\infty)=(-\infty)+\alpha=-\infty, \\ \alpha-(+\infty)=(-\infty)+\alpha=-\infty, \\ \alpha-(-\infty)=(+\infty)+\alpha=+\infty, \\ (+\infty)+(+\infty)=+\infty, \qquad (-\infty)+(-\infty)=-\infty, \\ (+\infty)-(-\infty)=+\infty, \qquad (-\infty)-(+\infty)=-\infty. \end{cases}$$

$$(7.87)\qquad \begin{cases} \alpha(+\infty)=(+\infty)\alpha=+\infty \qquad (\alpha>0), \\ \alpha(-\infty)=(-\infty)\alpha=-\infty \qquad (\alpha>0), \\ \alpha(+\infty)=(+\infty)\alpha=-\infty \qquad (\alpha<0), \end{cases}$$

$$\begin{cases} \alpha(-\infty)=(-\infty)\alpha=+\infty & (\alpha<0), \\ (+\infty)(+\infty)=(-\infty)(-\infty)=+\infty, \\ (+\infty)(-\infty)=(-\infty)(+\infty)=-\infty. \end{cases}$$

(7.88)
$$\frac{\alpha}{+\infty}=\frac{\alpha}{-\infty}=0.$$

なお $\bar{L}\equiv L\smile\{+\infty\}\smile\{-\infty\}$ を**広義の実数域**，その要素を**広義の実数**といい，L の要素を**有限の実数**という．

問 1. 素数 p に対して $\sqrt{p}$ が無理数であることを示せ．

問 2. 実数 $e=\sum_{k=0}^{\infty}\frac{1}{k!}$ は無理数であることを示せ．

問 3. L で定義され，値域が L に含まれる一意写像 $E(x)$ で与えられた正数 a に対して，条件

i）$E(x)>0$,

ii）$x<y$ のとき $E(x)<E(y)$,

iii）$E(x+y)=E(x)E(y)$,

iv）$E(1)=a$

を満足するものが存在することを証明せよ．なお $E(x)$ を a^x で示し，これを a の巾という．

§8. 初等空間

実数域 L の直積 L^n $(n=1,2,\cdots)$（ただし $L^1=L$）を n 次元の**初等空間**といい，これを L_n で示す．

初等空間については代数学，幾何学，解析学の立場から多くの考察がなされているが，ここでは集合論の立場から初等空間を論ずる．

初等空間 L_n の要素をその**点**といい，これらを $a,b,c,\cdots$ で示す．

そこで，L_n の2点 $a=\langle\alpha_1,\alpha_2,\cdots,\alpha_n\rangle$，$b=\langle\beta_1,\beta_2,\cdots,\beta_n\rangle$ に対して

(8.1)
$$\mathrm{dis}(a,b)\equiv\sqrt{\sum_{k=1}^{n}(\alpha_k-\beta_k)^2}$$

を a,b の**距離**という．

補題 8.1.

(8.2)　$\mathrm{dis}(a,b)\geqq 0$，しかも $a=b$ であるときに限り $\mathrm{dis}(a,b)=0$ である．

(8.3) $$\mathrm{dis}(a, b)=\mathrm{dis}(b, a),$$

(8.4) $$\mathrm{dis}(a, b)+\mathrm{dis}(b, c)\geqq \mathrm{dis}(a, c).$$

証明. (8.2), (8.3) は定義よりただちに得られる. (8.4) は不等式

$$\sqrt{\sum_{k=1}^{n}(\alpha_k+\beta_k)^2}\leqq\sqrt{\sum_{k=1}^{n}\alpha_k{}^2}+\sqrt{\sum_{k=1}^{n}\beta_k{}^2}$$

より容易に得られる.

また L_n の一点 a と任意の正数 ε とに対して

(8.5) $$U(a, \varepsilon)\equiv\{x|\mathrm{dis}(a, x)<\varepsilon\}$$

を a の**近傍**, ε をその**半径**という.

近傍の概念は初等空間の位相的性質を論ずるために導入されたもので, われわれの考察においても, この概念を利用することにする.

そこで初等空間 L_n の部分集合 A を考える. L_n の一点 a に対して

(8.6) $$\|U(a, \varepsilon)\frown A\|=0$$

を満足する正数 ε の存在するとき, a を A の**外点**といい, 十分小なる正数 ε をどんなに取っても

(8.7) $$\|U(a, \varepsilon)\frown A\|=1$$

であるとき, a を A の**孤立点**という. このときには, 十分小なる正数 ε を求めて,

$$U(a, \varepsilon)\frown A=\{a\}$$

であるようにできる. また正数 ε をどんなに取っても

(8.8) $$\|U(a, \varepsilon)\frown A\|\geqq 2$$

であるとき, a を A の**集積点**という. このときには, 正数 ε をどんなに取っても

$$\|U(a, \varepsilon)\frown A\|\geqq\aleph_0$$

である. そこで

$$\bar{A}\equiv\mathfrak{M}(\forall\varepsilon)(\|U(a, \varepsilon)\frown A\|\geqq 1),$$
$$A'\equiv\mathfrak{M}(\forall\varepsilon)(\|U(a, \varepsilon)\frown A\|\geqq 2)$$

と置き, $\bar{A}$ を A の**閉被**といい. A' を A の**導集合**という. このとき定義より

$$\bar{A}=A\cup A'$$

が得られる.

定理 8.1.

(8.9)　　$A\subseteqq\bar{A},$

(8.10)　　$\overline{(A\cup B)}=\bar{A}\cup\bar{B},$

(8.11)　　$\bar{\bar{A}}=\bar{A},$

(8.12)　　$\overline{\{a\}}=\{a\}.$

証明. (8.9) は定義より明らかである.

また $\bar{A}\subseteqq\overline{(A\cup B)}$, $\bar{B}\subseteqq\overline{(A\cup B)}$ は定義より明らかである. ゆえに $\bar{A}\cup\bar{B}\subseteqq\overline{(A\cup B)}$ である. 次に, a を $\bar{A}\cup\bar{B}$ に属しない L_n の一点とすれば, $a\overline{\in}\bar{A}$, $a\overline{\in}\bar{B}$ によって

$$U(a,\varepsilon_1)\cap A=\phi,\qquad U(a,\varepsilon_2)\cap B=\phi$$

を満足する正数 $\varepsilon_1,\varepsilon_2$ が存在する. ゆえに, $\varepsilon=\min(\varepsilon_1,\varepsilon_2)$ とすれば, $U(a,\varepsilon)\cap(A\cup B)=\phi$ である. 従って $a\overline{\in}\overline{(A\cup B)}$ である. ゆえに $\overline{(A\cup B)}\subseteqq\bar{A}\cup\bar{B}$ が得られる. よって (8.10) が成立する.

次に (8.9) より $\bar{A}\subseteqq\bar{\bar{A}}$ である. また a を $\bar{\bar{A}}$ の一点とすれば, 任意の正数 ε に対して, $U(a,\varepsilon)\cap\bar{A}\neq\phi$ である. 従ってこの中の一点を b とすれば, 仮定により $\mathrm{dis}(a,b)<\varepsilon$ であるから, $U(b,\varepsilon-\mathrm{dis}(a,b))$ の一点 x に対して

$$\mathrm{dis}(a,x)\leqq\mathrm{dis}(a,b)+\mathrm{dis}(b,x)<\varepsilon$$

である. よって

$$U(b,\varepsilon-\mathrm{dis}(a,b))\subseteqq U(a,\varepsilon)$$

である. ところで $U(b,\varepsilon-\mathrm{dis}(a,b))\cap A\neq\phi$ であるから, $U(a,\varepsilon)\cap A\neq\phi$ が得られ, $a\in\bar{A}$ である. よって $\bar{\bar{A}}\subseteqq\bar{A}$ が得られ, (8.11) が証明される.

また (8.12) は定義より明らかである.

また定理 8.1 と同様に

定理 8.2.

(8.13)　　$(A\cup B)'=A'\cup B',$

(8.14)　　$A''\subseteqq A',$

(8.15) $\{a\}'=\phi$

が得られる．

そこで，L_n の部分集合 A で，条件

(8.16) $\bar{A}=A$

を満足するものを**閉集合**，条件

(8.17) $\overline{\mathfrak{C}(A)}=\mathfrak{C}(A)$

を満足するものを**開集合**という．

補題 8.2. L_n の部分集合 A が閉集合であるがために必要にして十分な条件は，$\mathfrak{C}(A)$ の各点が A の外点であることである．

証明. A が閉集合であるとき，$\bar{A}=A$ であるから，$\mathfrak{C}(A)$ の各点 a に対して，$U(a,\varepsilon)A=\phi$ を満足する正数 ε が存在する．ゆえに a は A の外点である．

逆に，A が与えられた条件を満足するとき，$\mathfrak{C}(A)$ の各点は $\bar{A}$ に属しない．すなわち $\mathfrak{C}(A)\frown\bar{A}=\phi$ である．よって $\bar{A}\subseteqq A$ が得られる．ゆえに (8.9) によって A は閉集合である．

また $\mathfrak{C}(A)$ の外点を A の**内点**という．

補題 8.3. L_n の部分集合 A が開集合であるがために必要にして十分な条件は，A の各点が A の内点であることである．

証明は補題8.2より明らかである．

例えば，実数 α_k,β_k（ただし $\alpha_k<\beta_k$）$(k=1,2,\cdots,n)$ に対して

(8.18) $$I_n(\alpha_1,\alpha_2,\cdots,\alpha_n\,;\,\beta_1,\beta_2,\cdots,\beta_n)$$
$$\equiv\{\langle x_1,x_2,\cdots,x_n\rangle\,|\,\alpha_k<x_k<\beta_k\ (k=1,2,\cdots,n)\}$$

は開集合である．これを n 次元の**開区間**という．また

(8.19) $$\bar{I}_n(\alpha_1,\alpha_2,\cdots,\alpha_n\,;\,\beta_1,\beta_2,\cdots,\beta_n)=\overline{I_n(\alpha_1,\alpha_2,\cdots,\alpha_n\,;\,\beta_1,\beta_2,\cdots,\beta_n)}$$

を n 次元の**閉区間**という．なお $n=1$ のとき，$I_1(\alpha,\beta)$ を (α,β) で，$\bar{I}_1(\alpha,\beta)$ を $[\alpha,\beta]$ で示すことがある．

また α_k,β_k $(k=1,2,\cdots,n)$ が有理数であるとき，開区間 (8.18) を**有理開区間**，閉区間 (8.19) を**有理閉区間**という．

すでに述べたように有理数域は可付番である．従って有理区間の全体の集合

もまた可付番である.

定理 8.3. A を L_n に含まれる空でない開集合とするとき，有理開区間 U_k $(k=0,1,2,\cdots)$ を求めて

$$A=\bigcup_{k=0}^{\infty} U_k$$

であるようにできる.

証明. A に含まれる有理開区間を U_k $(k=0,1,2,\cdots)$ とすれば，$\bigcup_{k=0}^{\infty} U_k\subseteqq A$ である.

また a を A の一点とするとき，$U(a,\varepsilon)\subseteqq A$ を満足する正数 ε が存在する. このとき

$$B\subseteqq U(a,\varepsilon),\qquad a\in B$$

を満足する有理開区間 B が存在する. そして定義によって，$B=U_j$ を満足する U_j が存在する. 従って $B\subseteqq\bigcup_{k=0}^{\infty}U_k$ によって，$A\subseteqq\bigcup_{k=0}^{\infty}U_k$ が得られる. よって $A=\bigcup_{k=0}^{\infty}U_k$ である.

定理 8.4. A,B を L_n に含まれる開集合とするとき，$A\smile B$, $A\frown B$ はまた開集合である.

証明. $A=\bigcup_{k=0}^{\infty}U_k$, $B=\bigcup_{j=0}^{\infty}V_j$ を満足する有理開区間 U_k, V_j $(k,j=0,1,2,\cdots)$ が存在する. このとき

$$A\smile B=\bigcup_{k=0}^{\infty}U_k\smile\bigcup_{j=0}^{\infty}V_j,\qquad A\frown B=\bigcup_{k=0}^{\infty}\bigcup_{j=0}^{\infty}(U_k\frown V_j)$$

であるから，$A\smile B$, $A\frown B$ はまた開集合である.

系. A,B を L_n に含まれる閉集合とするとき，$A\smile B$, $A\frown B$ はまた閉集合である.

L_n の部分集合 A に対して，$A\subseteqq\bar{I}_n(\alpha_1,\alpha_2,\cdots,\alpha_n;\beta_1,\beta_2,\cdots,\beta_n)$ を満足する閉区間 $\bar{I}_n(\alpha_1,\alpha_2,\cdots,\alpha_n;\beta_1,\beta_2,\cdots,\beta_n)$ が存在するとき，A は**有界**であるという. 有界集合については，ボレル，ルベグの**被覆定理**といわれる次の定理が基本的である.

定理 8.5. A を L_n に含まれる有界閉集合とし，$\mathfrak{F}$ を L_n の開集合の集合とするとき，$A\subseteqq\bigcup_{U\in\mathfrak{F}}U$ であれば，$\mathfrak{F}$ の要素 U_k $(k=0,1,2,\cdots,m)$ を求めて

$$A \subseteqq \bigcup_{k=0}^{m} U_k \tag{8.20}$$

が成立するようにできる．

証明． Aは有界であるから，$A \subseteqq \bar{I}_n(\alpha_1, \alpha_2, \cdots, \alpha_n ; \beta_1, \beta_2, \cdots, \beta_n)$ を満足する閉区間 $\bar{I}_n(\alpha_1, \alpha_2, \cdots, \alpha_n ; \beta_1, \beta_2, \cdots, \beta_n)$ が存在する．これを簡単に $\bar{I}_n$ で示す．また $\mathcal{G} = \mathcal{F} \smile \{\mathfrak{C}(A)\}$ と置く．このとき $\bar{I}_n \subseteqq \bigcup_{U \in \mathcal{G}} U$ であることは明らかである．また，

$$\bar{I}_n \subseteqq \bigcup_{k=0}^{l} V_k \tag{8.21}$$

の成立するような $\mathcal{G}$ の要素 V_k $(k=0, 1, 2, \cdots, l)$ が存在する．

これを証明するために $\alpha_k=0$，$\beta_k=1$ $(k=1, 2, \cdots, n)$ を仮定しても，一般性を失わない．

そこで

$A_n(x) \equiv (\exists f)(\mathrm{Un}(f) \frown \mathfrak{D}(f) \in \omega \frown \mathfrak{W}(f) \subseteqq \mathcal{G} \frown \bar{I}_{n-1} \times [0, x] \subseteqq \mathfrak{S}(\mathfrak{W}(f)))$

と置く．これはある自然数の上で定義された一意写像 f で，値域が $\mathcal{G}$ に含まれ，$\bar{I}_{n-1} \times [0, x] \subseteqq \mathfrak{S}(\mathfrak{W}(f))$ を満足するものが存在することを論理式に書いたものである．$\bar{I}_n = \bar{I}_{n-1} \times [0, 1]$ ($n=1$ のときは $\bar{I}_0 \times [0, 1] = [0, 1]$ とする) であるから $A_n(1)$ が成立すれば，(8.21) を満足する V_k $(k=0, 1, 2, \cdots, l)$ の存在がわかる．また定義によって

(8.22)　$0 \leqq y < x$ で，$A(x)$ が成立するとき，$A(y)$ もまた成立する

である．従って $B = \overline{\mathfrak{M} A(x)}$ と置けば，ある実数 z に対して

$$B = \phi \quad \text{または} \quad \{0\} \quad \text{または} \quad [0, z]$$

である．

今 $n=1$ のときを考える．$\mathcal{G}$ の要素 U に対して $0 \in U$ であれば，Uは開集合であるから，$(-\varepsilon, \varepsilon) \subseteqq U$ を満足する ε が存在する．従って0の近傍の正数はBに属す．従ってBは閉区間である．ところで $B=[0, z]$，$z \neq 1$ であれば，$\mathcal{G}$ の要素 V で，z を含むものを取る．Vは開集合であるから，$(z-\varepsilon, z+\varepsilon) \subseteqq V$ を満足する正数 ε が存在する．また $z-\varepsilon < u < z$ を満足する実数 u に対し

て，$A_1(u)$ が成立する．従って $\mathcal{G}$ の要素 V_j $(j=0,1,2,\cdots,k)$ を求めて

$$[0,u]\subseteqq\bigcup_{j=0}^{k}V_j$$

であるようにできる．従って $z<v<z+\varepsilon$ を満足する実数 v に対して

$$[0,v]\subseteqq V\cup\bigcup_{j=0}^{k}V_j$$

である．ゆえに $A_1(v)$ が成立する．これは z の定義に矛盾する．従って $z=1$ が得られる．しかも $A_1(1)$ が成立することもわかる．

次に $A_m(1)$ が成立することを仮定して，$n=m+1$ の場合を考える．

L_m の有理開区間 I で

(8.23) $$I\times(-\varepsilon,\varepsilon)\in V$$

を満足する正数 ε と $\mathcal{G}$ の要素 V の存在するものの全体からなる集合を $\mathcal{H}$ とすれば，$\bar{I}_m\subseteqq\bigcup_{V\in\mathcal{H}}V$ である．実際 $\bar{I}_m$ の任意の一点 p に対して，$p\times\{0\}\in\bar{I}_{m+1}$ であるから，$p\times\{0\}\in V$ を満足する $\mathcal{G}$ の要素 V が存在する．そこで

$$p\times\{0\}\in I\times(-\varepsilon,\varepsilon)\subseteqq V$$

を満足する有理開区間 I を取れば，$p\in I\in\mathcal{H}$ であるから $p\in\bigcup_{V\in\mathcal{H}}I$ である．ゆえに $\bar{I}_m\subseteqq\bigcup_{I\in\mathcal{H}}I$ が得られる．従って仮定によって，$\bar{I}_m\subseteqq\bigcup_{j=0}^{l}I_j$ を満足する $\mathcal{H}$ の要素 I_j $(j=0,1,2,\cdots,l)$ が存在する．そこで I_j に対応する正数 ε を ε_j，$\mathcal{G}$ の要素 V を V_j とし，ε_j $(j=0,1,2,\cdots,l)$ の中の最小数を ε とすれば

$$\bigcup_{j=0}^{l}I_j\times(-\varepsilon_j,\varepsilon_j)\supseteqq(\bigcup_{j=0}^{l}I_j)\times(-\varepsilon,\varepsilon)\supseteqq\bar{I}_m\times(-\varepsilon,\varepsilon)$$

であって，$I_j\times(-\varepsilon_j,\varepsilon_j)\subseteqq V_j$ $(j=0,1,2,\cdots,l)$ であるから

$$\bar{I}_m\times\{0\}\subseteqq\bar{I}_m\times(-\varepsilon,\varepsilon)\subseteqq\bigcup_{j=0}^{l}V_j$$

が得られる．従って $0\leqq u<\varepsilon$ のとき，$A_{m+1}(u)$ が成立する．従って B もまた閉区間である．

ところで，$B=[0,z]$，$z\neq1$ であれば，$\bar{I}_m\times\{0\}$ の場合と同様に，$\mathcal{G}$ の要素 V_j $(j=0,1,2,\cdots,l)$ を求めて

$$\bar{I}_m \times \{z\} \subseteqq \bigcup_{j=0}^{l} V_j$$

であるようにできる．よって前と同様に十分小なる正数 ε に対して

$$\bar{I}_m \times \{z\} \subseteqq \bar{I}_m \times (z-\varepsilon, z+\varepsilon) \subseteqq \bigcup_{j=0}^{l} V_j$$

が得られる．ゆえに $z<v<z+\varepsilon$ を満足する実数 v に対して $A_{m+1}(v)$ が成立することが，$A_1(v)$ の場合と同様に証明される．従って $z=1$ で，しかも $A_{m+1}(1)$ が成立することもわかる．

よって数学的帰納法により $A_n(1)$ が成立する．すなわち (8.21) が成立する $\mathcal{G}$ の要素 V_k ($k=0,1,2,\cdots,l$) が存在する．

ところで，V_k ($k=0,1,2,\cdots,l$) の中で，$\mathfrak{C}(A)$ と異なるものを U_k ($k=0, 1,2,\cdots,m$) とすれば，これらは $\mathcal{F}$ に属し，(8.20) が成立する．

ボレル，ルベグの被覆定理はまた次のように述べられる．

定理 8.6. A を L_n に含まれる有界閉集合とし，$\mathcal{F}$ を L_n の閉集合の集合とするとき，$\mathcal{F}$ に属する任意の有限個の集合 B_k ($k=0,1,2,\cdots,m$) に対して，常に $A \frown \bigcap_{k=0}^{m} B_k \neq \phi$ であれば $A \frown \bigcap_{B\in\mathcal{F}} B \neq \phi$ である．

証明． $A \frown \bigcap_{B\in\mathcal{F}} B = \phi$ であれば $A \subseteqq \bigcup_{B\in\mathcal{F}} \mathfrak{C}(B)$ である．よって，定理 8.5 により，$\mathcal{F}$ の有限個の要素 B_k ($k=0,1,2,\cdots,l$) を求めて，$A \subseteqq \bigcup_{k=0}^{l} \mathfrak{C}(B_k)$ が成立するようにできる．このとき $A \frown \bigcap_{k=0}^{l} B_k = \phi$ であるから仮定に矛盾する．よって $A \frown \bigcap_{B\in\mathcal{F}} B \neq \phi$ である．

次に，L_n の部分集合 A, B に対して

(8.24) $$A \subseteqq \bar{B}$$

であるとき，B は A において**稠密**であるといい，A の各点 a に対して

(8.25) $$A \subseteqq \overline{A \frown \mathfrak{C}(\{a\})}$$

であるとき，Aは**自己稠密**であるという．

また自己稠密な閉集合を**完全集合**という．

他方で L_n の部分集合 A に対して

(8.26) $$\overline{\mathfrak{C}(\bar{A})} = L_n$$

であるとき，A を**粗集合**という．

例えば**カントルの不連続体** C は粗な完全集合で，実数

$$\alpha=\sum_{n=1}^{\infty}\frac{a_n}{3^n}\qquad (a_n=0 \text{ または } 2\ (n=1,2,\cdots))$$

の集合である．また0と1との間の無理数の全体からなる集合は自己稠密である．これを B で示し，**ベールの空間**という．B の各実数 α はただ一つの仕方で，次のように連分数で展開される．すなわち

$$\alpha=\cfrac{1}{a_0+\cfrac{1}{a_1+\cfrac{1}{a_2+\ddots}}} \tag{8.27}$$

また逆に連分数 (8.27) によって表わされる実数 α は B の要素である．なお簡単のため連分数 (8.27) を

$$[a_0, a_1, a_2, \cdots]$$

で表わし，a_k を $\alpha(k)$ で表わすことにする．また任意の自然数 a_k ($k=0,1,2,\cdots,k$) に対して

$$B_{a_0a_1\cdots a_k}\equiv\{\alpha|\alpha(j)=a_j\ \ (j=0,1,2,\cdots,k)\}$$

と置き，これを位数 $k+1$ の**ベールの区間**という．

次に，B^n ($n=1,2,\cdots$) を n 次元の**ベールの空間**といい，これを B_n で示す．また位数 k のベールの区間 U_l ($l=1,2,\cdots,n$) の直積 $U_1\times U_2\times\cdots\times U_n$ を B_n の**ベールの区間**，k をその**位数**という．

ところで，この章で導入された各種の概念を初等空間の部分集合に関して**相対化**することができる．例えば M を L_n の部分集合とするとき，M の部分集合 A に対して，$\bar{A}\frown M$ を M に関する A の**閉被**といい，これを $\overline{(A)_M}$ で示す．このとき $\overline{(A)_M}=A$ であれば，A を M に関する**閉集合**といい，$\overline{(\mathfrak{C}(M,A))_M}=\mathfrak{C}(M,A)$ であれば，A を M に関する**開集合**という．

問 1. L_n の部分集合 E に対して，$E\frown\mathfrak{C}(E')$ は有限または可付番であることを証明せよ．

問 2. E を L_n の部分集合とするとき，

$$
\begin{aligned}
E^{(0)} &\equiv E, \\
E^{(\xi)} &\equiv (E^{(\xi_0)})' \qquad \xi=\xi_0+1 \text{ のとき}, \\
&\equiv \bigcap_{\eta<\xi} E^{(\eta)} \qquad \xi \text{ が極限数であるとき}
\end{aligned}
$$

により，超限的帰納法によって $E^{(\xi)}$ （ただし $\xi<\omega_1$）を定義し，これを E の第 ξ 位の**導集合**という．このとき

(8.28)　　$E^{(\alpha)}=E^{(\xi)} \qquad (\xi \geqq \alpha)$

を満足する順序数 α の存在することを示せ．なお (8.28) を満足する最小の順序数 α を E の**位数**という．

問 3. α を第 2 級の順序数とするとき，位数 α の L_n の部分集合の存在することを示せ．

問 題 2

1. $F(l_1, l_2, \cdots, l_p, k)$ を原始帰納函数とするとき

$$G_0(l_1, l_2, \cdots, l_p, m)=\sum_{k=0}^{m} F(l_1, l_2, \cdots, l_p, k),$$

$$G_1(l_1, l_2, \cdots, l_p, m)=\prod_{k=0}^{m} F(l_1, l_2, \cdots, l_p, k)$$

はともに原始帰納函数であることを示せ．

2. 一意写像 $F(l_1, l_2, \cdots, l_p)$ の値域が N に含まれるとき

$$A(l_1, l_2, \cdots, l_p, m) \equiv F(l_1, l_2, \cdots, l_p)=m$$

が $\sum_1^0$ 論理式であれば，$F(l_1, l_2, \cdots, l_p)$ は一般帰納函数であることを証明せよ．

3. 実数の集合 A, B が，条件

i）$A \neq \phi$,　$B \neq \phi$,

ii）$a \in A$,　$b \in B$　のとき　$a<b$,

iii）$a \in A$,　$c<a$　のとき　$c \in A$,

iv）$b \in B$,　$b<d$　のとき　$d \in B$

を満足するとき，A が最大数をもっているか，B が最小数をもっていることを証明せよ．なおこのとき，対 $\langle A, B\rangle$ を実数域 L の**切断**という．

4. 順序数 ξ で定義され，値域が $\mathfrak{F}$ （L_n に含まれる閉集合の全体の集合）に含まれる一意写像において，$x<y<\xi$ である限り，$f(x) \supset f(y)$ であれば，ξ は第 1 級または第 2 級の順序数であることを証明せよ．なおこの結果を**ベールの定理**という．

5. 前問を利用して，L_n の部分集合の位数は第 1 級または第 2 級の順序数であることを示せ．

第3章　解　析　集　合[1)]

§ 9. ボレル集合

L_n の部分集合に関する演算の中で，基本的なものは

$$\smile \text{（結算法）}, \quad \frown \text{（交算法）}, \quad \mathfrak{C} \text{（補算法）}$$

であるが，無限演算については，ボレルが指摘したように

(9.1)　(**σ 算法**)　$$\bigcup_{k=0}^{\infty} E_k,$$

(9.2)　(**δ 算法**)　$$\bigcap_{k=0}^{\infty} E_k$$

が基本的である．f を ω で定義され，値域が集合 $\mathcal{H}$ に含まれる一意写像とするとき

$$f(k) = E_k \qquad (k=0, 1, 2, \cdots)$$

であれば，集合の列

(9.3)　$$E_0, E_1, E_2, \cdots$$

が得られる．これを**集合列**といい，$\{E_k\}$ $(k=0, 1, 2, \cdots)$ で示す．このとき σ 算法は集合列 (9.3) から和集合 $\bigcup_{k=0}^{\infty} E_k$ を作る演算であり，δ 算法は (9.3) から共通部分 $\bigcap_{k=0}^{\infty} E_k$ を作る演算である．

ボレルはフランス経験主義の立場から

提言B. 開集合または閉集合に σ 算法，δ 算法を繰り返して施して得られる集合が精確に定義される集合である

を述べ，具現的な数学の展開を企図した．それに参画した数学者はベール，ルベグらで，目覚しい成果を収め，この提言が立証された．ここで，**“精確に定義される集合”** (ensemble bien défini) とは具現的に定義された集合のことである．しかし今日では，このような存在論から離れて，ここで定義される集合を**ボレル集合**といっている．

---

1)　第3章以後においては実数を $a, b, c, \cdots$ で示す．

注意. ボレルの主張する具現性はチャーチの具現性と直接の関係はない. しかし, 後で述べるように, 算術的集合や超算術的集合はボレル集合の論理的精密化と考えることができる. このような見地に立てば, ボレルの具現性はチャーチの具現性よりも弱い. しかしボレルの具現性には, 具体的, 実際的の他に, 実用性, 効果性が加味されている. このため, effective の訳語として実効性を取ろうとする意見も出てくる. しかしチャーチの具現性にはこのような配慮がなされていないようである.

また, 後で述べるように, ベールの具現性はボレルの具現性よりきびしいが, 計算効果の面から考えたとき, ベールの具現性はチャーチの具現性よりも弱いように思われる. しかしこれにはもっと具体的な資料が必要である.

ところで, ボレル集合を論ずるには, これをもっと精密に定義しておくことが必要である. ある集合 $\mathscr{H}$ に対して

(9.4) $$\mathscr{H}_\sigma \equiv \left\{\bigcup_{k=0}^{\infty} E_k \middle| E_k \in \mathscr{H} \quad (k=0, 1, 2, \cdots)\right\},$$

(9.5) $$\mathscr{H}_\delta \equiv \left\{\bigcap_{k=0}^{\infty} E_k \middle| E_k \in \mathscr{H} \quad (k=0, 1, 2, \cdots)\right\}$$

と置くとき

$$\mathscr{H} \subseteqq \mathscr{H}_\sigma, \qquad \mathscr{H} \subseteqq \mathscr{H}_\delta,$$

$$\mathscr{H}_{\sigma\sigma} = \mathscr{H}_\sigma, \quad \mathscr{H}_{\delta\delta} = \mathscr{H}_\delta$$

である. また

(9.6) $$\mathscr{H}_{\mathfrak{C}} \equiv \{\mathfrak{C}(E) \mid E \in \mathscr{H}\}$$

と置くとき

$$\mathscr{H}_{\mathfrak{C}\mathfrak{C}} = \mathscr{H},$$

$$\mathscr{H}_{\mathfrak{C}\sigma} = \mathscr{H}_{\delta\mathfrak{C}}, \qquad \mathscr{H}_{\mathfrak{C}\delta} = \mathscr{H}_{\sigma\mathfrak{C}}$$

が得られる. そこで

$$\mathscr{F} \equiv \{X \mid X \subseteqq L_n, \bar{X} = X\},$$

$$\mathscr{G} \equiv \{X \mid X \in L_n, \overline{\mathfrak{C}(X)} = \mathfrak{C}(X)\},$$

すなわち, L_n のすべての閉集合からなる集合 $\mathscr{F}$ と, L_n のすべての開集合からなる集合 $\mathscr{G}$ を与えて

(9.7) $$\mathscr{F} \subseteqq \mathscr{H} \quad (\mathscr{G} \subseteqq \mathscr{H}),$$

(9.8) $$\mathscr{H}_\sigma = \mathscr{H},$$

(9.9) $$\mathscr{H}_\delta = \mathscr{H},$$

(9.10)
$$\mathscr{H} \subseteqq \mathfrak{P}(L_n)$$

を満足する集合 $\mathscr{H}$ の全体からなる集合を $\mathfrak{S}_E$ （または $\mathfrak{S}_E^*$）で示し

$$\mathscr{F}_B \equiv \bigcap_{\mathscr{H} \in \mathfrak{S}_E} \mathscr{H},$$

$$\mathscr{G}_B \equiv \bigcap_{\mathscr{H} \in \mathfrak{S}_E^*} \mathscr{H}$$

と置く．定義によって $\mathfrak{P}(L_n) \in \mathfrak{S}_E$, $\mathfrak{P}(L_n) \in \mathfrak{S}_E^*$ であるから，$\mathfrak{S}_E \neq \phi$, $\mathfrak{S}_E^* \neq \phi$ である．従って $\mathscr{F}_B$, $\mathscr{G}_B$ は定義される．

補題 9.1.　　$\mathscr{G} \subseteqq \mathscr{F}_\sigma$,　　$\mathscr{F} \subseteqq \mathscr{G}_\delta$.

証明. Aを開集合とするとき

$$\mathscr{H} \equiv \{\bar{I}_n(a_1, a_2, \cdots, a_n ; b_1, b_2, \cdots, b_n) \mid \bar{I}_n(a_1, a_2, \cdots, a_n ; b_1, b_2, \cdots, b_n) \subseteqq A\}$$

と置き，$\mathscr{H}$ に属する有理閉区間の全体からなる集合を $\mathscr{H}^*$ とする．すでに述べたように，L_n の有理閉区間の全体からなる集合は可付番であるから，$A \neq \phi$ であれば，$\mathscr{H}^*$ はまた可付番である．従って $\bigcup_{X \in \mathscr{H}^*} X \in \mathscr{F}_\sigma$ である．ところで $A = \bigcup_{X \in \mathscr{H}^*} X$ である．実際，$\mathscr{H}^*$ の要素は A の部分集合であるから，$\bigcup_{X \in \mathscr{H}^*} X \subseteqq A$ である．次に，a を A の一点とすれば，A は開集合であるから，$U(a, \varepsilon) \subseteqq A$ を満足する正数 ε が存在する．ところで $a \in \bar{I} \subseteqq A(a, \varepsilon)$ を満足する有理閉区間 $\bar{I}$ が存在する．また $\bar{I}$ は $\mathscr{H}^*$ に属する．従って $a \in \bigcup_{X \in \mathscr{H}^*} X$ が得られ，$A \subseteqq \bigcup_{X \in \mathscr{H}^*} X$ である．ゆえに $A = \bigcup_{X \in \mathscr{H}^*} X$ が成立する．よって $\mathscr{G} \subseteqq \mathscr{F}_\sigma$ であることがわかる．

次に，$\mathscr{F}_\mathfrak{C} = \mathscr{G}$，$\mathscr{G}_\mathfrak{C} = \mathscr{F}$ であるから

$$\mathscr{F} = \mathscr{G}_\mathfrak{C} \subseteqq \mathscr{F}_{\sigma\mathfrak{C}} = \mathscr{F}_{\mathfrak{C}\delta} = \mathscr{G}_\delta$$

が得られる．

補題 9.2.　　$\mathscr{F}_B = \mathscr{G}_B$.

証明. $\mathscr{H} \in \mathfrak{S}_E$ のとき $\mathscr{F} \subseteqq \mathscr{H}$ であるから

$$\mathscr{G} \subseteqq \mathscr{F}_\sigma \subseteqq \mathscr{H}_\sigma \subseteqq \mathscr{H}$$

が得られる．ゆえに $\mathscr{H}_\sigma = \mathscr{H}$，$\mathscr{H}_\delta = \mathscr{H}$ より，$\mathscr{H} \in \mathfrak{S}_E^*$ である．他方で $\mathscr{H} \in \mathfrak{S}_E^*$ のとき $\mathscr{G} \subseteqq \mathscr{H}$ であるから

$$\mathscr{F} \subseteqq \mathscr{G}_\delta \subseteqq \mathscr{H}_\delta \subseteqq \mathscr{H}$$

が得られる．ゆえに前と同様に $\mathscr{H}\in\mathfrak{S}_E$ である．従って $\mathfrak{S}_E=\mathfrak{S}_E^*$ が成立する．よって $\mathscr{F}_B=\mathscr{G}_B$ が得られる．

そこで $\mathscr{F}_B$（または $\mathscr{G}_B$）を $\mathscr{B}_B$ で表わし，$\mathscr{B}_B$ の要素を L_n に含まれる**ボレル集合**という．なお $\mathscr{F}^{\smile}\mathscr{G}=\mathscr{B}$ と置くことがある．

例えば，有理数域 R，ベールの空間 B などはボレル集合である．

定理 9.1.

(9.11) $$\mathscr{B}\subseteqq\mathscr{B}_B,$$

(9.12) $$\mathscr{B}_{B\sigma}=\mathscr{B}_B,$$

(9.13) $$\mathscr{B}_{B\delta}=\mathscr{B}_B,$$

(9.14) $$\mathscr{B}_{B\mathfrak{C}}=\mathscr{B}_B.$$

証明． (9.11) は定義と補題9.1より明らかである．

次に，$\mathfrak{S}_E$ の任意の要素 $\mathscr{H}$ に対して $\mathscr{B}_B\subseteqq\mathscr{H}$ である．ゆえに $\mathscr{B}_{B\sigma}\subseteqq\mathscr{H}_\sigma=\mathscr{H}$ によって，$\mathscr{B}_{B\sigma}\subseteqq\bigcap_{\mathscr{H}\in\mathfrak{S}_E}\mathscr{H}=\mathscr{B}_B$ である．他方で $\mathscr{B}_B\subseteqq\mathscr{B}_{B\sigma}$ であるから，$\mathscr{B}_{B\sigma}=\mathscr{B}_B$ が得られる．同様に $\mathscr{B}_{B\delta}=\mathscr{B}_B$ が成立する．

また，$\mathfrak{S}_E$ の要素 $\mathscr{H}$ に対して，$\mathscr{F}\subseteqq\mathscr{H}$ より，$\mathscr{G}=\mathscr{F}_{\mathfrak{C}}\subseteqq\mathscr{H}_{\mathfrak{C}}$ が得られる．さらに $\mathscr{H}_{\mathfrak{C}\sigma}=\mathscr{H}_{\mathfrak{C}\delta}=\mathscr{H}_{\mathfrak{C}}$ であるから，$\mathscr{H}_{\mathfrak{C}}\in\mathfrak{S}_E^*=\mathfrak{S}_E$ である．また $\mathscr{H}_{\mathfrak{C}\mathfrak{C}}=\mathscr{H}$ である．ゆえに

$$\mathscr{B}_{B\mathfrak{C}}\subseteqq\bigcap_{\mathscr{H}\in\mathfrak{S}_E}\mathscr{H}_{\mathfrak{C}}=\bigcap_{\mathscr{H}\in\mathfrak{S}_E}\mathscr{H}=\mathscr{B}_B,$$

すなわち $\mathscr{B}_{B\mathfrak{C}}\subseteqq\mathscr{B}_B$ である．従って $\mathscr{B}_B=\mathscr{B}_{B\mathfrak{C}\mathfrak{C}}\subseteqq\mathscr{B}_{B\mathfrak{C}}$ が得られ．$\mathscr{B}_{B\mathfrak{C}}=\mathscr{B}_B$ であることがわかる．

ところで，ボレル集合は順序数によって次のように分類される．今 $\mathscr{F}^{\smile}\mathscr{G}=\mathscr{B}$ に対して

(9.15) $$\mathscr{B}^0\equiv\mathscr{G},\qquad \mathscr{B}_0\equiv\mathscr{F},$$

(9.16) $$\mathscr{B}^\xi\equiv\Bigl(\bigcup_{\eta<\xi}(\mathscr{B}^{\eta\smile}\mathscr{B}_\eta)\Bigr)_\sigma \qquad (\xi>0),$$

(9.17) $$\mathscr{B}_\xi\equiv\Bigl(\bigcup_{\eta<\xi}(\mathscr{B}^{\eta\smile}\mathscr{B}_\eta)\Bigr)_\delta \qquad (\xi>0)$$

と置く．

例えば有理数域 R は $\mathscr{B}^1$ に属し，ベールの空間 B は $\mathscr{B}_1$ に属す．

定理 9.2.

(9.18)　　$(\mathscr{B}^{\xi})_{\mathfrak{C}}=\mathscr{B}_{\xi},\qquad \mathscr{B}_{\xi\mathfrak{C}}=\mathscr{B}^{\xi},$

(9.19)　　$\mathscr{B}^{\xi}\subseteqq\mathscr{B}^{\eta},\qquad \mathscr{B}_{\xi}\subseteqq\mathscr{B}_{\eta}\qquad(\xi<\eta),$

(9.20)　　$\mathscr{B}^{\xi}\subseteqq\mathscr{B}_{\eta},\qquad \mathscr{B}_{\xi}\subseteqq\mathscr{B}^{\eta}\qquad(\xi<\eta).$

証明. 定義によって $(\mathscr{B}^{0})_{\mathfrak{C}}=\mathscr{B}_{0}$, $(\mathscr{B}_{0})_{\mathfrak{C}}=\mathscr{B}^{0}$ である．次に，順序数 η に対して，$\xi<\eta$ のとき，(9.18) が成立するとする．このとき

$$(\mathscr{B}^{\eta})_{\mathfrak{C}}=(\bigcup_{\xi<\eta}(\mathscr{B}^{\xi}\cup\mathscr{B}_{\xi}))_{\sigma\mathfrak{C}}=(\bigcup_{\xi<\eta}(\mathscr{B}^{\xi}\cup\mathscr{B}_{\xi}))_{\mathfrak{C}\delta}$$
$$=(\bigcup_{\xi<\eta}((\mathscr{B}^{\xi})_{\mathfrak{C}}\cup\mathscr{B}_{\xi\mathfrak{C}}))_{\delta}=(\bigcup_{\xi<\eta}(\mathscr{B}_{\xi}\cup\mathscr{B}^{\xi}))_{\delta}=\mathscr{B}_{\eta}$$

である．同様に $\mathscr{B}_{\eta\mathfrak{C}}=\mathscr{B}^{\eta}$．ゆえに超限的帰納法によって (9.18) が得られる．

次に，$\xi<\eta$ のとき $\mathscr{B}^{\xi}\subseteqq\bigcup_{\zeta<\eta}(\mathscr{B}^{\zeta}\cup\mathscr{B}_{\zeta})$, $\mathscr{B}_{\xi}\subseteqq\bigcup_{\zeta<\eta}(\mathscr{B}^{\zeta}\cup\mathscr{B}_{\zeta})$ より，(9.19), (9.20) が得られる．

補題 9.3.

$$\bigcup_{\eta<\xi}(\mathscr{B}^{\eta}\cup\mathscr{B}_{\eta})=\mathscr{B}^{\xi_0}\cup\mathscr{B}_{\xi_0}\qquad \xi=\xi_0+1\ のとき，$$
$$=\bigcup_{\eta<\xi}\mathscr{B}^{\eta}=\bigcup_{\eta<\xi}\mathscr{B}_{\eta}\qquad \xi\ が極限数であるとき．$$

証明は (9.15)～(9.20) より明らかである．

定理 9.3.

(9.21)
$$\mathscr{B}^{\xi}=(\mathscr{B}_{\xi_0})_{\sigma}\qquad \xi=\xi_0+1\ のとき，$$
$$=(\bigcup_{\eta<\xi}\mathscr{B}_{\eta})_{\sigma}\qquad \xi\ が極限数であるとき．$$

(9.22)
$$\mathscr{B}_{\xi}=(\mathscr{B}^{\xi_0})_{\delta}\qquad \xi=\xi_0+1\ のとき，$$
$$=(\bigcup_{\eta<\xi}\mathscr{B}^{\eta})_{\delta}\qquad \xi\ が極限数であるとき．$$

証明. $\xi=\xi_0+1$ のとき，補題9.3によって

$$\mathscr{B}^{\xi}=(\mathscr{B}^{\xi_0}\cup\mathscr{B}_{\xi_0})_{\sigma}$$

である．また $\eta<\xi_0$ のとき，定理9.2によって，$\mathscr{B}^{\eta}\cup\mathscr{B}_{\eta}\subseteqq\mathscr{B}_{\xi_0}$ であるから

$$\mathscr{B}^{\xi_0}=(\bigcup_{\eta<\xi_0}(\mathscr{B}^{\eta}\cup\mathscr{B}_{\eta}))_{\sigma}\subseteqq(\mathscr{B}_{\xi_0})_{\sigma}$$

が得られる．ゆえに

$$\mathscr{B}^{\xi}=(\mathscr{B}^{\xi_0}\cup\mathscr{B}_{\xi_0})_{\sigma}\subseteqq((\mathscr{B}_{\xi_0})_{\sigma}\cup\mathscr{B}_{\xi_0})_{\sigma}=(\mathscr{B}_{\xi_0})_{\sigma}$$

が成立する．他方で $\mathscr{B}^{\xi}\supseteqq(\mathscr{B}_{\xi_0})_{\sigma}$ であるから，$\mathscr{B}^{\xi}=(\mathscr{B}_{\xi_0})_{\sigma}$ である．

次に ξ が極限数であるとき，補題9.3より，$\mathscr{B}^{\xi}=(\bigcup_{\eta<\xi}\mathscr{B}_{\eta})_{\sigma}$ である．ゆえに(9.21) が得られる．

同様に (9.22) が得られる．

系．

$$(9.23)\qquad (\mathscr{B}^{\xi})_{\sigma}=\mathscr{B}^{\xi},\qquad (\mathscr{B}^{\xi})_{\delta}=\mathscr{B}_{\xi+1},$$

$$(9.24)\qquad (\mathscr{B}_{\xi})_{\delta}=\mathscr{B}_{\xi},\qquad (\mathscr{B}_{\xi})_{\sigma}=\mathscr{B}^{\xi+1}.$$

定理 9.4. A, Bを $\mathscr{B}^{\xi}$ (または $\mathscr{B}_{\xi}$) の集合とするとき，$A\smile B$, $A\frown B$ は $\mathscr{B}^{\xi}$ (または $\mathscr{B}_{\xi}$) に属す．

証明． $\xi=0$ のとき，定理9.4は明らかに成立する．

次に，$\xi<\eta$ のとき，定理9.4は成立するとする．A, Bを $\mathscr{B}^{\eta}$ の要素とするとき，$\bigcup_{\xi<\eta}(\mathscr{B}^{\xi}\smile\mathscr{B}_{\xi})$ の要素 A_j, B_k $(j, k=0, 1, 2, \cdots)$ を求めて，$A=\bigcup_{j=0}^{\infty}A_j$, $B=\bigcup_{k=0}^{\infty}B_k$ であるようにできる．このとき仮定によって，$A_j\frown B_k\in\bigcup_{\xi<\eta}(\mathscr{B}^{\xi}\smile\mathscr{B}_{\xi})$ $(j, k=0, 1, 2, \cdots)$ であるから

$$A\smile B=\bigcup_{j=0}^{\infty}A_j\smile\bigcup_{k=0}^{\infty}B_k,\qquad A\frown B=\bigcup_{j=0}^{\infty}\ \bigcup_{k=0}^{\infty}A_j\frown B_k$$

によって，$A\smile B$, $A\frown B$ は $\mathscr{B}^{\eta}$ に属す．

同様に，$\mathscr{B}_{\eta}$ の要素 A, Bに対して，$A\smile B$, $A\frown B$ もまた $\mathscr{B}_{\eta}$ に属す．

ゆえに超限的帰納法によって定理9.4が証明される．

定理 9.5.
$$\mathscr{B}_B=\bigcup_{\xi<\omega_1}\mathscr{B}^{\xi}=\bigcup_{\xi<\omega_1}\mathscr{B}_{\xi}.$$

証明． 定義によって $\mathscr{F}\subseteqq\bigcup_{\xi<\omega_1}\mathscr{B}^{\xi}$ である．

次に $E_k\in\bigcup_{\xi<\omega_1}\mathscr{B}^{\xi}$ $(k=0, 1, 2, \cdots)$ のとき

$$A(k, \xi)\equiv E_k\in\mathscr{B}^{\xi}\frown(\forall\eta)(\eta<\xi\to\neg E_k\in\mathscr{B}^{\eta})$$

と置けば，任意の自然数 k に対して，$A(k, \xi)$ を満足する順序数 ξ がただ一つ存在する．これを ξ_k とする．

そこで，定理4.10の系によって，$\xi_k\leqq\xi^*$ $(k=0, 1, 2, \cdots)$ を満足する第2級の順序数 ξ^* が存在する．このとき $\mathscr{B}^{\xi_k}\subseteqq\mathscr{B}^{\xi^*}$ であるから，$E_k\in\mathscr{B}^{\xi^*}$ $(k=0, 1, 2, \cdots)$ が得られる．また $(\mathscr{B}^{\xi^*})_{\sigma}=\mathscr{B}^{\xi^*}$ であるから，$\bigcup_{k=0}^{\infty}E_k\in\mathscr{B}^{\xi^*}$ であ

る．従って $\mathscr{B}^{\xi^*}\subseteqq\bigcup_{\xi<\omega_1}\mathscr{B}^{\xi}$ より，$(\bigcup_{\xi<\omega_1}\mathscr{B}^{\xi})_\sigma=\bigcup_{\xi<\omega_1}\mathscr{B}^{\xi}$ である．

同様に $(\bigcup_{\xi<\omega_1}\mathscr{B}^{\xi})_\delta=\bigcup_{\xi<\omega_1}\mathscr{B}^{\xi}$ である．

ゆえに定義によって $\mathscr{B}_B\subseteqq\bigcup_{\xi<\omega_1}\mathscr{B}^{\xi}$ である．

他方で $\bigcup_{\xi<\omega_1}\mathscr{B}^{\xi}\subseteqq\mathscr{B}_B$ である．実際 $\mathscr{B}_B$ に属しない $\bigcup_{\xi<\omega_1}\mathscr{B}^{\xi}$ の要素が存在すれば，$\mathscr{B}^{\xi}\frown\mathfrak{C}(\mathscr{B}_B)\neq\phi$ を満足する順序数 ξ が存在する．このような順序数 ξ の中の最小数を ξ_0 とし，$\mathscr{B}^{\xi_0}\frown\mathfrak{C}(\mathscr{B}_B)$ の要素の一つを E とすれば，$E=\bigcup_{k=0}^{\infty}E_k$ を満足する $\bigcup_{\xi<\xi_0}\mathscr{B}_{\xi}$ の要素 E_k $(k=0,1,2,\cdots)$ が存在する．定義によって $E_k\in\mathscr{B}_B$ $(k=0,1,2,\cdots)$ である．また $\mathscr{B}_{B\sigma}=\mathscr{B}_B$ であるから，$E=\bigcup_{k=0}^{\infty}E_k\in\mathscr{B}_B$ である．これは $E\overline{\in}\mathscr{B}_B$ に矛盾する．よって $\bigcup_{\xi<\omega_1}\mathscr{B}^{\xi}\subseteqq\mathscr{B}_B$ である．

ゆえに，すでに得られた結果と合わせて，$\mathscr{B}_B=\bigcup_{\xi<\omega_1}\mathscr{B}^{\xi}$ である．

同様に $\mathscr{B}_B=\bigcup_{\xi<\omega_1}\mathscr{B}_{\xi}$ が得られる．

従ってボレル集合は第1級，第2級の順序数によって分類される．また

$$\mathscr{B}_{\xi}^{\xi}\equiv\mathscr{B}^{\xi}\frown\mathscr{B}_{\xi}\qquad \xi>0\ \text{のとき},$$
$$\equiv\mathscr{B}\qquad \xi=0\ \text{のとき}$$

と置き，$\mathscr{B}_{\xi}^{\xi}$ の要素を L_n に含まれる**第 ξ 級のボレル集合**という．

補題 9.4.

(9.25) $\qquad (\mathscr{B}_{\xi}^{\xi})_\sigma=\mathscr{B}^{\xi},\qquad (\mathscr{B}_{\xi}^{\xi})_\delta=\mathscr{B}_{\xi},$

(9.26) $\qquad \mathscr{B}_B=\bigcup_{\xi<\omega_1}\mathscr{B}_{\xi}^{\xi},$

(9.27) $\qquad (\mathscr{B}_{\xi}^{\xi})_{\mathfrak{C}}=\mathscr{B}_{\xi}^{\xi}.$

最後にいろいろなボレル集合の存在を考える．すでに述べたように，有理数域 R は $\mathscr{B}^1$ に属す．しかしこれは $\mathscr{B}_1$ に属しない．従って R は真に第1級のボレル集合，すなわち第1級であって，第0級でないボレル集合である．しかしこれについては一般に次の定理が成立する．

定理 9.6. L_n に含まれる任意の完全集合 P に対して，閉集合 P_k $(k=0,1,2,\cdots)$ が，条件

(9.28) $\qquad P_k\subseteqq P,\qquad P_j\frown P_k=\phi\qquad (j\neq k)$，

(9.29) $\qquad P_k$ は P において粗である

(9.30) $$\overline{\bigcup_{k=0}^{\infty} P_k} = P$$

を満足するとき，$\bigcup_{k=0}^{\infty} P_k$ は真に第1級のボレル集合である．

また真に第2級のボレル集合の存在については次の**ベールの定理**が知られる．

定理 9.7. L_n に含まれる完全集合 $P_{n_0 n_1 \cdots n_k}$ $(k, n_k = 0, 1, 2, \cdots)$ が，条件

(9.31) $$P_{n_0 n_1 \cdots n_k} \supseteqq P_{n_0 n_1 \cdots n_k n_{k+1}},$$

(9.32) $$P_{n_0 n_1 \cdots n_k l} \frown P_{n_0 n_1 \cdots n_k m} = \phi \qquad (l \neq m),$$

(9.33) $P_{n_0 n_1 \cdots n_k n_{k+1}}$ は $P_{n_0 n_1 \cdots n_k}$ において粗である

(9.34) $$\overline{\bigcup_{m=0}^{\infty} P_{n_0 n_1 \cdots n_k m}} = P_{n_0 n_1 \cdots n_k}$$

を満足するとき

$$Q = \bigcap_{k=0}^{\infty} \bigcup_{\langle n_0 n_1 \cdots n_k \rangle} P_{n_0 n_1 \cdots n_k}$$

と置けば，Q は真に第2級のボレル集合である．

しかし同様にして，真に第 ξ 級のボレル集合（$\xi > 2$）を構成することは非常に困難である．他方でルベグはカントルの対角線方法によって，真に第 ξ 級のボレル集合の存在していることを示した．このことは第4巻「実函数論演習」で述べる．

注意. 具現性に関する見解はベールはボレルよりきびしく，ルベグはボレルよりゆるい．ベールの見解を提言としてまとめるならば次のようになる．

提言 B*. 具現的に与えられる集合は第1級のボレル集合である．

なお第1級のボレル集合とそれよりも高級のボレル集合との間には明確な存在論的断層がある．

問 1. L_n の部分集合からなる集合 $\mathscr{H}$ で，条件 (9.7), (9.8) と

(9.35) $$\mathscr{H}_{\mathfrak{C}} \subseteqq \mathscr{H}$$

を満足するものの全体からなる集合を $\mathfrak{S}_{\mathfrak{C}}$ とすれば，

$$\mathscr{F}_B = \bigcap_{\mathscr{H} \in \mathfrak{S}_{\mathfrak{C}}} \mathscr{H}$$

であることを示せ．

問 2. 前問における (9.35) を

(9.36) $$\mathscr{H}_{\sigma^*} \subseteqq \mathscr{H},$$

$$\text{ただし}\quad \mathscr{H}_{\sigma^*} = \left\{ \bigcup_{k=0}^{\infty} E_k \,|\, E_k \in \mathscr{H},\ E_k \frown E_j = \phi\ (k \neq j) \right\}$$

で置きかえることができる．これを証明せよ．

§ 10. 解 析 集 合

提言Bに従えば，ボレル集合は精確に定義される集合であるが，その数学的定義は必ずしも明確ではない．その定義では，$\mathfrak{S}_E$, $\mathfrak{S}_E^*$ や第2級の順序数の全体からなる集合が使われていて，ボレルの見解によれば，これらは具現的に定義されたものではないからである．

しかしこの難点は解析集合の概念によって完全に解決された．これは1917年にススリン，ルジンによって与えられたもので，次の演算

$\boldsymbol{A}$ 算法，　射影，　篩

の一つによって定義される．

今，A算法による定義を考える．自然数の有限列 $\langle n_0, n_1, \cdots, n_k\rangle$ の全体からなる集合をDとするとき，D で定義され，値域が集合 $\mathcal{H}$ に含まれる一意写像fを取る．このとき

$$f(\langle n_0, n_1, \cdots, n_k\rangle)=E_{n_0n_1\cdots n_k}$$

と置くならば，これらの集合から作られる集合 $\{E_{n_0n_1\cdots n_k}\}$ $(k, n_k=0, 1, 2, \cdots)$ が定義される．これをfの定義する**ススリン系**といい，$\mathfrak{S}_f$ で示す．

ところでススリン系 $\mathfrak{S}_f=\{E_{n_0n_1\cdots n_k}\}$ $(k, n_k=0, 1, 2, \cdots)$ が与えられたとき，ベールの空間Bの要素 $\nu=[n_0, n_1, n_2, \cdots]$ に対して

$$E_\nu \equiv \bigcap_{k=0}^{\infty} E_{n_0n_1\cdots n_k}$$

と置くとき，$\bigcup_{\nu\in B} E_\nu$ を $\mathfrak{S}_f$ の**核**といい，$\Phi(\mathfrak{S}_f)$ で示す．また$\mathfrak{S}_f$からその核を作る演算を **$\boldsymbol{A}$ 算法**という．例えば

$$E_{n_0n_1\cdots n_k}=A_{n_0} \qquad (\text{または } A_k)$$

であるとき

$$E_\nu=A_{n_0} \qquad \left(\text{または } \bigcap_{k=0}^{\infty} A_k\right)$$

であるから，

$$\Phi(\mathfrak{S}_f)=\bigcup_{k=0}^{\infty} A_k \qquad \left(\text{または } \bigcap_{k=0}^{\infty} A_k\right)$$

である．従って A 算法 Φ は σ 算法，δ 算法を特別の場合として含む．また

$$\mathcal{H}_A \equiv \{\Phi(\{E_{n_0 n_1 \cdots n_k}\}) \mid E_{n_0 n_1 \cdots n_k} \in \mathcal{H}\}$$

と置き，$\mathcal{H}_A$ の要素を $\mathcal{H}$ に関する**解析集合**という．

定理 10.1.

$$\mathcal{H} \subseqq \mathcal{H}_A, \tag{10.1}$$

$$\mathcal{H}_{AA} = \mathcal{H}_A. \tag{10.2}$$

証明[1]**.** $\mathcal{H}$ の要素 E に対して

$$E_{n_0 n_1 \cdots n_k} = E$$

と置くとき，ススリン系 $\{E_{n_0 n_1 \cdots n_k}\}$ $(k, n_k = 0, 1, 2, \cdots)$ においては，$E_\nu = E$ $(\nu \in B)$ であるから，その核もまた E である．ゆえに $\mathcal{H} \subseqq \mathcal{H}_A$ である．

次に $\mathcal{H}_A \subseqq \mathcal{H}_{AA}$ であることは (10.1) より明らかである．次に $E \in \mathcal{H}_{AA}$ であるとする．このとき，$\mathcal{H}_A$ におけるススリン系 $\mathfrak{S}_f = \{E^{n_0 n_1 \cdots n_k}\}$ $(k, n_k = 0, 1, 2, \cdots)$ を求めて，$\Phi(\mathfrak{S}_f) = E$ であるようにできる．また $E^{n_0 n_1 \cdots n_k} \in \mathcal{H}_A$ より，$\mathcal{H}$ におけるススリン系 $\mathfrak{S}_{n_0 n_1 \cdots n_k} = \{E^{n_0 n_1 \cdots n_k}_{m_0 m_1 \cdots m_j}\}$ $(j, m_j = 0, 1, 2, \cdots)$ を求めて

$$E^{n_0 n_1 \cdots n_k} = \Phi(\mathfrak{S}_{n_0 n_1 \cdots n_k})$$

であるようにできる．従って

$$E = \bigcup_{\nu \in B} \bigcap_{k=0}^{\infty} E^{n_0 n_1 \cdots n_k} = \bigcup_{\nu \in B} E^{n_0} \frown E^{n_0 n_1} \frown E^{n_0 n_1 n_2} \frown \cdots$$

$$= \bigcup_{\nu \in B} (\bigcup_{\alpha \in B} E^{n_0}_\alpha) \frown (\bigcup_{\beta \in B} E^{n_0 n_1}_\beta) \frown \bigcup_{\gamma \in B} E^{n_0 n_1 n_2}_\gamma) \frown \cdots$$

である．ただし $\alpha = [a_0, a_1, a_2, \cdots]$，$\beta = [b_0, b_1, b_2, \cdots]$，$\gamma = [c_0, c_1, c_2, \cdots]$，$\cdots$，

$$E^{n_0}_\alpha = \bigcap_{k=0}^{\infty} E^{n_0}_{a_0 a_1 \cdots a_k},$$

$$E^{n_0 n_1}_\beta = \bigcap_{k=0}^{\infty} E^{n_0 n_1}_{b_0 b_1 \cdots b_k},$$

$$E^{n_0 n_1 n_2}_\gamma = \bigcap_{k=0}^{\infty} E^{n_0 n_1 n_2}_{c_0 c_1 \cdots c_k},$$

1）定理 10.1 の証明は，記号の複雑化を避けて，略記号的な記述によって，証明をわかりやすくした．

....

である．従って

$$E=\bigcup_{\nu,\alpha,\beta,\gamma,\cdots\in B} E_{\alpha}^{n_0}\frown E_{\beta}^{n_0n_1}\frown E_{\gamma}^{n_0n_1n_2}\frown\cdots$$

$$=\bigcup_{\nu,\alpha,\beta,\gamma,\cdots\in B} E_{a_0}^{n_0}\frown E_{a_0a_1}^{n_0}\frown E_{b_0}^{n_0n_1}\frown E_{a_0a_1a_2}^{n_0}\frown E_{b_0b_1}^{n_0n_1}\frown E_{c_0}^{n_0n_1n_2}\frown\cdots$$

となる．そこで，ススリン系 $\{F_{n_0n_1\cdots n_k}\}$ $(k, n_k=0,1,2,\cdots)$ を次のように定義する．

まず $E_{a_0}^{n_0}$ $(n_0, a_0=0,1,2,\cdots)$ は全体として可付番であるから，これらを無限列

$$F_0, F_1, F_2, \cdots, F_{s_0}, \cdots$$

に並べる．なお $F_{s_0}=E_{a_0}^{n_0}$ であるとする．

次に n_0, a_0 を定めたとき，$E_{a_0a_1}^{n_0}$ $(a_1=0,1,2,\cdots)$ はまた全体として可付番であるから，これらを無限列

$$F_{s_00}, F_{s_01}, F_{s_02}, \cdots, F_{s_0s_1}, \cdots$$

に並べる．なお $F_{s_0s_1}=E_{a_0a_1}^{n_0}$ であるとする．

同様にして $F_{s_0s_1\cdots s_k}$ $(k=0,1,2,\cdots)$ を定義する．このとき $F=\Phi(\{F_{s_0s_1\cdots s_k}\})$ と置けば，$F=E$ である．実際 x を E の要素とすれば

$$x\in E_{\alpha}^{n_0}\frown E_{\beta}^{n_0n_1}\frown E_{\gamma}^{n_0n_1n_2}\frown\cdots,\qquad \nu=[n_0,n_1,n_2,\cdots]$$

を満足するベールの空間 B の要素 $\nu,\alpha,\beta,\gamma,\cdots$ が存在する．このとき

$$x\in E_{a_0}^{n_0}\frown E_{a_0a_1}^{n_0}\frown E_{b_0}^{n_0n_1}\frown E_{a_0a_1a_2}^{n_0}\frown E_{b_0b_1}^{n_0n_1}\frown E_{c_0}^{n_0n_1n_2}\frown\cdots \tag{10.3}$$

が得られる．従って $x\in F_\sigma$ を満足する B の要素 $\sigma=[s_0,s_1,s_2,\cdots]$ が存在する．ゆえに $x\in F$ が得られる．よって $E\subseteq F$ である．

次に x を F の要素とすれば，$x\in F_\sigma$ を満足する B の要素 $\sigma=[s_0,s_1,s_2,\cdots]$ が存在する．ゆえに $x\in F_{s_0s_1\cdots s_k}$ $(k=0,1,2,\cdots)$ である．従って定義によって，B の要素 $\nu=[n_0,n_1,n_2,\cdots]$，$\alpha=[a_0,a_1,a_2,\cdots]$，$\beta=[b_0,b_1,b_2,\cdots],\cdots$ を定めて，(10.3) が成立するようにできる．ゆえに $x\in E$ が得られ，$F\subseteq E$ であることがわかる．

従って $E=F$ である．ところで $F\in\mathscr{H}_A$ であるから $\mathscr{H}_{AA}\subseteq\mathscr{H}_A$ である．

ゆえに $\mathcal{H}_{AA}=\mathcal{H}_A$ である.

定理 10.2.

(10.4) $$\mathcal{H}_\sigma\subseteqq\mathcal{H}_A,\qquad \mathcal{H}_\delta\subseteqq\mathcal{H}_A,$$

(10.5) $$\mathcal{H}_{\sigma A}=\mathcal{H}_A,\qquad \mathcal{H}_{\delta A}=\mathcal{H}_A,$$

(10.6) $$\mathcal{H}_{A\sigma}=\mathcal{H}_A,\qquad \mathcal{H}_{A\delta}=\mathcal{H}_A.$$

証明. すでに述べたように, σ 算法, δ 算法は A 算法の特殊の場合であるから, (10.4) が成立する.

従って定理 10.1 より

$$\mathcal{H}_A\subseteqq\mathcal{H}_{\sigma A}\subseteqq\mathcal{H}_{AA}=\mathcal{H}_A$$

が得られる. ゆえに $\mathcal{H}_{\sigma A}=\mathcal{H}_A$ である. 同様に $\mathcal{H}_{\delta A}=\mathcal{H}_A$ である. また

$$\mathcal{H}_A\subseteqq\mathcal{H}_{A\sigma}\subseteqq\mathcal{H}_{AA}=\mathcal{H}_A$$

によって, $\mathcal{H}_{A\sigma}=\mathcal{H}_A$ である. 同様に $\mathcal{H}_{A\delta}=\mathcal{H}_A$ である.

系. $$\mathcal{F}_A=\mathcal{G}_A.$$

証明. 補題 9.1 によって $\mathcal{F}\subseteqq\mathcal{G}_\delta$ である. ゆえに $\mathcal{F}_A\subseteqq\mathcal{G}_{\delta A}=\mathcal{G}_A$ から $\mathcal{F}_A\subseteqq\mathcal{G}_A$ である. 同様に $\mathcal{G}\subseteqq\mathcal{F}_\sigma$ から $\mathcal{G}_A\subseteqq\mathcal{F}_A$ が得られる. よって $\mathcal{F}_A=\mathcal{G}_A$ である.

そこで $\mathcal{F}_A$ に属する L_n の部分集合を L_n の**解析集合**という. またその補集合を**補解析集合**という.

補題 10.1. $$\mathcal{F}_B\subseteqq\mathcal{F}_A.$$

証明. 仮定によって $\mathcal{F}\subseteqq\mathcal{F}_A$ である. また定理 10.2 によって $\mathcal{F}_{A\sigma}\subseteqq\mathcal{F}_A$, $\mathcal{F}_{A\delta}\subseteqq\mathcal{F}_A$ である. よって $\mathcal{F}_A\in\mathfrak{S}_E$ である. 従って $\mathcal{F}_B=\bigcap_{\mathcal{H}\in\mathfrak{S}_E}\mathcal{H}\subseteqq\mathcal{F}_A$ である.

ところで L_n の有理閉区間の全体と空集合からなる集合を $\mathcal{F}^*$ とするとき, 次の補題が得られる.

補題 10.2. $$\mathcal{F}^*_A=\mathcal{F}_A.$$

証明. 補題 9.1 の証明によってわかるように, $\mathcal{G}\subseteqq\mathcal{F}^*_\sigma$ である. 従って $\mathcal{F}^*_\sigma\subseteqq\mathcal{F}_A$ より

$$\mathcal{F}_A=\mathcal{G}_A\subseteqq\mathcal{F}^*_{\sigma A}\subseteqq\mathcal{F}_{AA}=\mathcal{F}_A$$

が得られる．ゆえに $\mathscr{F}^*_{\sigma A}=\mathscr{F}_A$ である．また定理 10.2 によって $\mathscr{F}^*_{\sigma A}=\mathscr{F}^*_A$ である．よって $\mathscr{F}^*_A=\mathscr{F}_A$ が得られる．

また L_n の閉集合からなるススリン系 $\{E_{n_0n_1\cdots n_k}\}$ $(k, n_k=0, 1, 2, \cdots)$ において，条件

$$E_{n_0n_1\cdots n_k}\supseteq E_{n_0n_1\cdots n_kn_{k+1}}$$

が満足させられるとき，与えられたススリン系は**単調**であるといい，条件[1)]

$$\lim_{k\to\infty}\delta(E_{n_0n_1\cdots n_k})=0$$

が B のすべての要素 $\nu=[n_0, n_1, n_2, \cdots]$ において満足させられるとき，与えられたススリン系は**正則**であるという．

補題 10.3. L_n の任意の解析集合 E に対して，これを核にもつススリン系 $\{E_{n_0n_1\cdots n_k}\}$ $(k, n_k=0, 1, 2, \cdots)$ を定義して，単調，正則，しかも $E_{n_0n_1\cdots n_k}$ が有理閉区間か空集合であるようにできる．

証明. 補題 10.2 によって，E を核としているススリン系 $\{E_{n_0n_1\cdots n_k}\}$ $(k, n_k=0, 1, 2, \cdots)$ を求めて，$E_{n_0n_1\cdots n_k}$ が有理閉区間か空集合であるようにする．次に有理閉区間または空集合 $E^{(n)}_{n_0n_1\cdots n_k}$ $(n=0, 1, 2, \cdots)$ を定義して

$$E_{n_0n_1\cdots n_k}=\bigcup_{m=0}^{\infty}E^{(m)}_{n_0n_1\cdots n_k}, \tag{10.7}$$

$$\delta(E^{(m)}_{n_0n_1\cdots n_k})<\frac{1}{2k+3} \tag{10.8}$$

を満足するようにする．また有理閉区間 $E^{(k)}$ $(k=0, 1, 2, \cdots)$ を求めて

$$L_n=\bigcup_{k=0}^{\infty}E^{(k)}, \tag{10.9}$$

$$\delta(E^{(k)})<\frac{1}{2} \tag{10.10}$$

であるようにする．

そこでススリン系 $\{F_{n_0n_1\cdots n_k}\}$ $(k, n_k=0, 1, 2, \cdots)$ を次のように定義する．

$$F_{n_0}=F_{n_0n_1}=E^{(n_0)}, \tag{10.11}$$

1） L_n の部分集合 E に対して，$\delta(E)\equiv\sup_{x\in E, y\in E}\mathrm{dis}(x, y)$ （ただし $\delta(\phi)=0$）と置き，これを E の**直径**という．

$$F_{n_0 n_1 \cdots n_{2k}} = F_{n_0 n_1 \cdots n_{2k} n_{2k+1}} = E^{(n_{2k})}_{n_1 n_3 \cdots n_{2k-1}} \quad (k \geqq 1). \tag{10.12}$$

このとき $F_{n_0 n_1 \cdots n_k}$ は有理閉区間または空集合であって，しかも

$$\delta(F_{n_0 n_1 \cdots n_k}) < \frac{1}{k} \quad (k \geqq 1) \tag{10.13}$$

が成立する．ところでススリン系 $\{F_{n_0 n_1 \cdots n_k}\}$ $(k, n_k = 0, 1, 2, \cdots)$ の核を F とすれば，$F = E$ である．

実際 x を E の要素とすれば，$x \in E_\nu$, $\nu = [n_0, n_1, n_2, \cdots]$ を満足する B の要素 ν が存在する．従って (10.12) により，B の要素 $\mu = [m_0, m_1, m_2, \cdots]$ を求めて

$$x \in E^{(m_0)}, \qquad x \in E^{(m_{k+1})}_{n_0 n_1 \cdots n_k} \qquad (k = 0, 1, 2, \cdots)$$

が成立するようにできる．従って

$$l_k = m_j \qquad k = 2j \text{ のとき},$$
$$\quad = n_j \qquad k = 2j+1 \text{ のとき}$$

と置けば，B の要素 $\lambda = [l_0, l_1, l_2, \cdots]$ に対して，$x \in F_\lambda$ である．よって $E \subseteqq F$ が得られる．

次に x を F の要素とすれば，$x \in F_\nu$ を満足する B の要素 $\nu = [n_0, n_1, n_2, \cdots]$ が存在する．ところで

$$x \in F_{n_0 n_1 \cdots n_{2k}} = E^{(n_{2k})}_{n_1 n_3 \cdots n_{2k-1}} \subseteqq E_{n_1 n_3 \cdots n_{2k-1}}$$

であるから，$m_k = n_{2k+1}$ $(k = 0, 1, 2, \cdots)$ と置けば，$x \in E_{m_0 m_1 \cdots m_k}$ $(k = 0, 1, 2, \cdots)$ が得られる．ゆえに B の要素 $\mu = [m_0, m_1, m_2, \cdots]$ に対して $x \in E_\mu$ である．よって $x \in E$ が得られ，$F \subseteqq E$ である．

ゆえに $F = E$ が成立する．そこで

$$G_{n_0 n_1 \cdots n_k} = \bigcap_{j=0}^{k} F_{n_0 n_1 \cdots n_j}$$

と置けば，$G_{n_0 n_1 \cdots n_k}$ は有理閉区間か空集合で，(10.13) より

$$\delta(G_{n_0 n_1 \cdots n_k}) < \frac{1}{k} \qquad (k \geqq 1)$$

が得られ，また

$$G_{n_0 n_1 \cdots n_k n_{k+1}} \subseteqq G_{n_0 n_1 \cdots n_k}$$

である．ゆえにススリン系 $\{G_{n_0n_1\cdots n_k}\}$ $(k, n_k=0, 1, 2, \cdots)$ は単調，正則で，$G_{n_0n_1\cdots n_k}$ は有理閉区間または空集合である．しかもその核は F すなわち E であることが容易にわかる．ゆえに補題 10.3 が証明される．

ところで L_n に含まれる互いに素な解析集合 E, F に対して

$$E\subseteqq G, \qquad F\subseteqq H, \qquad G\frown H=\phi$$

を満足するボレル集合 G, H が存在するとき，E, F はボレル集合による**分離**が可能であるという．

補題 10.4. L_n の解析集合 E_j, F_k $(j, k=0, 1, 2, \cdots)$ に対して E_j と F_k が常にボレル集合によって分離可能であれば，$\bigcup_{j=0}^{\infty}E_j$, $\bigcup_{k=0}^{\infty}F_k$ はまたボレル集合によって分離可能である．

証明. 仮定によって，任意の自然数 j, k に対して，E_j と F_k とはボレル集合によって分離可能であるから

$$E_j\subseteqq P_{jk}, \qquad F_k\subseteqq Q_{kj}, \qquad P_{jk}\frown Q_{kj}=\phi$$

を満足するボレル集合 P_{jk}, Q_{kj} が存在する．そこで

$$P=\bigcup_{j=0}^{\infty}\bigcap_{k=0}^{\infty}P_{jk}, \qquad Q=\bigcup_{k=0}^{\infty}\bigcap_{j=0}^{\infty}Q_{kj}$$

と置けば，P, Q はともにボレル集合である．

ところで $\bigcup_{j=0}^{\infty}E_j\subseteqq P$, $\bigcup_{k=0}^{\infty}F_k\subseteqq Q$ が成立する．実際，定義によって $E_j\subseteqq\bigcap_{k=0}^{\infty}P_{jk}$ であるから

$$\bigcup_{j=0}^{\infty}E_j\subseteqq\bigcup_{j=0}^{\infty}\bigcap_{k=0}^{\infty}P_{jk}=P$$

である．すなわち $\bigcup_{j=0}^{\infty}E_j\subseteqq P$ が成立する．また同様に $\bigcup_{k=0}^{\infty}F_k\subseteqq Q$ が得られる．

次に

$$P\frown Q=\left(\bigcup_{i=0}^{\infty}\bigcap_{j=0}^{\infty}P_{ij}\right)\frown\left(\bigcup_{k=0}^{\infty}\bigcap_{l=0}^{\infty}Q_{kl}\right)$$
$$=\bigcup_{i=0}^{\infty}\bigcup_{k=0}^{\infty}\bigcap_{j=0}^{\infty}\bigcap_{l=0}^{\infty}(P_{ij}\frown Q_{kl})$$

であって

$$\bigcap_{j=0}^{\infty}\bigcap_{l=0}^{\infty}(P_{ij}\frown Q_{kl})\subseteqq P_{ik}\frown Q_{ki}=\phi$$

である．ゆえに $P\frown Q=\phi$ である．

従って $\bigcup_{j=0}^{\infty}E_j$, $\bigcup_{k=0}^{\infty}F_k$ はボレル集合によって分離可能である．

そこで次の**第一分離定理**が得られる．

定理 10.3. L_n に含まれる互いに素な解析集合はボレル集合によって分離可能である．

証明． E, F を L_n に含まれる互いに素な解析集合とするとき，E, F を核にもつススリン系 $\{E_{n_0n_1\cdots n_k}\}$, $\{F_{n_0n_1\cdots n_k}\}$ $(k, n_k=0, 1, 2\cdots)$ で，単調，正則，しかも $E_{n_0n_1\cdots n_k}$, $F_{n_0n_1\cdots n_k}$ が有理閉区間または空集合であるものが存在する．またここで補題 10.3 の証明からわかるように，$k\geqq 1$ のとき

$$\delta(E_{n_0n_1\cdots n_k})<\frac{1}{k}, \tag{10.14}$$

$$\delta(F_{n_0n_1\cdots n_k})<\frac{1}{k} \tag{10.15}$$

を仮定することができる．そこで

$$E^{m_0m_1\cdots m_j}_{n_0n_1\cdots n_k}=E_{m_0m_1\cdots m_jn_0n_1\cdots n_k},$$

$$F^{m_0m_1\cdots m_j}_{n_0n_1\cdots n_k}=F_{m_0m_1\cdots m_jn_0n_1\cdots n_k}$$

と置き，ススリン系 $\{E^{m_0m_1\cdots m_j}_{n_0n_1\cdots n_k}\}$, $\{F^{m_0m_1\cdots m_j}_{n_0n_1\cdots n_k}\}$ $(k, n_k=0, 1, 2, \cdots)$ の核をそれぞれ $E^{m_0m_1\cdots m_j}$, $F^{m_0m_1\cdots m_j}$ とする．このとき

$$E^{m_0m_1\cdots m_j}\subseteqq E_{m_0m_1\cdots m_j},\qquad F^{m_0m_1\cdots m_j}\subseteqq F_{m_0m_1\cdots m_j}, \tag{10.16}$$

$$E^{m_0m_1\cdots m_j}=\bigcup_{k=0}^{\infty}E^{m_0m_1\cdots m_jk},\qquad F^{m_0m_1\cdots m_j}=\bigcup_{k=0}^{\infty}F^{m_0m_1\cdots m_jk}, \tag{10.17}$$

$$E=\bigcup_{k=0}^{\infty}E^k,\qquad F=\bigcup_{k=0}^{\infty}F^k \tag{10.18}$$

が得られる．実際 (10.16) はススリン系 $\{E_{n_0n_1\cdots n_k}\}$, $\{F_{n_0n_1\cdots n_k}\}$ $(k, n_k=0, 1, 2, \cdots)$ の単調性より明らかである．また

$$E^{m_0m_1\cdots m_j}=\bigcup_{\nu\in B}\bigcap_{k=0}^{\infty}E_{m_0m_1\cdots m_jn_0n_1\cdots n_k}$$

$$=\bigcup_{n_0=0}^{\infty}\bigcup_{\nu\in B}\bigcap_{k=1}^{\infty}E_{m_0m_1\cdots m_jn_0n_1\cdots n_k}$$

$$=\bigcup_{k=0}^{\infty}E^{m_0m_1\cdots m_jk}$$

より (10.17) の前半が得られる．同様に (10.17) の後半，(10.18) が得られる．

ところで E, F がボレル集合によって分離可能でなければ，(10.18) と補題 10.4 とによって，自然数の列 $\langle n_0, m_0\rangle$ を求めて，E^{n_0}, F^{m_0} がボレル集合によって分離可能でないようにできる．次に E^{n_0}, F^{m_0} に (10.17) と補題 10.4 とによって自然数の列 $\langle n_1, m_1\rangle$ を求めて，$E^{n_0n_1}$, $F^{m_0m_1}$ がボレル集合によって分離可能でないようにできる．

同様にして自然数の列 $\langle n_k, m_k\rangle$ $(k=2, 3, \cdots)$ を求めて，$E^{n_0n_1\cdots n_k}$, $F^{m_0m_1\cdots m_k}$ がボレル集合によって分離可能でないようにできる[1]．

そこで，ベールの空間 B の要素 $\nu=[n_0, n_1, n_2, \cdots]$，$\mu=[m_0, m_1, m_2, \cdots]$ を取る．このとき $E^{n_0n_1\cdots n_k}\neq\phi$, $F^{m_0m_1\cdots m_k}\neq\phi$ である．従って (10.16) より

$$E_{n_0n_1\cdots n_k}\neq\phi, \qquad F_{m_0m_1\cdots m_k}\neq\phi$$

である．また

$$E_{n_0n_1\cdots n_kn_{k+1}}\subseteqq E_{n_0n_1\cdots n_k}, \qquad F_{n_0n_1\cdots n_kn_{k+1}}\subseteqq F_{n_0n_1\cdots n_k}$$

であるから，(10.14) と (10.15) とによって，E_ν, F_μ はそれぞれただ一点からなる．そこで $E_\nu=\{u\}$，$F_\mu=\{v\}$ とすれば，$u\in E$, $v\in F$, $E\frown F=\phi$ であるから $u\neq v$ である．よって $\mathrm{dis}(u, v)>0$ である．そこで

$$\mathrm{dis}(u, v)>\frac{2}{k}$$

を満足する自然数 k を取れば，$u\in E_{n_0n_1\cdots n_k}$, $v\in F_{m_0m_1\cdots m_k}$ と (10.14) と (10.15) によって

$$\overline{E}_{n_0n_1\cdots n_k}\frown\overline{F}_{m_0m_1\cdots m_k}=\phi \tag{10.19}$$

である．ゆえに (10.19) によって $E^{n_0n_1\cdots n_k}$, $F^{m_0m_1\cdots m_k}$ はボレル集合によって

1）自然数列 $\{n_k\}$，$\{m_k\}$ $(k=0, 1, 2, \cdots)$ を帰納的に定義することができるが，簡単のため，ここではそれを省略する．

分離可能となる．これは $E^{n_0n_1\cdots n_k}$, $F^{m_0m_1\cdots m_k}$ の定義に矛盾する．

ゆえに E, F はボレル集合によって分離可能である．

ところで，これより次の**ススリンの定理**が得られる．

定理 10.4.　$$\mathfrak{F}_B=\mathfrak{F}_A\frown\mathfrak{F}_{A\mathfrak{C}}.$$

証明. 補題 10.1 によって $\mathfrak{F}_B\subseteqq\mathfrak{F}_A$ である．また定理 9.1 によって

$$\mathfrak{F}_B=\mathfrak{F}_{B\mathfrak{C}}\subseteqq\mathfrak{F}_{A\mathfrak{C}}$$

である．ゆえに $\mathfrak{F}_B\subseteqq\mathfrak{F}_A\frown\mathfrak{F}_{A\mathfrak{C}}$ である．

次に $E\in\mathfrak{F}_A\frown\mathfrak{F}_{A\mathfrak{C}}$ のとき，$\mathfrak{C}(E)\in\mathfrak{F}_A$ であって，$E\frown\mathfrak{C}(E)=\phi$ であるから，定理 10.3 によって

$$E\subseteqq G,\qquad \mathfrak{C}(E)\subseteqq H,\qquad G\frown H=\phi$$

を満足するボレル集合 G, H が存在する．このとき E を L_n の部分集合とすれば，$G\smile H=L_n$, $G\frown H=\phi$ が得られる．ゆえに $H=\mathfrak{C}(G)$ が得られ，$E=G$, $\mathfrak{C}(E)=H$ となる．従って $E\in\mathfrak{F}_B$ である．よって $\mathfrak{F}_A\frown\mathfrak{F}_{A\mathfrak{C}}\subseteqq\mathfrak{F}_B$ が成立する．

ゆえに $\mathfrak{F}_B=\mathfrak{F}_A\frown\mathfrak{F}_{A\mathfrak{C}}$ が得られる．

この定理の特質はボレル集合を $\mathfrak{S}_E, \mathfrak{S}_E^*$ や順序数を使わないで端的に定義した点で，この成果の意義は大きい．

問. D で定義され，値域が L に含まれる一意写像 f に対して

$$f(\langle n_0n_1\cdots n_k\rangle)=a_{n_0n_1\cdots n_k}$$

と置く．このときベールの空間 B の各要素 $\nu=[n_0, n_1, n_2, \cdots]$ に対して

$$a_\nu=\lim_{k\to\infty}a_{n_0n_1\cdots n_k}$$

が存在すれば，a_ν $(\nu\in B)$ の全体からなる集合が解析集合であることを示せ．

§ 11. 篩

篩の概念はルジンによって導入されたもので，解析集合論で重要な役目を果している．そこでこの概念を論ずることにする．

有理数域 R は大小関係に関する順序集合である．従って R の部分集合もまた順序集合である．そこで R の部分集合 A, B に対して，A で定義され，値域が B である一意写像 f で，条件

(11.1)　　$x<y \to f(x)<f(y)$

を満足するものが存在するとき，A, B は相似で，このことは $A \simeq B$ で表わされる．そこで R の部分集合 A に対して

$$\tau(A) \equiv \{X \mid A \simeq X\}$$

と置く．また A が整列集合であるとき，その順序数を簡単に $\tau(A)$ で表わすことにする．次に R の部分集合 A, B に対して

$$\tau(A) \prec \tau(B) \equiv (\exists x)(x \simeq A \frown x \subseteq B)$$

と置く．またこのことを $\tau(B) \succ \tau(A)$ で表わす．

そこで L_n の閉集合の列 $\{E_k\}$ $(k=0,1,2,\cdots)$ に対して

$$E=\bigcup_{k=0}^{\infty} E_k \times \{r_k\}$$

ただし $\{r_k\}$ $(k=0,1,2,\cdots)$ は R の要素を並べて得られる無限列

を $\{E_k\}$ $(k=0,1,2,\cdots)$ の定める**篩**という．

今 x を L_n の一点とするとき，$E^{\langle x \rangle}$ は R の部分集合である[1]．そこで

$$\Gamma(E) \equiv \{x \mid \neg \tau(E^{\langle x \rangle}) \prec \omega_1\}$$

を E から**篩われた集合**といい，このような集合の全体の集合を $\mathscr{F}_\Gamma$ で示す．

定理 11.1.　　$\mathscr{F}_\Gamma = \mathscr{F}_A.$

証明. G を $\mathscr{F}_\Gamma$ の要素とすれば

$$G=\Gamma(E), \qquad E=\bigcup_{k=0}^{\infty} E_k \times \{r_k\}$$

を満足する L_n の閉集合の列 $\{E_k\}$ $(k=0,1,2,\cdots)$ が存在する．

今 R の任意の要素 r_{n_0} に対して

$$R_{n_0} \equiv \{r_k \mid r_k < \bar{r}_{n_0}\}, \qquad \bar{r}_{n_0} = r_{n_0}$$

と置く．次に $\bar{r}_{n_0 n_1 \cdots n_k}$ が定義されたとき

$$R_{n_0 n_1 \cdots n_k} \equiv \{r_j \mid r_j < \bar{r}_{n_0 n_1 \cdots n_k}\}$$

と置き，$R_{n_0 n_1 \cdots n_k}$ の要素を並べて得られる無限列の一つを $\{\bar{r}_{n_0 n_1 \cdots n_k j}\}$ $(j=0, 1, 2, \cdots)$ とする．このとき数学的帰納法によって有理数 $\bar{r}_{n_0 n_1 \cdots n_k}$ $(k, n_k=0, 1,$

1)　$E^{\langle x \rangle} \equiv \{y \mid \langle x, y \rangle \in E\}$

2, …）が定義される．

また $\bar{r}_{n_0 n_1 \cdots n_k} = r_l$ のとき

$$\nu_{n_0 n_1 \cdots n_k} = l$$

と置く．すると篩 $E = \bigcup_{k=0}^{\infty} E_k \times \{r_k\}$ に対して，ススリン系

$$\mathfrak{S}^* = \{F_{n_0 n_1 \cdots n_k}\}, \qquad \text{ただし} \quad F_{n_0 n_1 \cdots n_k} = E_{\nu_{n_0 n_1 \cdots n_k}}$$

が定義される．これを E に**付随するススリン系**という．

ところで $\Gamma(E) = \Phi(\mathfrak{S}^*)$ が得られる．実際 x を $\Gamma(E)$ の要素とするとき，$E^{\langle x \rangle}$ の要素 r_{m_k} $(k=0, 1, 2, \cdots)$ を求めて

$$r_{m_k} > r_{m_{k+1}} \qquad (k=0, 1, 2, \cdots) \tag{11.2}$$

が成立するようにできる．このとき定義より

$$r_{m_k} = \bar{r}_{n_0 n_1 \cdots n_k} \tag{11.3}$$

を満足する B の要素 $\nu = [n_0, n_1, n_2, \cdots]$ が存在する．そして

$$F_{n_0 n_1 \cdots n_k} = E_{m_k}$$

である．ゆえに $x \in F_\nu$ が得られ，$x \in \Phi(\mathfrak{S}^*)$ となる．従って $\Gamma(E) \subseteqq \Phi(\mathfrak{S}^*)$ である．

次に x を $\Phi(\mathfrak{S}^*)$ の要素とする．定義によって，$x \in F_\nu$（ただし $\nu = [n_0, n_1, n_2, \cdots]$）を満足する B の要素 ν が存在する．このとき (11.3) を満足する自然数 m_k $(k=0, 1, 2, \cdots)$ を取れば (11.2) が成立し，$x \in E_{m_k}$ $(k=0, 1, 2, \cdots)$ である．よって $x \in \Gamma(E)$ が得られ，$\Phi(\mathfrak{S}^*) \subseteqq \Gamma(E)$ が成立する．

従って $\Gamma(E) = \Phi(\mathfrak{S}^*)$ であることがわかる．

ところで $\Phi(\mathfrak{S}^*) \in \mathscr{F}_A$ であるから，$\Gamma(E) \in \mathscr{F}_A$ が得られる．ゆえに $\mathscr{F}_\Gamma \subseteqq \mathscr{F}_A$ である．

次に E を $\mathscr{F}_A$ の要素とすれば，E を核にもっているススリン系 $\{E_{n_0 n_1 \cdots n_k}\}$ $(k, n_k = 0, 1, 2, \cdots)$ が存在する．またこれが単調であることを仮定してもよい．次に有理数

$$d_{n_0 n_1 \cdots n_k} \equiv 1 - \sum_{j=0}^{k} \frac{1}{2^{n_0 + n_1 + \cdots + n_j + j + 1}}$$

を取る．定義によって

(11.4)　$\langle n_0 n_1 \cdots n_j \rangle = \langle m_0 m_1 \cdots m_k \rangle$ であるときに限り

$$d_{n_0 n_1 \cdots n_j} = d_{m_0 m_1 \cdots m_k},$$

(11.5)
$$d_{n_0 n_1 \cdots n_k} > d_{n_0 n_1 \cdots n_k, n_{k+1}}$$

である．そこで，篩

$$E^* = \bigcup_{\langle n_0 n_1 \cdots n_k \rangle} E_{n_0 n_1 \cdots n_k} \times \{d_{n_0 n_1 \cdots n_k}\}$$

を取る．x を E の要素とすれば，$x \in E_\nu$ を満足する B の要素 $\nu = [n_0, n_1, n_2, \cdots]$ が存在する．このとき，$x \in E_{n_0 n_1 \cdots n_k}$ $(k=0, 1, 2, \cdots)$ であるから

$$d_{n_0 n_1 \cdots n_k} \in E^{*\langle x \rangle} \qquad (k=0, 1, 2, \cdots)$$

である．従って (11.5) より $x \in \Gamma(E^*)$ である．よって $E \subseteqq \Gamma(E^*)$ である．

また $x \in \Gamma(E^*)$ であれば，$E^{*\langle x \rangle}$ の要素からなる無限列 $\{d_k^*\}$ $(k=0, 1, 2, \cdots)$ で

(11.6)
$$d_k^* > d_{k+1}^*$$

を満足するものがある．また

(11.7)
$$d_k^* = d_{n_0^{(k)} n_1^{(k)} \cdots n_{\lambda_k}^{(k)}}$$

とする．(11.6) によって

$$n_0^{(k)} \geqq n_0^{(k+1)} \qquad (k=0, 1, 2, \cdots)$$

である．ゆえに $n_0^{(k)} = m_0$ $(k > N_0^{(1)})$ を満足する自然数 $m_0, N_0^{(1)}$ が存在する．また (11.7) によって $N_0^{(2)} \geqq N_0^{(1)}$，$\lambda_k \geqq 1$ $(k > N_0^{(2)})$ を満足する自然数 $N_0^{(2)}$ が存在する．従って (11.6) によって

$$n_1^{(k)} \geqq n_1^{(k+1)} \qquad (k = N_0^{(2)}+1,\ N_0^{(2)}+2, \cdots)$$

である．ゆえに $n_1^{(k)} = m_1$ $(k > N_1^{(1)})$ を満足する自然数 $m_1, N_1^{(1)}$ が存在する．また (11.7) によって，$N_1^{(2)} \geqq N_1^{(1)}$，$\lambda_k \geqq 2$ $(k > N_1^{(2)})$ を満足する自然数 $N_1^{(2)}$ が存在する．従って (11.6) によって

$$n_2^{(k)} \geqq n_2^{(k+1)} \qquad (k = N_1^{(2)}+1,\ N_1^{(2)}+2, \cdots)$$

である．ゆえに前と同様に自然数 $m_j, N_j^{(1)}, N_j^{(2)}$ $(j=2, 3, \cdots)$ を求めて，$N_j^{(2)} \geqq N_j^{(1)}$ で，かつ

$$n_j^{(k)} = m_j \qquad (k > N_j^{(1)}),$$

$$\lambda_k \geqq j+1 \qquad (k > N_j^{(2)})$$

が成立するようにできる．

他方で (11.7) より

$$x \in E_{n_0^{(k)} n_1^{(k)} \cdots n_{\lambda_k}^{(k)}}$$

であるから，$k > N_j^{(2)}$ のとき，$\lambda_k \geqq j+1$ によって

$$E_{n_0^{(k)} n_1^{(k)} \cdots n_j^{(k)} \cdots n_{\lambda_k}^{(k)}} \subseteqq E_{n_0^{(k)} n_1^{(k)} \cdots n_j^{(k)}}$$

である．ゆえに

$$x \in E_{n_0^{(k)} n_1^{(k)} \cdots n_j^{(k)}}$$

となる．よって $k > \max(N_0^{(2)}, N_1^{(2)}, \cdots, N_j^{(2)})$ のとき，$n_i^{(k)} = m_i$ ($i=0, 1, 2, \cdots, j$) より

$$x \in E_{m_0 m_1 \cdots m_j}$$

である．従って B の要素 $\mu = [m_0, m_1, m_2, \cdots]$ に対して，$x \in E_\mu$ である．ゆえに $x \in E$ が得られ，$\Gamma(E^*) \subseteqq E$ である．よって，すでに得られた結果と合わせて，$E = \Gamma(E^*)$ である．従って $\mathscr{F}_A \subseteqq \mathscr{F}_\Gamma$ が得られ，$\mathscr{F}_A = \mathscr{F}_\Gamma$ であることがわかる．

ところで L_n の閉集合から作られる篩 $E = \bigcup_{k=0}^{\infty} E_k \times \{r_k\}$ と第1級または第2級の順序数 ξ とに対して

$$\Gamma_\xi(E) \equiv \{x \mid \tau(E^{\langle x \rangle}) = \xi\}$$

と置くとき，定義より

$$\text{(11.8)} \qquad \Gamma_\xi(E) \frown \Gamma_\eta(E) = \phi \qquad (\xi \neq \eta),$$

$$\text{(11.9)} \qquad \bigcup_{\xi < \omega_1} \Gamma_\xi(E) = \mathfrak{C}(\Gamma(E))$$

が得られる．そこで $\Gamma_\xi(E)$ を $\mathfrak{C}(\Gamma(E))$ の位数 ξ の**成分**という．

定理 11.2. $\qquad \Gamma_\xi(E) \in \mathscr{F}_B.$

証明． $E = \bigcup_{k=0}^{\infty} E_k \times \{r_k\}$ に対して，$E_k^{(\xi)}$ ($k=0, 1, 2, \cdots$)，$E^{(\xi)}$ を次のように定義する．

$$\text{(11.10)} \qquad E_k^{(0)} = E_k, \qquad E^{(0)} = E,$$

$$(11.11)\qquad E_k^{(\xi+1)}=E_k^{(\xi)}\frown\Big(\bigcup_{r_j<r_k}E_j^{(\xi)}\Big),\qquad E^{(\xi+1)}=\bigcup_{k=0}^{\infty}E_k^{(\xi+1)}\times\{r_k\},$$

$$(11.12)\qquad E_k^{(\xi)}=\bigcap_{\eta<\xi}E_k^{(\eta)},\qquad E^{(\xi)}=\bigcup_{k=0}^{\infty}E_k^{(\xi)}\times\{r_k\}\qquad (\xi \text{ は極限数}).$$

このとき

$$(11.13)\qquad \mathfrak{C}\Big(\bigcup_{k=0}^{\infty}E_k^{(\xi)}\Big)=\bigcup_{\eta\leqq\xi}\Gamma_\eta(E)$$

が成立する．実際 x を $\Gamma_\eta(E)$ $(\eta\leqq\xi)$ の要素とするとき，$E^{\langle x\rangle}$ は順序数が η の順序集合であるから，$E^{\langle x\rangle}$ と η とは同型である．そこで η の要素 α に対応する $E^{\langle x\rangle}$ の要素を $r^{(\alpha)}$ とする．このとき超限的帰納法によって

$$(11.14)\qquad E^{(\alpha)\langle x\rangle}=\{r^{(\xi)}\,|\,\xi\geqq\alpha\}$$

が証明される．$\alpha=0$ のとき (11.14) の成立することは $E^{(0)}=E$ よりわかる．次に (11.14) が成立し，しかも $E^{(\alpha)\langle x\rangle}\neq\phi$ であるとき，$E^{(\alpha)\langle x\rangle}$ の最小数は $r^{(\alpha)}$ である．従って $r^{(\alpha)}=r_k$ であれば $x\,\bar{\in}\,E_k^{(\alpha+1)}$．また $r^{(\alpha)}<r^{(\beta)}$, すなわち $r^{(\beta)}\in E^{(\alpha)\langle x\rangle}$ のとき，$r^{(\beta)}=r_l$ であれば $x\in E_l^{(\alpha+1)}$ である．他方で $E^{(\alpha)\langle x\rangle}=\phi$ のとき，$\alpha<\beta$ であれば，$E^{(\beta)\langle x\rangle}=\phi$ が成立する．従って (11.14) における α を $\alpha+1$ で置き換えた関係式もまた成立する．次に β が極限順序数であって，$\alpha<\beta$ のとき (11.14) が成立するとする．このとき

$$E^{(\beta)\langle x\rangle}=\bigcap_{\alpha<\beta}E^{(\alpha)\langle x\rangle},$$

$$\bigcap_{\alpha<\beta}E^{(\alpha)\langle x\rangle}=\{r^{(\xi)}\,|\,\xi\geqq\beta\}$$

であるから，(11.14) における α を β で置き換えた関係式もまた成立する．よって超限的帰納法により，(11.14) が一般に成立することがわかる．

ところで (11.14) によって，$x\in\bigcup_{\eta\leqq\alpha}\Gamma_\eta(E)$ のときに限り $E^{(\alpha)\langle x\rangle}=\phi$ であって

$$E^{(\xi)\langle x\rangle}=\phi\ \rightleftarrows\ x\in\mathfrak{C}\Big(\bigcup_{k=0}^{\infty}E_k^{(\xi)}\Big)$$

であるから，(11.13) が得られる．従って

$$\Gamma_\xi(E)=\Big(\bigcap_{\eta<\xi}\bigcup_{k=0}^{\infty}E_k^{(\eta)}\Big)\frown\mathfrak{C}\Big(\bigcup_{k=0}^{\infty}E_k^{(\xi)}\Big)$$

である．ゆえに $\Gamma_\xi(E)\in\mathcal{F}_B$ が成立する．

注意． この定理によって，解析集合の補集合，すなわち補解析集合は $\aleph_1$ 個のボレル集合の和として表わされる．

ところで $\mathfrak{C}(\Gamma(E))$ の部分集合 A に対して

$$A\subseteqq\bigcup_{\eta<\xi}\Gamma_\eta(E)$$

を満足する第2級の順序数 ξ が存在するとき，篩 E は A の上で**有界**であるという．

定理 11.3. A を $\mathfrak{C}(\Gamma(E))$ に含まれる解析集合とするとき，篩 E は A の上で有界である．

証明． 補題 10.3 によって，Aを核とする単調，正則なススリン系 $\{A_{n_0n_1\cdots n_k}\}$ $(k, n_k=0,1,2,\cdots)$ で，$A_{n_0n_1\cdots n_k}$ が有理閉区間か空集合であるものが存在する．その証明からわかるように，このススリン系が，条件

$$\delta(A_{n_0n_1\cdots n_k})<\frac{1}{k} \qquad (k\geqq 1) \tag{11.15}$$

を満足するようにできる．次に

$$A_{n_0n_1\cdots n_k}^{m_0m_1\cdots m_j}=A_{m_0m_1\cdots m_jn_0n_1\cdots n_k}$$

と置き，ススリン系 $\{A_{n_0n_1\cdots n_k}^{m_0m_1\cdots m_j}\}$ $(k, n_k=0,1,2,\cdots)$ の核を $A^{m_0m_1\cdots m_j}$ で示す．

また定義によって $E=\bigcup_{k=0}^{\infty}E_k\times\{r_k\}$ を満足する閉集合 E_k $(k=0,1,2,\cdots)$ が存在する．そこで任意の有理数 r_j に対して

$$E_{r_j}^*=(\bigcup_{r_k\leqq r_j}E_k\times\{r_k\})\frown(E_j\times R)$$

と置く．

今 E は A の上で有界でないとする．(10.18) と同様に $A=\bigcup_{n_0=0}^{\infty}A^{n_0}$ であるから，定理 4.10 の系によって，E が A^{n_0} の上で有界でないような自然数 n_0 が存在する．また $E_{r_{j_0}}^*$ が A^{n_0} の上で有界でないような有理数 r_{j_0} が存在する．実際 $E_{r_j}^*$ $(j=0,1,2,\cdots)$ が A^{n_0} の上で有界であれば

$$E=\bigcup_{j=0}^{\infty}E_{r_j}^*$$

によって，EがまたA^{n_0}の上に有界となり，矛盾である．よって，要求されて

いる有理数 r_{j_0} が存在する.

また (10.17) と同様に, $A^{n_0}=\bigcup_{n_1=0}^{\infty} A^{n_0 n_1}$ であるから, 定理 4.10 の系によって, $E^*_{r_{j_0}}$ が $A^{n_0 n_1}$ の上で有界でないような自然数 n_1 が存在する. 次に r_{j_0} より小である有理数 r_{j_1} を求めて, $E^*_{r_{j_1}}$ が $A^{n_0 n_1}$ の上で有界でないようにすることができる. このような有理数 r_{j_1} の存在は

$$E^*_{r_{j_0}}=((\bigcup_{r_k<r_{j_0}} E^*_{r_k})\frown(E_{j_0}\times R))\smile(E_{j_0}\times\{r_{j_0}\})$$

によって, 前と同様に証明される.

従ってこの方法をさらに続けて, 自然数 n_k, 有理数 r_{j_k} $(k=2,3,\cdots)$ を求めて

(11.16)　$r_{j_k}>r_{j_{k+1}}$,

(11.17)　$E^*_{r_{j_k}}$ は $A^{n_0 n_1 \cdots n_k}$ の上で有界でない

が成立するようにする.

ところで $A^{n_0 n_1 \cdots n_k}\subseteqq A_{n_0 n_1 \cdots n_k}$ であるから, $A_{n_0 n_1 \cdots n_k}\neq\phi$ である. また

$$A_{n_0 n_1 \cdots n_k}\supseteqq A_{n_0 n_1 \cdots n_k n_{k+1}}$$

と (11.15) とによって, A_ν (ただし $\nu=[n_0, n_1, n_2, \cdots]$) はただ一つの要素を含む. そこでこれを x とする.

他方で, $E^*_{r_{j_k}}$ の定義によって

$$x\in E_{j_k} \qquad (k=0,1,2,\cdots)$$

が成立する. 従って $r_{j_k}\in E^{\langle x\rangle}$ である. ゆえに (11.16) によって $x\in\Gamma(E)$ となる. 従って $A\subseteqq\mathfrak{C}(\Gamma(E))$ から $x\overline{\in}A$ である. これは $x\in A_\nu$ に矛盾する.

ゆえに E は A の上で有界である.

系. A を $\mathfrak{C}(\Gamma(E))$ に含まれる解析集合とするとき

$$A\subseteqq\bigcup_{\eta<\xi}\Gamma_\eta(E)$$

を満足する第2級の順序数 ξ が存在する.

ところでこの系から, 定理 10.3 の別証明が次のように与えられる.

定理 10.3 の別証明. E, F を L_n に含まれる互いに素な解析集合とするとき, 定理 11.1 によって篩 G を求め, $F=\Gamma(G)$ であるようにできる. ところで E

$\subseteqq \mathfrak{C}(\Gamma(G))$ であるから，定理 11.3 の系によって

$$E \subseteqq \bigcup_{\eta<\xi} \Gamma_\eta(G)$$

を満足する第 2 級の順序数 ξ が存在する．そこで

$$P = \bigcup_{\eta<\xi} \Gamma_\eta(G), \qquad Q = \mathfrak{C}(P)$$

と置けば，$E \subseteqq P$，$F \subseteqq Q$，$P \frown Q = \phi$ であって，定理 11.2 によって P, Q はボレル集合である．すなわち E, F はボレル集合によって分離可能である．

また定理 11.3 の系から次の定理が得られる．

定理 11.4. 篩 E によって定義される解析集合 $\Gamma(E)$ がボレル集合でないとき

$$A \equiv \{\alpha | \Gamma_\alpha(E) \neq \phi\}$$

は非可付番である．しかもこの逆が成立する．

証明は定理 11.3 の系から自明である．

ところでこれよりまた次の定理が証明される．

定理 11.5. ボレル集合でない解析集合が存在する．

証明. 今

$$E_{nk} \equiv \left[\frac{2k-1}{2^n}, \frac{2k}{2^n}\right] \qquad (k=1, 2, \cdots, 2^{n-1}),$$

$$E_n \equiv \bigcup_{k=1}^{2^{n-1}} E_{nk},$$

$$E \equiv \bigcup_{n=0}^{\infty} E_{n+1} \times \{r_n\}$$

によって，篩 E を定義する．

そこで第 2 級の順序数 η に対して，順序数が η である R の部分集合 A を取り，その要素を指数の順序に並べたものを $\{r_{n_k}\}$ $(k=0, 1, 2, \cdots)$ とする．このとき

$$x_0 = \sum_{k=0}^{\infty} \frac{1}{2^{n_k+1}}$$

とすれば，E_n の定義から $E^{\langle x_0 \rangle} = A$ である．

ゆえに $\Gamma_\eta(E) \neq \phi$ である．従って定理 11.4 によって $\Gamma(E)$ はボレル集合

でない解析集合である.

注意. 定理 11.5 で定義された篩を**ルベグの篩**といい, $\mathfrak{C}(\Gamma(E))$ を**ルベグの補解析集合**という.

また篩の概念によって次の**第二分離定理**が得られる.

定理 11.6. L_n に含まれる解析集合 E, F に対して

$$E \frown \mathfrak{C}(F) \subseteqq G, \qquad F \frown \mathfrak{C}(E) \subseteqq H, \qquad G \frown H = \phi$$

を満足する補解析集合 G, H が存在する.

なお証明は第4巻「実函数論演習」で述べる.

問. L_n の閉集合の列 $\{E_k\}$ $(k=0,1,2,\cdots)$ に対して, $E=\bigcup_{k=0}^{\infty} E_k \times \{r_k\}$ と置くとき, 次の集合

$$\{x \mid \| E^{\langle x \rangle} \| < \aleph_0\}$$

は $\mathscr{B}^2$ に属することを証明せよ.

§ 12. 射影集合[1]

E を直積 $L_m \times L_n$ の部分集合とするとき,

$$x \in A \equiv (\exists y)(\langle x, y \rangle \in E)$$

によって定義される集合 A を E の L_m の上への**射影**といい, これを $P_{L_m}(E)$ または $P(E)$ で示すことにする.

射影の概念が幾何学において重要なことはいうまでもないが, ルジンは解析集合をボレル集合の射影として与えられることを指摘して, 射影の概念が解析学においても重要であることを強調している.

E を L_n に含まれる解析集合とするとき, L_n の閉集合から作られるススリン系 $\{E_{n_0 n_1 \cdots n_k}\}$ $(k, n_k = 0, 1, 2, \cdots)$ を求めて, その核が E であるようにできる. このとき

$$(12.1) \qquad G = \bigcap_{k=0}^{\infty} \bigcup_{\langle n_0 n_1 \cdots n_k \rangle} E_{n_0 n_1 \cdots n_k} \times B_{n_0 n_1 \cdots n_k}$$

を考えよう. $\langle n_0 n_1 \cdots n_k \rangle \neq \langle m_0 m_1 \cdots m_k \rangle$ のとき

$$B_{n_0 n_1 \cdots n_k} \frown B_{m_0 m_1 \cdots m_k} = \phi$$

---

1) この節の所論は §13〜19 の所論にほとんど関係しない. 従ってこの節は最後に読むこともできる.

であるから

$$(12.2) \quad \mathfrak{C}\Bigl(\bigcup_{\langle n_0 n_1\cdots n_k\rangle} E_{n_0 n_1\cdots n_k}\times B_{n_0 n_1\cdots n_k}\Bigr)=\bigcup_{\langle n_0 n_1\cdots n_k\rangle}\mathfrak{C}(E_{n_0 n_1\cdots n_k})\times B_{n_0 n_1\cdots n_k}$$

である．また $\mathfrak{C}(E_{n_0 n_1\cdots n_k})\times B_{n_0 n_1\cdots n_k}$ は $L_n\times B$ における開集合である．従って (12.2) もまた開集合である． ゆえに $\bigcup_{\langle n_0 n_1\cdots n_k\rangle} E_{n_0 n_1\cdots n_k}\times B_{n_0 n_1\cdots n_k}$ は $L_n\times B$ における閉集合である．従って G もまた $L_n\times B$ における閉集合である．

ところで

$$P(G)=E$$

が得られる．実際 E の要素 x に対して $x\in E_\nu$, $\nu=[n_0, n_1, n_2, \cdots]$ であれば

$$\langle x, \nu\rangle\in E_{n_0 n_1\cdots n_k}\times B_{n_0 n_1\cdots n_k}$$

であるから，$\langle x, \nu\rangle\in G$ である． よって $x\in P(G)$ が得られる． ゆえに $E\subseteqq P(G)$ である．

次に $x\in P(G)$ であれば，$\langle x, \nu\rangle\in G$ を満足する B の要素 $\nu=[n_0, n_1, n_2, \cdots]$ が存在する． このとき $\langle x, \nu\rangle\in E_{n_0 n_1\cdots n_k}\times B_{n_0 n_1\cdots n_k}$ $(k=0, 1, 2, \cdots)$ が得られる．ゆえに $x\in E_{n_0 n_1\cdots n_k}$ $(k=0, 1, 2, \cdots)$ である．よって $x\in E_\nu$ が得られ，$x\in E$ であることがわかる．ゆえに $P(G)\subseteqq E$ が得られる．

従って $P(G)=E$ である．ところで一般に次の補題が成立する．

補題 12.1. $L_n\times B$ の任意の閉集合 E に対して， $P(E)$ は L_n の解析集合である．

証明. ベールの区間 $B_{n_0 n_1\cdots n_k}$ に対して

$$E_{n_0 n_1\cdots n_k}=\overline{P(E\frown(L_n\times B_{n_0 n_1\cdots n_k}))}$$

と置くとき

$$(12.3) \qquad E=\bigcap_{k=0}^{\infty}\bigcup_{\langle n_0 n_1\cdots n_k\rangle} E_{n_0 n_1\cdots n_k}\times B_{n_0 n_1\cdots n_k}$$

が得られる．実際 $\langle x, \nu\rangle\in E$, $\nu=[n_0, n_1, n_2, \cdots]$ のとき

$$\langle x, \nu\rangle\in E\frown(L_n\times B_{n_0 n_1\cdots n_k})$$

であるから，$x\in E_{n_0 n_1\cdots n_k}$ $(k=0, 1, 2, \cdots)$ である．従って

$$\langle x, \nu\rangle\in\bigcup_{\langle n_0 n_1\cdots n_k\rangle} E_{n_0 n_1\cdots n_k}\times B_{n_0 n_1\cdots n_k}$$

が得られ，$\langle x,\nu\rangle$ が (12.3) の右辺に属していることがわかる．従って (12.3) の右辺は E を含む．

次に $\langle x,\nu\rangle$ を (12.3) の右辺の要素とすれば

$$x\in E_{n_0n_1\cdots n_k} \qquad (k=0,1,2,\cdots)$$

である．従って任意の正数 ε に対して

$$U(x,\varepsilon)\frown P(E\frown(L_n\times B_{n_0n_1\cdots n_k}))\neq\phi$$

である．ゆえに

$$(12.4)\qquad (U(x,\varepsilon)\times B_{n_0n_1\cdots n_k})\frown E\neq\phi$$

である．ところで $\lim_{k\to\infty}\delta(B_{n_0n_1\cdots n_k})=0$ であるから，自然数 k を十分大にとって，$\delta(B_{n_0n_1\cdots n_k})<\varepsilon$ が成立するようにすれば

$$(12.5)\qquad U(\langle x,\nu\rangle,2\varepsilon)\supseteqq U(x,\varepsilon)\times B_{n_0n_1\cdots n_k}$$

である．実際 $y\in U(x,\varepsilon)$，$\mu\in B_{n_0n_1\cdots n_k}$ のとき

$$\begin{aligned}\mathrm{dis}(\langle x,\nu\rangle,\langle y,\mu\rangle)&\leqq\mathrm{dis}(\langle x,\nu\rangle,\langle y,\nu\rangle)\\&\quad+\mathrm{dis}(\langle y,\nu\rangle,\langle y,\mu\rangle)=\mathrm{dis}(x,y)+\mathrm{dis}(\nu,\mu)<2\varepsilon\end{aligned}$$

であるから，(12.5) が得られる．ゆえに (12.4) から

$$U(\langle x,\nu\rangle,2\varepsilon)\frown E\neq\phi$$

である．また E は $L_n\times B$ の閉集合であるから，$\langle x,\nu\rangle\in E$ である．従って (12.3) の右辺は E に含まれる．

よって (12.3) が成立する．

ところで，前ページで証明したように，(12.3) の右辺の L_n の上への射影は解析集合である．従って (12.3) から $P(E)$ もまた解析集合である．

今 $L_m\times L_n$ (ただし n は固定しない) に含まれるボレル集合(または解析集合)の L_m の上への射影の全体からなる集合を $\mathfrak{F}_{BP}$ (または $\mathfrak{F}_{AP}$) で示す．

定理 12.1. $\mathfrak{F}_{BP}=\mathfrak{F}_{AP}=\mathfrak{F}_A.$

証明． E を $L_m\times L$ に含まれる解析集合とするとき，$P(F)=E$ を満足する $(L_m\times L)\times B$ の閉集合 F が存在する．今

$$\begin{aligned}&E_k\equiv E\frown(L_m\times[k,k+1]),\\&F_k\equiv F\frown(L_m\times[k,k+1]\times B)\qquad (k=0,\pm1,\pm2,\cdots)\end{aligned}$$

とすれば, $E=\bigcup_{k=-\infty}^{+\infty} E_k$, $F=\bigcup_{k=-\infty}^{+\infty} F_k$ で, $E_k=P(F_k)$ であるから

$$P_{L_m}(E)=\bigcup_{k=-\infty}^{+\infty} P_{L_m}(E_k)=\bigcup_{k=-\infty}^{+\infty} P_{L_m}P(F_k)$$

である. 従って $P_{L_m}(E)\in\mathcal{F}_A$ を証明するには

(12.6) $$P_{L_m}P(F_k)\in\mathcal{F}_A$$

を証明すれば十分である. また $k=0$ の場合に (12.6) を証明すれば, 他の場合は同様に証明される.

閉区間 $[0,1]$ に含まれる有理数の全体を並べて, 有理数列 $\{r_k\}$ $(k=0,1,2,\cdots)$ を作るとき

$$[0,1]=B\cup\bigcup_{k=0}^{\infty}\{r_k\}$$

である. また

$$G=F_0\cap(L_m\times B\times B),$$
$$H_k=F_0\cap(L_m\times\{r_k\}\times B) \qquad (k=0,1,2,\cdots)$$

と置けば

$$F_0=G\cup\bigcup_{k=0}^{\infty}H_k$$

であって, $P(H_k)$ は解析集合である. しかも

$$P(H_k)=H_k^*\times\{r_k\}, \qquad P_{L_m}P(H_k)=H_k^*$$

を満足する解析集合 H_k^* $(k=0,1,2,\cdots)$ が存在する. 従って

(12.7) $$P_{L_m}P(F_0)=P_{L_m}P(G)\cup\bigcup_{k=0}^{\infty}H_k^*$$

である. そこで $P_{L_m}P(G)$ を考える. 定義によって $G\subseteq L_m\times B^2$ である. 今

$$f(\mu,\nu)=\lambda,$$

ただし $\mu=[m_0,m_1,m_2,\cdots]$, $\nu=[n_0,n_1,n_2,\cdots]$, $\lambda=[l_0,l_1,l_2,\cdots]$ と置くとき, $l_{2k}=m_k$, $l_{2k+1}=n_k$

に対して, 一意写像

$$T:\quad x'=x,\quad \nu'=f(\nu_0,\nu_1)$$

を定義する. f は一対一写像で, その値域は B であるから, T は $L_m\times B^2$ を

$L_m \times B$ に写す一対一写像である．ところで $T(G)$ は $L_m \times B$ における閉集合である．実際 $\langle x', \nu' \rangle$ を $T(G)$ に属しない $L_m \times B$ の要素とすれば，T に関するその原像 $T^{-1}(\langle x', \nu' \rangle) = \langle x, \nu_0, \nu_1 \rangle$ は G に属しない．従って，x の近傍 $U(x, \varepsilon)$，ν_0, ν_1 の近傍 $B_{m_0 m_1 \cdots m_k}$，$B_{n_0 n_1 \cdots n_k}$ を求めて

$$(U(x, \varepsilon) \times B_{m_0 m_1 \cdots m_k} \times B_{n_0 n_1 \cdots n_k}) \frown G = \phi$$

が成立するようにできる．ところで

$$T(U(x, \varepsilon) \times B_{m_0 m_1 \cdots m_k} \times B_{n_0 n_1 \cdots n_k}) = U(x, \varepsilon) \times B_{m_0 n_0 m_1 n_1 \cdots m_k n_k}$$

であるから

$$(U(x, \varepsilon) \times B_{m_0 n_0 m_1 n_1 \cdots m_k n_k}) \frown T(G) = \phi$$

である．ここで $\langle x', \nu' \rangle \in U(x, \varepsilon) \times B_{m_0 n_0 m_1 n_1 \cdots m_k n_k}$ であるから，$T(G)$ は $L_m \times B$ の閉集合である．しかも

$$P_{L_m} P(G) = P_{L_m}(T(G))$$

である．ゆえに $P_{L_m} P(G)$ は補題 12.1 によって解析集合である．

従って (12.7) より $P_{L_m} P(F_0)$ は解析集合である．

よって $P_{L_m}(E) \in \mathscr{F}_A$ である．

このことから $\mathscr{F}_{AP} \subseteqq \mathscr{F}_A$ が得られる．

他方で，$E \in \mathscr{F}_A$ のとき，$E \times \{0\}$ は $L_m \times L$ の解析集合で，$P_{L_m}(E \times \{0\}) = E$ である．ゆえに $E \in \mathscr{F}_{AP}$ である．よって $\mathscr{F}_A \subseteqq \mathscr{F}_{AP}$ である．

従って，すでに得られた結果と合わせて $\mathscr{F}_{AP} = \mathscr{F}_A$ である．

また $\mathscr{F}_B \subseteqq \mathscr{F}_A$ であるから $\mathscr{F}_{BP} \subseteqq \mathscr{F}_A$ である．

他方で，E を L_m に含まれる解析集合とするとき，$L_m \times B$ における閉集合 G を求めて，$P(G) = E$ であるようにできる．ところで $G = (L_m \times B) \frown F$ を満足する閉集合 F が存在する．従って G はボレル集合である．よって $E \in \mathscr{F}_{BP}$ である．ゆえに $\mathscr{F}_A \subseteqq \mathscr{F}_{BP}$ である．

よって $\mathscr{F}_{BP} = \mathscr{F}_A$ が得られる．

系． $$(\mathscr{B}_1)_P = \mathscr{F}_A.$$

注意． $(\mathscr{B}_1)_P$ は，$L_m \times L_n$ $(n = 1, 2, \cdots)$ に含まれる $\mathscr{B}_1$ の集合の L_m の上への射影の全体からなる集合を示す．

証明. 定理12.1によって $(\mathscr{B}_1)_P \subseteqq \mathscr{F}_A$ である．また L_m に含まれる解析集合 E に対して，$P(G)=E$ を満足する $L_m \times B$ の閉集合 G が存在する．ところで G は $L_m \times L$ に含まれる $\mathscr{B}_1$ の集合である．よって $E \in (\mathscr{B}_1)_P$ が得られ，$\mathscr{F}_A \subseteqq (\mathscr{B}_1)_P$ である．ゆえに $(\mathscr{B}_1)_P = \mathscr{F}_A$ である．

そこでボレル集合に

$$P \text{ (射影)}, \qquad \mathfrak{C} \text{ (補算法)}$$

を繰り返して施して集合を作ることができる．これらの集合が**射影集合**で，次のように分類されている．

ボレル集合の射影を $\boldsymbol{P}_1$ **集合**，その補集合を $\boldsymbol{C}_1$ **集合**という．そして C_n 集合の射影を $\boldsymbol{P}_{n+1}$ **集合**，その補集合を $\boldsymbol{C}_{n+1}$ **集合**という．また P_n 集合が同時に C_n 集合であるとき，これを $\boldsymbol{B}_n$ **集合**という．

従って P_1 集合は解析集合，C_1 集合は解析集合の補集合，すなわち補解析集合で，定理 10.4 によって B_1 集合はボレル集合である．

すでに述べたように提言Bによれば，精確に定義される集合はボレル集合であるが，ルジンは解析集合の具現性を強調して

提言A. 指名可能な集合は解析集合である

と述べ，補算法 $\mathfrak{C}$ によって初めて定義される補解析集合の存在論的難点を指摘している．ここで“指名可能”(nommable)ということは，ルベグによれば，ある対象を特性づける名称あるいは性質を与えることができることであって，ルジンはルベグとともに，指名によって個別化される対象のみが数学の対象であると考えている．そしてこの提言Aは解析集合が精確に定義される集合であるところのボレル集合の射影として与えられることに立脚している．しかしルジンによれば，補算法 $\mathfrak{C}$ は積極的に対象を規定する手段を伴わないもので，与えられた集合 E から補算法 $\mathfrak{C}$ によって得られる対象は単なる“全体”にすぎないと考えている．この見解に従えば，解析集合でないような補解析集合は単なる点の全体で，もはや集合ではないのである．しかしルベグはこの見解を取らないで，射影集合の指名可能性を積極的に承認している．これを提言として把握するとき，次の

提言 P. 指名可能な集合は射影集合である

が得られる.

ところで，このような射影集合については単層化の問題が重要である．すでに述べたように，選択の公理 [C. 3] によれば，集合Eが，条件

(12. 8) $$E\neq\phi,$$

(12. 9) $$x\in E\to\neg x\neq\phi$$

を満足するとき，E で定義された一意写像 f で

(12. 10) $$x\in E\to f(x)\in x$$

を満足するものが存在する．そしてfはEの上の選択写像といわれている．ところでこのような選択写像fが具現的に与えられるとき，これを定めることを**具現的選択**という．例えば E が L に含まれる空でない，有界閉集合からなる集合で，E 自身がまた空でなければ，$f(x)=\sup_{x\in E}x$ は E の上の選択写像である．従って，E が具現的に与えられるとき，E に関する具現的選択が可能となる．しかし E の要素が閉集合でない場合，例えば L に含まれる $\mathcal{F}_\sigma$ の要素である場合，集合論 ZF で選択写像の存在を証明することができない.

注意. 実数 x に対して，$E_x\equiv\{x+r|r\in R\}$ と置くとき，集合 $\{E_x|x\in L\}$ に対して選択写像の存在しないような集合論 ZF の模型の存在することがコーヘンの方法(p. 119 参照)によって証明される.

そこでこの問題を少し弱くした次の問題——これを**単層化の問題**という——が考えられている．すなわち E を $L_n\times L$ に含まれる空でない集合とするとき，$D=P(E)$ (E の L_n の上への射影) で定義された一価函数 f が，条件

(12. 11) $$x\in D\to f(x)\in E^{\langle x\rangle}$$

を満足するものを E の**単層函数**といい，集合 $U=\mathfrak{M}(f(x)=y)$ を E の**単層集合**という．そしてEの単層函数または単層集合を求める問題が**単層化の問題**である．これについて次の定理が証明される.

定理 12.2. Eを $L_n\times L$ に含まれる C_1 集合とするとき，E の単層集合 U で，C_1 集合であるものが存在する.

これは C_1 集合，P_2 集合に関する基本定理で，これから多くの定理，例えば

次の定理が得られる.

定理 12.3. E, F を L_n に含まれる,互いに素な C_2 集合とするとき

$$E \subseteq G, \qquad F \subseteq H, \qquad G \frown H = \phi$$

を満足する B_2 集合 G, H が存在する.

ところで単層化の問題は C_k 集合,P_{k+1} 集合,B_{k+1} 集合 $(k=2, 3, \cdots)$ に対しては非常に困難である.

注意. 射影集合を単層集合にもたないような C_2 集合の存在する集合論 ZF* の模型の存在することがレビによって報ぜられている.

従って選択の公理 [C. 3] に関連して,射影集合を考察した場合,P_2 集合と P_k 集合 $(k=3, 4, \cdots)$ との間に大きな断層のあることがわかる.従って補算法 $\mathfrak{C}$ に関するルジンの思想を補修して,P_2 集合でないような C_2 集合は単なる点の全体で,もはや集合でないと考えることができる.この見解に立つとき,

提言 C. 指名可能な集合は P_2 集合である

が主張されてくるが,これもまた多くの成果によって立証されている.

ここで補算法 $\mathfrak{C}$ に関するルジンの思想,またその補修について,さらに詳しく考えてみよう.カントルの集合論Cにおける集合概念では,集合というものは要素の全体を“一団として把握したもの”である(§1参照).従って,要素のある全体 M において,その要素が極端に多様的であるとき,M を一団として把握する何らの手段もなく,もはやこれは集合を形成しないものである.このような現象はあらゆる集合の全体の中にも現われていて,集合論の逆理を生む動因にもなっている.しかしこのような現象が集合論のもっと手近かなところに現われる可能性があって,提言 A, C はこの現象が射影集合の低い段階に現われることを積極的に示唆したものである.

ところで集合における要素の多様性を極端に制限して,集合論の難問題を解決することがなされている.すでに述べたように,集合論において,選択の公理 AC や一般連続体仮説 GCH の論理的整合性の問題はきわめて重要な難問題であるが,ゲーデルはこれらの問題を解決するために,構成可能性の概念を導入して,集合の多様性を制限することを考えた.ゲーデルによれば,集合を

構成する基本的な演算は

$$\mathfrak{F}_1(x, y) \equiv \{x, y\},$$

$$\mathfrak{F}_2(x, y) \equiv \{\langle u, v\rangle | u \in v, \langle u, v\rangle \in x\},$$

$$\mathfrak{F}_3(x, y) \equiv \{u | u \in x, \neg u \in y\},$$

$$\mathfrak{F}_4(x, y) \equiv \{\langle u, v\rangle | u \in y, \langle u, v\rangle \in x\},$$

$$\mathfrak{F}_5(x, y) \equiv x \frown \mathfrak{D}(y),$$

$$\mathfrak{F}_6(x, y) \equiv x \frown y^{-1},$$

$$\mathfrak{F}_7(x, y) \equiv x \frown \{\langle u, v, w\rangle | \langle v, w, u\rangle \in y\},$$

$$\mathfrak{F}_8(x, y) \equiv x \frown \{\langle u, v, w\rangle | \langle u, w, v\rangle \in y\}$$

で[1)]，これに補助的な極限算法 $\mathfrak{W}$ を添加して，空集合 ϕ から出立して，超限的帰納法によって定義される集合が**構成可能な集合** (constructible set) である．この構成は集合論 ZF または NBG において可能であって，そこでは命題

L_0： x は構成可能である

を論理式で書くことができる．これを $L(x)$ とするとき，類 $L = \mathfrak{M}L(x)$ において，次の基本的な要素と基本的な関係

(12.12) 集合： L の要素,

(12.13) 相等関係＝： 土台となっている集合論 ZF または NBG における相等関係,

(12.14) 所属関係∈： 土台となっている集合論 ZF または NBG における所属関係

の下に展開される集合論は [A. 1]～[A. 5]，[C. 1]～[C. 3]，[D]，GCH を満足する．従って次の定理が得られる．

定理 12.4. 集合論 ZF が論理的に整合であれば，集合論 ZF＋AC＋GCH もまた論理的に整合である[2)]．

またここで L, $=$, $\in$ の組 $\langle L, =, \in\rangle$

1） $\mathfrak{F}_k(x, y)$ $(k=1, 2, \cdots, 8)$ の元の定義にはいくつかの演算記号が使われているが，ここではその使用を避けた．

2） 集合論 ZF の公理系に論理式 $F_0, F_1, \cdots, F_n$ を公理として添加して得られる集合論を $\mathrm{ZF}+F_0+F_1+\cdots+F_n$ で示す．

を集合論 ZF の**模型** $\varDelta$ という．この模型 $\varDelta$ ではあらゆる集合が構成可能である．すなわち $V=L$ が成立する．そしてこれが模型 $\varDelta$ の最も重要な性質である．そこで，これだけを抽出して，次の

[E] **(構成可能性の公理)** $V=L$

を設定する．

ところで構成可能性の公理 [E] を仮定するとき，単層化の問題が次のように完全に解決される．すなわち

定理 12.5. E を $L_n\times L$ に含まれる C_k 集合 ($k\geqq 2$) とするとき，E の単層集合 U で，二つの C_k 集合の差であるものが存在する．

定理 12.6. E を $L_n\times L$ に含まれる P_k (または B_k) 集合 ($k\geqq 2$) とするとき，E の単層集合 U で，P_k (または B_k) 集合であるものが存在する[1)]

が得られる．そして射影集合に関する主要な定理がこれから導かれる．

しかしここで問題となることは，構成可能性の公理[E]が集合論 ZF* において常に成立するかどうかである．これは非常に困難な問題であるが，1963 年にコーヘンは画期的な方法——これを**コーヘンの方法**という——を案出して，これを初め，多くの難問題を解決した．

この方法は，ゲーデルと同様に，集合論の模型を利用する．ここで再びカントルの集合論 C に帰る．集合論の宝庫はここに秘められているからである．今，集合 M と集合論 C の相等関係 $=$ と所属関係 $\in$ を取ったとき，M において展開される集合論が集合論 ZF の公理を満足するならば，M, $=$, $\in$ の組 $\langle M, =, \in\rangle$ を集合論 ZF の**模型**という．またここで M が，条件

(12.15) M の任意の要素の要素がまた M に属す

を満足するとき，$\langle M,=,\in\rangle$ を集合論 ZF の**完全模型**といい，M が，条件

$$\|M\|=\aleph_0 \tag{12.16}$$

を満足するとき，$\langle M,=,\in\rangle$ を集合論 ZF の**可付番模型**という．例えば模型 $\varDelta$ は完全模型である．またレーベンハイム，スコレムの定理から集合論 ZF の可付

1) $k=2$ の場合定理 12.6 は定理 12.2 から導かれる．従ってこの証明には構成可能性の公理 [E] は不要である．

番模型の存在がわかる．しかし集合論 ZF の可付番完全模型の存在はわかっていない．これが集合論の多くの難問題に関係するからである．しかしコーヘンは大胆に，次の

想定 M. 集合論 ZF の可付番完全模型が存在する

を置き，これにもとづいてこのような模型の一つ，例えば $\langle M, =, \in \rangle$ を取る．またこれが構成可能性の公理［E］を満足していると仮定しても一般性を失わない．

そこで代数学の未知数に相当する未知集合 a を取って，a に関して構成可能であるような集合論の全体からなる集合を作る．これを $M(a)$ とすれば，M に関する仮定から，$M \subseteqq M(a)$ が成立し，$M(a)$ もまた可付番である．代数学で，与えられた体 M_0 に未知数 a を添加して，M_0 の拡大体 $M_0(a)$ を作るが，これと類似の操作を集合論の模型 M について行なったことになっている．そこで $M(a)$ の要素の上に**強制関係**(forcing relation)を導入して，$M(a)$ が集合論 ZF の模型であるとともに，a が所要の条件を満足するようにするのである．この操作は非常にめんどうであるが，所要の目的を達成するためには，さらに想定 M を証明の全過程から排除することが必要である．しかしこれは非常にめんどうな作業で，コーヘンはこれを a laborious rewriting of the proof といっている．

ところで集合論 ZF の論理的整合性を仮定するとき，この方法によって AC, GCH は成立するが，構成可能性の公理［E］の成立しない，集合論 ZF の模型が与えられる．従って次のコーヘンの定理が得られる．

定理 12.7. 集合論 ZF が論理的に整合であれば，集合論 (ZF+AC+GCH +not $V=L$) もまた論理的に整合である．

またコーヘンは構成可能性の公理［E］に関する問題を解決するとともに

定理 12.8. 集合論 ZF が論理的に整合であれば，集合論 (ZF+not AC), 集合論 (ZF+AC+not GCH) もまた論理的に整合である

を証明した．これを定理 12.4 と合わせて考えるとき，選択の公理［C.3］と一般連続体仮説 GCH とが集合論 ZF の公理から独立であることがわかり，選択

の公理の問題，一般連続体問題も完全に解決されるにいたった．

またこれらに続く多くの研究は集合論の各種の問題の解決に寄与している．このため今日では集合論 ZF, ZF* の非常に多くの模型が作られている．例えば $f(x)$ を N で定義され，値域が N に属し，条件

$$0<f(k)<f(k+1) \qquad (k=0,1,2,\cdots)$$

を満足する一価函数とするとき，論理式

$$H_f \equiv (\forall k)(k\in N\rightarrow 2^{\aleph_k}=\aleph_{f(k)})$$

に対して，集合論 $(\mathrm{ZF}+\mathrm{AC}+H_f)$ の模型を作ることができる．そこでこのような模型の一つを $\varDelta_f$ とする．定義によって $f\neq g$ のとき，模型 $\varDelta_f, \varDelta_g$ は互いに異なる．またこのような函数 $f(x)$ の全体の集合の計数は $2^{\aleph_0}$ である．従って少なくとも $2^{\aleph_0}$ 個の集合論 ZF* の模型が存在する．そして現時の集合論研究は集合論 ZF, ZF* の特異的な模型の作成に全力がそそがれている．このため射影集合についても予期しなかったさらに多くの事実が発見される可能性が多い．

他方で集合論 ZF, ZF* にこんな現象があるにもかかわらず，今日知られている実函数論の諸定理をここで展開することができるのである．このことは集合論 ZF, ZF* が集合論として非常に充実していることを示して，本書はそのことを実証している．

また帰納主義の立場から，射影集合論の論理的精密化がクリーネによって行なわれ，非常な成功を収めている．この**階層論**では，P_n 集合，C_n 集合，B_n 集合にそれぞれ $\boldsymbol{\Sigma_n^1}$ **集合**，$\boldsymbol{\Pi_n^1}$ **集合**，$\boldsymbol{\varDelta_n^1}$ **集合**が対応している．またボレル集合に対応する**超算術的集合**が定義されている．

問． $L_n\times L$ に含まれる閉集合の L_n 上への射影は $\mathscr{B}^1$ に属するボレル集合であることを証明せよ．

問　題　3

1. L_n に含まれる解析集合 A_k $(k=0,1,2,\cdots)$ が互いに素であるとき

$$A_k\subseteq B_k,$$
$$B_k\frown B_j=\phi \qquad (k\neq j)$$

を満足するボレル集合 B_k $(k=0,1,2,\cdots)$ が存在することを示せ.

2. M をベールの空間 B の部分集合とし, $\{E_{n_0n_1\cdots n_k}\}$ $(k, n_k=0,1,2,\cdots)$ を L_n の閉集合からなるススリン系とするとき

$$\Phi_M(\{E_{n_0n_1\cdots n_k}\})=\bigcup_{\nu\in M}E_\nu$$

と置き, Φ_M を**ススリンの算法**という. M が L の有界閉集合であるとき, $\Phi_M(\{E_{n_0n_1\cdots n_k}\})$ もまた閉集合であることを証明せよ.

3. M をベールの空間 B の部分集合とし, $\{E_k\}$ $(k=0,1,2,\cdots)$ を集合 $\mathcal{H}$ の要素からなる集合列とするとき

$$\Psi_M(\{E_k\})=\bigcup_{\nu\in M}E_\nu,$$

$$\text{ただし}\quad E_\nu=\bigcap_{k=0}^{\infty}E_{n_k},\qquad \nu=[n_0,n_1,n_2,\cdots]$$

と置き, Ψ_M をハウスドルフの算法という. また

$$\mathcal{H}_{\Psi_M}\equiv\{\Psi_M(\{E_k\})|E_k\in\mathcal{H}\ (k=0,1,2,\cdots)\}$$

と置く. $\mathcal{H}_A=\mathcal{H}_{\Psi_M}$ があらゆる $\mathcal{H}$ に対して成立するように集合 M を定めよ.

4. L_n の閉集合からなるススリン系 $\{E_{n_0n_1\cdots n_k}\}$ $(k, n_k=0,1,2,\ \cdots)$ に対して, $\{\nu|E_\nu\neq\phi\}$ はまた解析集合であることを示せ.

第4章　集合の基本的性質

§ 13. 集合の完全部分とベールの性質

L_n の部分集合に関する基本的性質は

(13.1)　集合の完全部分，すなわち完全部分集合の存在，

(13.2)　集合のベールの性質，

(13.3)　集合の可測性

についてである．そこでこれらの性質をこの章で論ずることにする．

E を L_n の部分集合とするとき，任意の正数 ε に対して

$$\|U(x,\varepsilon)\frown E\|>\aleph_0$$

を満足する L_n の点 x を E の**凝集点**という．

補題 13.1. L_n の部分集合 E の計数が $\aleph_0$ より大であるならば，E の少なくとも2点は E の凝集点である．

証明. E の各点が E の凝集点でなければ，E の各点 x に対して，x を含む有理開区間 I_x を求めて

$$\|I_x\frown E\|\leqq\aleph_0 \tag{13.4}$$

が成立するようにできる．実際 $\|U(x,\varepsilon)\frown E\|\leqq\aleph_0$ を満足する x の近傍 $U(x,\varepsilon)$ を定め，$x\in I$，$I\subseteqq U(x,\varepsilon)$ を満足する有理開区間 I を取れば，これは (13.4) を満足する．

ところで L_n の有理開区間の全体の集合は可付番であるから，L_n の有理開区間を並べて，無限列 $\{I_k\}$ $(k=0,1,2,\cdots)$ を作ることができる．そこで

$$A(k)\equiv(\exists x)(I_k=I_x\frown\|I_x\frown E\|\leqq\aleph_0)$$

と置けば，$\mathfrak{M}A$ は可付番である．ところで，

$$E=\bigcup_{x\in E}I_x\frown E=\bigcup_{k\in\mathfrak{M}A}(I_k\frown E)$$

であって $\|I_k\frown E\|\leqq\aleph_0$ であるから，定理 4.10 によって $\|E\|\leqq\aleph_0$ である．これは仮定に矛盾する．

従って E の少なくとも1点は E の凝集点である．

そこで，u を E に属する，E の凝集点の一つとするとき，$\|E\frown\mathfrak{C}(\{u\})\|>\aleph_0$ であるから，$E\frown\mathfrak{C}(\{u\})$ の凝集点で，$E\frown(\mathfrak{C}\{u\})$ に属するものが存在する．その一つを v とすれば，u, v は E の異なる2点で，ともに E の凝集点である．

定理 13.1. L_n に含まれる解析集合 E に対して，$\|E\|>\aleph_0$ であれば，E は完全集合を含む．

証明. 補題10.3によって，E を核とする単調，正則なススリン系 $\{E_{n_0n_1\cdots n_k}\}$ $(k, n_k=0, 1, 2, \cdots)$ で，$E_{n_0n_1\cdots n_k}$ が有理閉区間か空集合であるものが存在する．またその証明からわかるように

$$\delta(E_{n_0n_1\cdots n_k})<\frac{1}{k+1}$$

を仮定することができる．次に

$$E^{m_0m_1\cdots m_j}_{n_0n_1\cdots n_k}=E_{m_0m_1\cdots m_jn_0n_1\cdots n_k}$$

と置き，ススリン系 $\{E^{m_0m_1\cdots m_j}_{n_0n_1\cdots n_k}\}$ $(k, n_k=0, 1, 2, \cdots)$ の核を $E^{m_0m_1\cdots m_j}$ で示す．

ところで $\|E\|>\aleph_0$ であるから，補題13.1によって，E の異なる2点 u_0, u_1 で，E の凝集点であるものが存在する．そこで $\dfrac{6}{p+1}<\mathrm{dis}(u_0, u_1)$ を満足する自然数 p を取る．

定義によって $E=\bigcup_{n_0=0}^{\infty}E^{n_0}$，$E^{n_0n_1\cdots n_k}=\bigcup_{n_{k+1}=0}^{\infty}E^{n_0n_1\cdots n_kn_{k+1}}$ であるから

$$E=\bigcup_{\langle n_0n_1\cdots n_p\rangle}E^{n_0n_1\cdots n_p}$$

である．ところで $U\left(u_0, \dfrac{1}{p+1}\right)\frown E$ は非可付番無限であるから，

$$\left\|U\left(u_0, \frac{1}{p+1}\right)\frown E^{n_0n_1\cdots n_p}\right\|>\aleph_0$$

を満足する $E^{n_0n_1\cdots n_p}$ が存在する．また

$$\delta(E^{n_0n_1\cdots n_p})\leqq\delta(E_{n_0n_1\cdots n_p})<\frac{1}{p+1}$$

であるから

$$E^{n_0n_1\cdots n_p}\subseteqq U\left(u_0, \frac{2}{p+1}\right)$$

である．同様に非可付番無限の $E^{m_0m_1\cdots m_p}$ を求めて，

$$E^{m_0m_1\cdots m_p}\subseteqq U\left(u_1, \frac{2}{p+1}\right)$$

であるようにできる．そこで

$$M_0=E^{n_0n_1\cdots n_p}, \qquad M_1=E^{m_0m_1\cdots m_p}$$

と置く．このとき明らかに $M_0\frown M_1=\phi$ である．次に E から M_{i_0} $(i_0=0,1)$ を定義したと全く同様の方法によって，M_{i_0} から $M_{i_0i_1}$ $(i_1=0,1)$ を定義して

(13.5) $$M_{i_00}\smile M_{i_01}\subseteqq M_{i_0},$$

(13.6) $$M_{i_00}\frown M_{i_01}=\phi,$$

(13.7) $$\|M_{i_0i_1}\|>\aleph_0,$$

(13.8) $M_{i_0}=E^{n_0n_1\cdots n_p}$ のとき，$M_{i_0i_1}=E^{n_0n_1\cdots n_p\cdots n_q}$ を満足する $n_{p+1}, n_{p+2}, \cdots, n_q$ が存在する

が成立するようにできる．

従って，この方法を続けて，$M_{i_0i_1\cdots i_k}$ $(i_j=0,1\,;\ j=0,1,2,\cdots,k\,;\ k=0,1,2,\cdots)$ を定義し

(13.9) $$M_{i_0i_1\cdots i_k0}\smile M_{i_0i_1\cdots i_k1}\subseteqq M_{i_0i_1\cdots i_k},$$

(13.10) $$M_{i_0i_1\cdots i_k0}\frown M_{i_0i_1\cdots i_k1}=\phi,$$

(13.11) $$\|M_{i_0i_1\cdots i_k}\|>\aleph_0,$$

(13.12) $M_{i_0i_1\cdots i_k}=E^{n_0n_1\cdots n_p}$ のとき，$M_{i_0i_1\cdots i_ki_{k+1}}=E^{n_0n_1\cdots n_p\cdots n_q}$ を満足する $n_{p+1}, n_{p+2}, \cdots, n_q$ が存在する

が成立するようにできる．またここで，$M_{i_0i_1\cdots i_k}=E^{n_0n_1\cdots n_p}$ のとき，$k<p$ で $M_{i_0i_1\cdots i_k}\subseteqq E_{n_0n_1\cdots n_p}$ であるから

(13.13) $$\delta(M_{i_0i_1\cdots i_k})<\frac{1}{k+1}$$

が成立する．

そこでカントルの不連続体 C の要素

(13.14) $$\alpha=\sum_{k=0}^{\infty}\frac{2a_k}{3^{k+1}} \qquad (0\leqq a_k<2)$$

に対して

$$M_\alpha=\bigcap_{k=0}^{\infty}M_{a_0a_1\cdots a_k}$$

と置けば，これはただ一つの要素を含む．実際 (13.12) によって

$$M_{a_0a_1\cdots a_k}=E^{n_0n_1\cdots n_{l_k}}$$

を満足する B の要素 $\nu=[n_0, n_1, n_2, \cdots]$ が存在する．また $E^{n_0n_1\cdots n_{l_k}}\subseteqq E_{n_0n_1\cdots n_{l_k}}$ であって，$M_{a_0a_1\cdots a_k}\neq\phi$ であるから，E_ν はただ一つの要素を含む．これを u とすれば，$u\in E^{n_0n_1\cdots n_{l_k}}=M_{a_0a_1\cdots a_k}$ であるから，M_α もまたただ一つの要素を含む．すなわち $M_\alpha=\{u\}$ である．そこで

$$p_\alpha=u$$

と置く．

α, β を C の異なる要素とすれば，(13.10) によって $p_\alpha\neq p_\beta$ である．また

$$\beta=\sum_{k=0}^{\infty}\frac{2b_k}{3^{k+1}} \qquad (0\leqq b_k<2)$$

であるとき，$a_k=b_k$ $(k=0, 1, 2, \cdots, m)$ であれば，(13.13) によって

$$\mathrm{dis}(p_\alpha, p_\beta)<\frac{1}{m+1} \tag{13.15}$$

である．

今 p_α $(\alpha\in C)$ の全体からなる集合を P とすれば，$p_\alpha\in E$ によって $P\subseteqq E$ である．また (13.15) によって，P は自己稠密である．ところで P は閉集合，従って完全集合である．実際 u を $\bar{P}$ の一点とすれば，$U\left(u, \dfrac{1}{m+1}\right)\frown P\neq\phi$ である．そこで $U\left(u, \dfrac{1}{m+1}\right)\frown P$ の要素の一つを $p_{\alpha^{(m)}}$ とし，

$$\alpha^{(m)}=\sum_{k=0}^{\infty}\frac{2a_k^{(m)}}{3^{k+1}} \qquad (0\leqq a_k^{(m)}<2)$$

とする．無限列 $\{a_1^{(m)}\}$ $(m=0, 1, 2, \cdots)$ は 0 または 1 から作られる．そこで $a_1^{(m)}=0$ を満足する自然数 m が無限に存在すれば $a_1=0$, そうでなければ $a_1=1$ と置く．また $a_1^{(m)}=a_1$ を満足する m の集合を N_1 とする．次に無限列 $\{a_2^{(m)}\}$ $(m=0, 1, 2, \cdots)$ を考える．$a_2^{(m)}=0$, $m\in N_1$ を満足する自然数 m が無限に存在すれば $a_2=0$, そうでなければ $a_2=1$ と置く．また $a_2^{(m)}=a_2$, $m\in N_1$ を満足

する m の集合を N_2 とする．

この方法を続けるとき，N_k $(k=2, 3, \cdots)$ を利用して a_k $(k=3, 4, \cdots)$ が定義される．そこで (13.14) によって C の要素 α を定義し，p_α を考える．任意の自然数 m に対して $a_k=a_k^{(l)}$ $(k=0, 1, 2, \cdots, m)$ であれば，(13.15) によって

$$\mathrm{dis}(p_\alpha, p_{\alpha^{(l)}})<\frac{1}{m+1}$$

であって，$p_{\alpha^{(l)}}\in U\left(u, \dfrac{1}{l+1}\right)$ であるから

$$\mathrm{dis}(u, p_\alpha)\leqq \mathrm{dis}(u, p_{\alpha^{(l)}})+\mathrm{dis}(p_{\alpha^{(l)}}, p_\alpha)<\frac{1}{m+1}+\frac{1}{l+1} \tag{13.16}$$

である．また (13.16) で使われる $\alpha^{(l)}$ は無限に存在するから，(13.16) の右辺の l は無限に存在する．ゆえに

$$\mathrm{dis}(u, p_\alpha)\leqq\frac{1}{m+1}$$

が成立する．従って $u=p_\alpha$ が得られ，$u\in P$ であることがわかる．ゆえに $\bar{P}\subseteq P$ で得られる．よって P は閉集合である．

よって E は完全集合 P を含む．

系 1. L_n に含まれるボレル集合 E に対して $\|E\|>\aleph_0$ であれば，E は完全集合を含む．

系 2. L_n に含まれる無限な解析集合の計数は $\aleph_0$ または $2^{\aleph_0}$ である．

証明. L_n に含まれる完全集合の計数は $2^{\aleph_0}$ であるから，定理 13.1 によって系 2 が証明される．

ところで補解析集合の完全部分の存在については，決定不可能になる可能性が非常に多い．実際，構成可能性の公理［E］が仮定されるとき，計数 $2^{\aleph_0}$ の補解析集合で，完全集合を含まないものが存在する．他方で，集合論 ZF の模型で，L_n に含まれる計数 $2^{\aleph_0}$ の集合がいずれも完全集合を含むものが存在することが報ぜられているからである．

また集合論 ZF* においては，完全集合を含まない計数 $2^{\aleph_0}$ の集合が存在し，これを**非完全集合**という．

次に集合に関するベールの性質を考える．これは集合の位相的な拡りに関係するもので，解析学においても重要な役目を果している．

EをL_nの部分集合とするとき，条件

(13.17)　$E=\bigcup_{k=0}^{\infty} E_k,$

(13.18)　E_k $(k=0,1,2,\cdots)$ はL_nにおいて粗である

を満足する集合 E_k $(k=0,1,2,\cdots)$ が存在するならば，Eを**第1類集合**といい，このような集合 E_k $(k=0,1,2,\cdots)$ が存在しないならば，Eを**第2類集合**という．

今L_nに含まれる第1類集合の全体からなる集合を$\mathfrak{N}_T$で示すことにする．

定理 13.2.

(13.19)　$\mathfrak{N}_{T\sigma}=\mathfrak{N}_T,$

(13.20)　$E\in\mathfrak{N}_T,\ F\subseteqq E$ のとき $F\in\mathfrak{N}_T.$

証明. $E_k\in\mathfrak{N}_T$ のとき，$E_k=\bigcup_{j=0}^{\infty} E_{kj}$ を満足する粗集合 E_{kj} $(k,j=0,1,2,\cdots)$ が存在する．従って $\bigcup_{k=0}^{\infty} E_k=\bigcup_{k=0}^{\infty}\bigcup_{j=0}^{\infty} E_{kj}$ によって $\bigcup_{k=0}^{\infty} E_k\in\mathfrak{N}_T$ である．従って $\mathfrak{N}_{T\sigma}\subseteqq\mathfrak{N}_T$ が得られ，$\mathfrak{N}_{T\sigma}=\mathfrak{N}_T$ であることがわかる．

次に (13.20) は定義より明らかである．

補題 13.2. EをL_nの第1類集合とするとき，$\mathfrak{F}_\sigma$に属する第1類集合Fで，Eを含むものが存在する．

証明. 仮定によって $E=\bigcup_{k=0}^{\infty} E_k$ を満足する粗集合 E_k $(k=0,1,2,\cdots)$ が存在する．そこで $F=\bigcup_{k=0}^{\infty}\bar{E}_k$ と置けば，これは第1類集合で，$\mathfrak{F}_\sigma$に属し，Eを含む．

補題 13.3. L_nは第1類集合でない．

証明. 簡単のため $n=1$ のときを考える．L_1が第1類集合であれば，$L_1=\bigcup_{k=0}^{\infty} E_k$ を満足する粗集合 E_k $(k=0,1,2,\cdots)$ が存在する．また補題13.2によって E_k $(k=0,1,2,\cdots)$ は閉集合であると仮定してもよい．

そこで閉区間 $\bar{I}_k$ $(k=0,1,2,\cdots)$ を次のように定義する．

$\mathfrak{C}(E_0)\neq\phi$ であるから，閉区間$\bar{I}_0$を求めて，$E_0\frown\bar{I}_0=\phi$ であるようにでき

る．次に E_1 は粗集合であるから $\overline{I_0} \frown \mathfrak{C}(E_1) \neq \phi$ である．そこで閉区間 $\overline{I_1}$ を求めて，$\overline{I_0} \supseteqq \overline{I_1}$，$E_1 \frown \overline{I_1} = \phi$ であるようにできる．同様にして閉区間 $\overline{I_k}$ $(k=2, 3, \cdots)$ を定義して

(13.21) $$\overline{I_k} \supseteqq \overline{I_{k+1}},$$

(13.22) $$E_k \frown \overline{I_k} = \phi$$

が成立するようにできる．そこで $F = \bigcap_{k=0}^{\infty} I_k$ とすれば，定理 8.6 によって $F \neq \phi$ である．他方で (13.22) により $F \frown E_k = \phi$ $(k=0, 1, 2, \cdots)$ である．ゆえに

$$F = F \frown L_1 = F \frown \bigcup_{k=0}^{\infty} E_k = \bigcup_{k=0}^{\infty} (F \frown E_k) = \phi$$

より $F = \phi$ が得られる．これは矛盾である．ゆえに L_1 は第 1 類集合でない．

ところで L_n の部分集合 E に対して

(13.23) $$E \smile A = G \smile B$$

を満足する開集合 G と第 1 類集合 A, B とが存在するとき，E は(**広義の**)**ベールの性質**をもっているという．定義によって開集合はベールの性質をもっているが，閉集合もまたベールの性質をもっていることが次の定理からわかる．

定理 13.3. L_n の部分集合 E がベールの性質をもつがために必要にして十分な条件は

(13.24) $$E \smile A = F \smile B$$

を満足する閉集合 F と第 1 類集合 A, B とが存在することである．

証明. E がベールの性質をもっているとき，(13.23) を満足する開集合 G と第 1 類集合 A, B とが存在する．このとき

$$H = \bar{G} \frown \mathfrak{C}(G)$$

は粗集合であって

$$E \smile (A \smile H) = \bar{G} \smile B$$

が成立する．よって与えられた条件は必要条件である．

次に (13.24) を満足する閉集合 F と第 1 類集合 A, B が存在するとする．このとき

$$G = F \frown \mathfrak{C}(\overline{\mathfrak{C}(F)}), \qquad H = F \frown \overline{\mathfrak{C}(F)}$$

とすれば，G は開集合，H は粗集合で

$$E\smile A=F\smile B=G\smile(H\smile B)$$

であるから，E はベールの性質をもっている．よって与えられた条件は十分条件である．

今 L_n の部分集合でベールの性質をもつものの全体からなる集合を $\mathscr{B}_T$ で示す．

定理 13.4.

(13.25)　　$\mathscr{B}_{T\mathfrak{C}}=\mathscr{B}_T,$

(13.26)　　$\mathscr{B}_{T\sigma}=\mathscr{B}_{T\delta}=\mathscr{B}_T,$

(13.27)　　$\mathscr{B}_B\subseteqq\mathscr{B}_T.$

証明. $E\in\mathscr{B}_T$ のとき

$$E\smile A=G\smile B$$

を満足する開集合 G と第1類集合 A, B が存在する．このとき

$$\mathfrak{C}(E)\frown\mathfrak{C}(A)=\mathfrak{C}(E\smile A)=\mathfrak{C}(G\smile B)=\mathfrak{C}(G)\frown\mathfrak{C}(B)$$

であるから，簡単な計算によって

$$\mathfrak{C}(E)\smile(A\smile B)=\mathfrak{C}(G)\smile(A\smile B)$$

が得られる．ゆえに定理13.3によって $\mathfrak{C}(E)\in\mathscr{B}_T$ である．従って $\mathscr{B}_{T\mathfrak{C}}\subseteqq\mathscr{B}_T$ である．よって $\mathscr{B}_T=\mathscr{B}_{T\mathfrak{C}\mathfrak{C}}\subseteqq\mathscr{B}_{T\mathfrak{C}}$ より $\mathscr{B}_{T\mathfrak{C}}=\mathscr{B}_T$ が得られる．

次に $E_k\in\mathscr{B}_T$ $(k=0,1,2,\cdots)$ のとき

$$E_k\smile A_k=G_k\smile B_k$$

を満足する開集合 G_k $(k=0,1,2,\cdots)$ と第1類集合 A_k, B_k $(k=0,1,2,\cdots)$ が存在する．このとき

$$\bigcup_{k=0}^{\infty}E_k\smile\bigcup_{k=0}^{\infty}A_k=\bigcup_{k=0}^{\infty}G_k\smile\bigcup_{k=0}^{\infty}B_k$$

であるから，$\bigcup_{k=0}^{\infty}E_k\in\mathscr{B}_T$ が得られる．ゆえに $\mathscr{B}_{T\sigma}\subseteqq\mathscr{B}_T$ が成立する．従って $\mathscr{B}_{T\sigma}=\mathscr{B}_T$ である．また

$$E_k\smile A_k^*=\bar{G}_k\smile B_k\qquad(\text{ただし }A_k^*=A_k\smile(\bar{G}_k\frown\mathfrak{C}(G_k)))$$

であるから

$$\bigcap_{k=0}^{\infty} E_k \cup \bigcup_{k=0}^{\infty} A_k^* = \bigcap_{k=0}^{\infty} (E_k \cup A_k^*) \cup \bigcup_{k=0}^{\infty} A_k^*,$$

$$\bigcap_{k=0}^{\infty} \bar{G}_k \cup \bigcup_{k=0}^{\infty} B_k = \bigcap_{k=0}^{\infty} (\bar{G}_k \cup B_k) \cup \bigcup_{k=0}^{\infty} B_k,$$

$$\bigcap_{k=0}^{\infty} (E_k \cup A_k^*) = \bigcap_{k=0}^{\infty} (\bar{G}_k \cup B_k)$$

によって

$$\bigcap_{k=0}^{\infty} E_k \cup D = \bigcap_{k=0}^{\infty} \bar{G}_k \cup D \qquad (\text{ただし } D = \bigcup_{k=0}^{\infty} A_k^* \cup \bigcup_{k=0}^{\infty} B_k)$$

である．ゆえに $\bigcap_{k=0}^{\infty} E_k \in \mathscr{B}_T$ である．よって $\mathscr{B}_{T\delta} \subseteqq \mathscr{B}_T$ が得られ，$\mathscr{B}_{T\delta} = \mathscr{B}_T$ であることがわかる．

またすでに述べたように $\mathscr{F} \subseteqq \mathscr{B}_T$ であって，(13.26) によって $\mathscr{B}_{T\sigma} \subseteqq \mathscr{B}_T$，$\mathscr{B}_{T\delta} \subseteqq \mathscr{B}_T$ である．ゆえに $\mathscr{F}_B$ の定義より $\mathscr{F}_B \subseteqq \mathscr{B}_T$ が得られる．

系． $$(\mathscr{B}_B \cup \mathscr{N}_T)_\sigma = \mathscr{B}_T.$$

また E を L_n の部分集合とするとき $\mathfrak{C}(\bigcup_{G \in \mathscr{H}} G)$ (ただし $\mathscr{H} = \{G | E \cap G \in \mathscr{N}_T, G \in \mathscr{G}\}$) を E の**等類被**という．

定理 13.5． $$\mathscr{B}_{TA} = \mathscr{B}_T.$$

証明． 定理 14.6 と全く同様に証明されるので，ここでは証明を省く．

また第1類集合，第2類集合，ベールの性質を L_n の部分集合に関して相対化することができる．P を L_n に含まれる完全集合とするとき，P の部分集合 E に対して，$E = \bigcup_{k=0}^{\infty} E_k$ を満足する，P における粗集合 E_k $(k=0, 1, 2, \cdots)$ が存在するならば，E を P における**第1類集合**といい，そうでないとき，E を P における**第2類集合**という．そして L_n の部分集合 E に対して (13.23) を満足する，P に関する開集合 G と P における第1類集合 A, B が存在するとき，E は P に関して**ベールの性質**をもつという．また E を L_n の部分集合とするとき，L_n の任意の完全部分集合 P に対して，$E \cap P$ が P に関してベールの性質をもつならば，E は**狭義のベールの性質**をもつという．

また構成可能性の公理［E］を仮定するとき，ベールの性質をもたない B_2 集合が存在する．他方で集合論 ZF* においては，ベールの性質をもたない集合が存在する．しかし集合論 **ZF*** において，ベールの性質をもたない射影集合が存在するかどうかはわかっていない．

問 1. ベールの空間 B が完全集合を含むことを直接証明せよ．

問 2. L_n に含まれる補解析集合 E が完全集合を含むとき，E の少なくとも一つの成分が完全集合を含むことを証明せよ．

問 3. L_n に含まれる補解析集合 E が無限集合であるとき，その計数 $\|E\|$ は

$$\aleph_0, \qquad \aleph_1, \qquad 2^{\aleph_0}$$

の一つであることを示せ．

§ 14. 集合の測度

集合の測度は集合の量的な拡りを表わすもので，初等的な図形の長さ，面積，体積の概念を抽象的に把握したものである．また集合の測度にはジョルダン，ルベグ，ハウスドルフらの定義が知られているが，ルベグの測度が最も普遍的である．そこでルベグの測度をここで論ずる．

二つの有理閉区間 A, B に対して，A, B が内点を共有しないとき，A, B は**互いに重らない**といい，B の各点が A の内点であるとき，B は A に**完全に含まれる**という．また L_n の有理閉区間 $\overline{I_n}$ $(a_1, a_2, \cdots, a_n\ ;\ b_1, b_2, \cdots, b_n)$ に対して

$$m(\overline{I_n}(a_1, a_2, \cdots, a_n\ ;\ b_1, b_2, \cdots, b_n)) \equiv \prod_{k=1}^{n} (b_k - a_k)$$

をその**容積**という．この定義の幾何学的意味は初等的によく知られている．

補題 14.1. L_n の有理閉区間 A_k $(k=0, 1, 2, \cdots, m)$ に対して $A_0 \subseteqq \bigcup_{k=1}^{m} A_k$ であるとき

$$m(A_0) \leqq \sum_{k=1}^{m} m(A_k)$$

が成立する．

証明. 簡単のため $n=2$, $A_0 = \overline{I_2}(0, 0 ; 1, 1)$ の場合を考える．また $A_0 = \bigcup_{k=1}^{m} A_k$ であると仮定しても一般性を失わない．

今 $A_k = \overline{I_2}(a_k, b_k\ ;\ c_k, d_k)$ $(k=1, 2, \cdots, m)$ とするとき，L_2 の点 $\langle a_k, b_k \rangle$, $\langle c_k, d_k \rangle$ $(k=1, 2, \cdots, m)$ を通り，A_0 の両辺に平行な直線を引いて，A_0 を有限個の有理閉区間に分割する．これらを B_j $(j=0, 1, 2, \cdots, l)$ とすれば，明らかに

$A_0=\bigcup_{j=0}^{l} B_j$ であって

$$m(A_0)=\sum_{j=0}^{l} m(B_j)$$

である．同様に，A_k に含まれる B_j を $B_{j_p^{(k)}}$ $(p=0,1,2,\cdots,l_k)$ とすれば，$A_k=\bigcup_{p=0}^{l_k} B_{j_p^{(k)}}$ であって

$$m(A_k)=\sum_{p=0}^{l_k} m(B_{j_p^{(k)}})$$

である．しかし B_j はそれぞれ A_k $(k=1,2,\cdots,m)$ の中の少なくとも一つに含まれる．ゆえに

$$\sum_{k=1}^{m} m(A_k)=\sum_{k=1}^{m}\sum_{p=0}^{l_k} m(B_{j_p^{(k)}})\geqq\sum_{j=0}^{l} m(B_j)=m(A_0),$$

すなわち $\sum_{k=1}^{m} m(A_k)\geqq m(A_0)$ が得られる．

今 E を L_n の部分集合とするとき，有理閉区間の列 $S=\{A_k\}$ $(k=0,1,2,\cdots)$ が，条件

$$E\subseteqq\bigcup_{k=0}^{\infty} A_k$$

を満足するならば，S を E の**被覆列**という．また

$$|S|=\sum_{k=0}^{\infty} m(A_k)$$

を S の**ノルム**という[1]．

定義により $|S|>0$ であるが，これが特に有限であるとき，S は**有限**であるといい，E に対して有限の被覆列が存在するとき，E は**有限**であるという．

補題 14.2. L_n の部分集合 E が有限であるとき，次の条件を満足する実数 e^* が存在する．

(14.1) E の任意の被覆列 S に対して，$e^*\leqq|S|$ である．

(14.2) 任意の正数 ε に対して，$|S|<e^*+\varepsilon$ を満足する E の被覆列 S が存在する．

1) $\sum_{k=0}^{\infty} m(A_k)$ が発散するとき，その和は $+\infty$ であるとする．

証明. E の有限な被覆列の全体の集合を $\mathscr{H}$ とする．そして $\mathscr{H}$ の各要素 S に対して

$$F(S)=|S|$$

と置くとき，F は $\mathscr{H}$ で定義され，値域が L に含まれる一意写像である．今 F の値域を D とする．$\mathscr{H}\neq\phi$ であるから $D\neq\phi$ である．また簡単のため $[0,1]\frown D\neq\phi$ を仮定する．

任意の自然数 k に対して

$$\left[\frac{l}{2^k},\frac{l+1}{2^k}\right]\frown D\neq\phi \qquad (0\leqq l\leqq 2^k-1)$$

を満足する最小の自然数 l を a_k とするとき，有理数

$$r_k=\frac{a_k}{2^k} \qquad (k=0,1,2,\cdots)$$

によって，有理数列 $\{r_k\}$ $(k=0,1,2,\cdots)$ を作る．定義によって

$$0\leqq r_{k+1}-r_k\leqq\frac{1}{2^k}$$

であるから，これは収束する．そこで $\lim_{n\to\infty}r_n=e^*$ とする．D の任意の要素 d に対して，$r_k\leqq d$ であるから，(14.1) が得られる．また任意の正数 ε に対して，$d<e^*+\varepsilon$ を満足する D の要素 d の存在することも明らかである．ゆえに (14.2) が成立する．

そこで補題 14.2 によって与えられる実数 e^* を E の**外測度**といい，これを $\mu^*(E)$ で示す．すなわち

$$\mu^*(E)\equiv e^*$$

と置く．また E が有限でないとき，$+\infty$ を E の**外測度**といい，

$$\mu^*(E)\equiv+\infty$$

と置く．

注意. E の外測度 $\mu^*(E)$ は E の被覆列のノルムの集合の下端であるということができる（下端の定義については §15 参照）．

定理 14.1.

(14.3) $\qquad E\subseteqq F$ のとき $\mu^*(E)\leqq\mu^*(F)$,

(14.4)
$$\mu^*\left(\bigcup_{k=0}^{\infty} E_k\right) \leqq \sum_{k=0}^{\infty} \mu^*(E_k),$$

(14.5)　I を有理開区間とするとき，$\mu^*(I)=\mu^*(\bar{I})=m(\bar{I})$ である．

証明． $E \subseteqq F$ のとき，F の被覆系はまた E の被覆系であるから，(14.3) は定義より明らかである．

次に E_k の被覆列 $S_k=\{A_{kj}\}$ $(j=0, 1, 2, \cdots)$ に対して

$$B_l = A_{kj}, \qquad \text{ただし} \quad l=\varphi(k, j)$$

と置けば

$$\bigcup_{k=0}^{\infty} E_k \subseteqq \bigcup_{k=0}^{\infty} \bigcup_{j=0}^{\infty} A_{kj} = \bigcup_{l=0}^{\infty} B_l$$

であるから，$S=\{B_l\}$ $(l=0, 1, 2, \cdots)$ は $\bigcup_{k=0}^{\infty} E_k$ の被覆列である．また

$$|S| = \sum_{l=0}^{\infty} m(B_l) = \sum_{k=0}^{\infty} |S_k|$$

であるから，(14.4) が得られる．

次に，簡単のため $I=I_n(0, 0, \cdots, 0 ; 1, 1, \cdots, 1)$ とする．任意の正数 ε に対して，$\dfrac{1}{p+1}<\varepsilon$ を満足する自然数 p を取り

$$A_k \equiv \overline{I} \qquad k=0 \text{ のとき},$$
$$\equiv \overline{I_n}\left(0, 0, \cdots, 0 ; 1, 1, \cdots, 1, \frac{1}{2^k} \frac{1}{p+1}\right) \qquad k>0 \text{ のとき}$$

と置けば，$S=\{A_k\}$ $(k=0, 1, 2, \cdots)$ は $\overline{I}$ の被覆列であって，

$$m(A_k) \equiv 1 \qquad k=0 \text{ のとき},$$
$$\equiv \frac{1}{2^k} \frac{1}{p+1} \qquad k>0 \text{ のとき}$$

であるから

$$|S| = 1 + \sum_{k=1}^{\infty} \frac{1}{2^k} \frac{1}{p+1} = 1 + \frac{1}{p+1} < 1+\varepsilon$$

である．ゆえに $\mu^*(\bar{I}) \leqq 1$ が得られる．

他方で $\overline{I}$ の任意の被覆列 $S=\{A_k\}$ $(k=0, 1, 2, \cdots)$ を取るとき，任意の正数 ε に対して

(14.6) $$A_k \subseteqq B_k,$$

(14.7) $$m(\bar{B}_k) - m(A_k) < \frac{1}{2^{k+1}} \frac{1}{p+1}$$

ただし p は $\dfrac{1}{p+1} < \varepsilon$ を満足する自然数

を満足する有理開区間 B_k $(k=0, 1, 2, \cdots)$ を取る．このとき定理 8.5 によって，$\bar{I} \subseteqq \bigcup_{k=0}^{m} B_k$ を満足する自然数 m が存在する．また補題 14.1 によって

$$\sum_{k=0}^{m} m(\bar{B}_k) \geqq m(\bar{I}) = 1$$

である．ゆえに (14.7) によって

$$\begin{aligned} |S| = \sum_{k=0}^{\infty} m(A_k) &> \sum_{k=0}^{m} m(A_k) \\ &> \sum_{k=0}^{m} \left(m(\bar{B}_k) - \frac{1}{2^{k+1}} \frac{1}{p+1} \right) \\ &> 1 - \frac{1}{p+1} > 1 - \varepsilon, \end{aligned}$$

すなわち $|S| > 1-\varepsilon$ である．ゆえに $\mu^*(\bar{I}) \geqq 1$ が得られる．

よって $\mu^*(\bar{I}) = 1$ である．

次に $\bar{I} \supseteqq I$ であるから，(14.3) によって $1 = \mu^*(\bar{I}) \geqq \mu^*(I)$ である．ゆえに $\mu^*(I) \leqq 1$ である．

他方で，任意の正数 ε に対して，$I \supseteqq \bar{I}_\varepsilon$ で，$m(\bar{I}_\varepsilon) > 1-\varepsilon$ である有理閉区間 $\bar{I}_\varepsilon$ が存在する．このとき $\mu^*(I) \geqq \mu^*(\bar{I}_\varepsilon) > 1-\varepsilon$ より，$\mu^*(I) > 1-\varepsilon$ が得られる．ゆえに $1-\varepsilon < \mu^*(I) \leqq 1$ である．よって $\mu^*(I) = 1$ が成立する．

今 L_n に含まれる開集合の外測度を考える．

補題 14.3. L_n に含まれる開集合 E が互いに重ならない有理閉区間 A_k $(k=0, 1, 2, \cdots)$ の和であれば，すなわち $E = \bigcup_{k=0}^{\infty} A_k$ であれば

(14.8) $$\mu^*(E) = \sum_{k=0}^{\infty} m(A_k)$$

である．

証明. 定義によって $\mu^*(E) \leqq \sum_{k=0}^{\infty} m(A_k)$ である．

次に E の任意の被覆列 $S = \{B_k\}$ $(k=0, 1, 2, \cdots)$ と任意の正数 ε と A_k $(k=$

0, 1, 2, …) を取る．B_k に対して有理開区間 C_k ($k=0, 1, 2, \cdots$) を求めて

$$B_k \subseteqq C_k, \qquad m(\bar{C}_k) \leqq m(B_k) + \frac{\varepsilon}{2^{k+1}}$$

が成立するようにする．$E \subseteqq \bigcup_{k=0}^{\infty} C_k$ であるから，$\bigcup_{k=0}^{p} A_k \subseteqq E$ によって，$\bigcup_{k=0}^{p} A_k \subseteqq \bigcup_{k=0}^{\infty} C_k$ である．ゆえに定理 8.5 によって，$\bigcup_{k=0}^{p} A_k \subseteqq \bigcup_{k=0}^{q} C_k$ を満足する自然数 q が存在する．このとき補題 14.1 によって

$$\sum_{k=0}^{p} m(A_k) \leqq \sum_{k=0}^{q} m(\overline{C}_k) \leqq \sum_{k=0}^{q} \left(m(B_k) + \frac{\varepsilon}{2^{k+1}} \right)$$

$$\leqq \sum_{k=0}^{\infty} m(B_k) + \varepsilon = |S| + \varepsilon$$

である．ゆえに $\sum_{k=0}^{p} m(A_k) \leqq |S|$ である．従って $\sum_{k=0}^{p} m(A_k) \leqq \mu^*(E)$ が得られる．よって $\sum_{k=0}^{\infty} m(A_k) \leqq \mu^*(E)$ である．ゆえに，すでに得られた結果と合わせて，$\mu^*(E) = \sum_{k=0}^{\infty} m(A_k)$ である．

補題 14.4. L_n に含まれる開集合 E, F に対して

$$\mu^*(E \smile F) + \mu^*(E \frown F) = \mu^*(E) + \mu^*(F)$$

である．

証明. 簡単のために $n=2$ の場合を考える．今

$$Q_{l_1 l_2}^{(m)} = \overline{I}_2\left(\frac{l_1}{2^m}, \frac{l_2}{2^m} ; \frac{l_1+1}{2^m}, \frac{l_2+1}{2^m} \right)$$

$$(m=0, 1, 2, \cdots ; \ l_1, l_2 = 0, \pm 1, \pm 2, \cdots)$$

を取る．次に E に含まれる $Q_{l_1 l_2}^{(m)}$ の全体を並べて，無限列を作り，重複しているものがないようにする．今これを $\{A_k\}$ ($k=0, 1, 2, \cdots$) とすれば，$\bigcup_{k=0}^{\infty} A_k = E$ である．実際，定義によって $\bigcup_{k=0}^{\infty} A_k \subseteqq E$ である．

また x を E の一点とすれば，E は開集合であるから，$x \in Q \subseteqq E$ を満足する有理開区間 Q が存在する．そこで $x \in Q_{l_1 l_2}^{(m)} \subseteqq Q$ を満足する $Q_{l_1 l_2}^{(m)}$ を取れば，$x \in Q_{l_1 l_2}^{(m)} \subseteqq E$ であるから，$x \in \bigcup_{k=0}^{\infty} A_k$ が得られ，$E \subseteqq \bigcup_{k=0}^{\infty} A_k$ であることがわかる．従って $E = \bigcup_{k=0}^{\infty} A_k$ である．

ところで A_k $(k=0,1,2,\cdots)$ は互いに重らないか，または一方が他方に含まれる．従って A_k $(k=0,1,2,\cdots)$ の中で，他のものに含まれないものだけを取って列を作る．これを再び $\{A_k\}$ $(k=0,1,2,\cdots)$ とすれば，E は互いに重らない A_k $(k=0,1,2,\cdots)$ の和として表わされる．

同様に，F は互いに重らない有理閉区間 B_j $(j=0,1,2,\cdots)$ の和として表わされる[1)]．

ところで A_k, B_k $(k=0,1,2,\cdots)$ については，次の五つの場合

(14.9)　$A_k=B_j$ を満足する B_j（または A_k）が存在する

(14.10)　A_k は B_j $(j=0,1,2,\cdots)$ のすべてと重らない

(14.11)　B_j は A_k $(k=0,1,2,\cdots)$ のすべてと重らない

(14.12)　$B_j \subseteqq A_k$ を満足する B_j（または A_k）が存在する

(14.13)　$A_k \subseteqq B_j$ を満足する B_j（または A_k）が存在する

が可能である．

そこで，A_k $(k=0,1,2,\cdots)$ の中で，(14.9) に属する A_k を $A_p^{(0)}$ $(p=0,1,2,\cdots)$，(14.10) に属する A_k を $A_p^{(1)}$ $(p=0,1,2,\cdots)$，(14.12) に属する A_k を $A_p^{(2)}$ $(p=0,1,2,\cdots)$，(14.13) に属する A_k を $A_p^{(3)}$ $(p=0,1,2,\cdots)$ とする．

同様に B_k $(k=0,1,2,\cdots)$ を，条件 (14.9), (14.11), (14.13), (14.12) に対応して，$B_q^{(0)}$，$B_q^{(1)}$，$B_q^{(2)}$，$B_q^{(3)}$ $(q=0,1,2,\cdots)$ に区分する．

このとき

$$E \smile F=\bigcup_{p=0}^{\infty} A_p^{(0)} \smile \bigcup_{p=0}^{\infty} A_p^{(1)} \smile \bigcup_{q=0}^{\infty} B_q^{(1)} \smile \bigcup_{p=0}^{\infty} A_p^{(2)} \smile \bigcup_{q=0}^{\infty} B_q^{(2)},$$

$$E \frown F=\bigcup_{q=0}^{\infty} B_q^{(0)} \smile \bigcup_{p=0}^{\infty} A_p^{(3)} \smile \bigcup_{q=0}^{\infty} B_q^{(3)}$$

が得られる[2)]．ゆえに補題 14.3 によって

1）ここで定義される A_k または B_j の個数が有限個である場合もある．しかしこの場合も，無限個である場合と同様に取り扱うことができるので，ここでは略す．

2）A_k, B_j と同様に $A_p^{(j)}, B_q^{(j)}$ の個数が有限個である場合を略す．

$$(14.14)\quad \mu^*(E\smile F)=\sum_{p=0}^{\infty}m(A_p^{(0)})+\sum_{p=0}^{\infty}m(A_p^{(1)})+\sum_{q=0}^{\infty}m(B_q^{(1)})+\sum_{p=0}^{\infty}m(A_p^{(2)})+\sum_{q=0}^{\infty}m(B_q^{(2)}),$$

$$(14.15)\quad \mu^*(E\frown F)=\sum_{q=0}^{\infty}m(B_q^{(0)})+\sum_{p=0}^{\infty}m(A_p^{(3)})+\sum_{q=0}^{\infty}m(B_q^{(3)})$$

である．他方で

$$(14.16)\quad \mu^*(E)=\sum_{p=0}^{\infty}m(A_p^{(0)})+\sum_{p=0}^{\infty}m(A_p^{(1)})+\sum_{p=0}^{\infty}m(A_p^{(2)})+\sum_{p=0}^{\infty}m(A_p^{(3)}),$$

$$(14.17)\quad \mu^*(F)=\sum_{q=0}^{\infty}m(B_q^{(0)})+\sum_{q=0}^{\infty}m(B_q^{(1)})+\sum_{q=0}^{\infty}m(B_q^{(2)})+\sum_{q=0}^{\infty}m(B_q^{(3)})$$

であるから，(14.14)～(14.17) によって $\mu^*(E\smile F)+\mu^*(E\frown F)=\mu^*(E)+\mu^*(F)$ が得られる．

補題 14.5. E, F を L_n の部分集合とするとき

$$(14.18)\qquad \mu^*(E\smile F)+\mu^*(E\frown F)\leqq\mu^*(E)+\mu^*(F)$$

である．

証明. 任意の正数 ε に対して，E の被覆列 $\{A_k\}$ $(k=0,1,2,\cdots)$ を求めて，$\sum_{k=0}^{\infty}m(A_k)\leqq\mu^*(E)+\varepsilon$ が成立するようにできる．また有理開区間 A_k^* で

$$A_k\subseteqq A_k^*,\qquad m(\bar{A}_k^*)<m(A_k)+\frac{\varepsilon}{2^{k+1}}$$

を満足するものが存在する．このとき $A=\bigcup_{k=0}^{\infty}A_k^*$ と置けば，

$$\mu^*(A)\leqq\sum_{k=0}^{\infty}m(\bar{A}_k^*)<\sum_{k=0}^{\infty}\left(m(A_k)+\frac{\varepsilon}{2^{k+1}}\right)<\mu^*(E)+2\varepsilon$$

が成立する．また A は E を含む開集合である．

同様に開集合 B を求めて，$F\subseteqq B$, $\mu^*(B)<\mu^*(F)+2\varepsilon$ であるようにする．

ところで $E\smile F\subseteqq A\smile B$, $E\frown F\subseteqq A\frown B$ であるから

$$\begin{aligned}\mu^*(E\smile F)+\mu^*(E\frown F)&\leqq\mu^*(A\smile B)+\mu^*(A\frown B)\\&=\mu^*(A)+\mu^*(B)<\mu^*(E)+\mu^*(F)+4\varepsilon\end{aligned}$$

である．ここで ε は任意の正数であるから，補題 14.5 が得られる．

そこで L_n の部分集合の内測度を定義する．E を L_n の部分集合とするとき，

有理閉区間

$$U_k=\overline{I}_n(-k,-k,\cdots,-k;k,k,\cdots,k)\qquad (k=1,2,\cdots)$$

に対して

$$\mu_k=m(U_k)-\mu^*(U_k\frown\mathfrak{C}(E))$$

と置けば，$\mu_k\leqq\mu_{k+1}$ である．実際

$$\begin{aligned}(14.19)\quad \mu_{k+1}&\geqq m(U_{k+1})-\mu^*(U_{k+1}\frown\mathfrak{C}(U_k)\frown\mathfrak{C}(E))-\mu^*(U_k\frown\mathfrak{C}(E))\\&=(m(U_{k+1})-m(U_k))-\mu^*(U_{k+1}\frown\mathfrak{C}(U_k)\frown\mathfrak{C}(E))+\mu_k\end{aligned}$$

であって，容易にわかるように

$$\mu^*(U_{k+1}\frown\mathfrak{C}(U_k))=m(U_{k+1})-m(U_k)$$

であるから，(14.19) によって

$$\begin{aligned}\mu^*(U_{k+1}\frown\mathfrak{C}(U_k)\frown\mathfrak{C}(E))&\leqq\mu^*(U_{k+1}\frown\mathfrak{C}(U_k))\\&=m(U_{k+1})-m(U_k)\end{aligned}$$

であるから，$\mu_k\leqq\mu_{k+1}$ $(k=1,2,\cdots)$ である．そこで実数列 $\{\mu_k\}$ $(k=1,2,\cdots)$ が有界であるとき

$$\mu_*(E)\equiv\lim_{k\to\infty}\mu_k,$$

そうでないとき

$$\mu_*(E)\equiv+\infty$$

と置き，$\mu_*(E)$ を E の**内測度**という．

定理 14.2.

(14.20)　$\mu_*(E)\leqq\mu^*(E)$,

(14.21)　$E\subseteqq F$ のとき $\mu_*(E)\leqq\mu_*(F)$,

(14.22)　$\sum_{k=0}^{\infty}\mu_*(E_k)\leqq\mu_*\left(\bigcup_{k=0}^{\infty}E_k\right)$　（ただし $E_j\frown E_k=\phi$ $(j\neq k)$ ），

(14.23)　I を有理開区間とするとき $\mu_*(I)=\mu_*(\bar{I})=m(\bar{I})$ である．

証明． 定義によって

$$(14.24)\quad \mu_k=m(U_k)-\mu^*(U_k\frown\mathfrak{C}(E))\leqq\mu^*(U_k\frown E)\leqq\mu^*(E)$$

であるから，$\mu_*(E)\leqq\mu^*(E)$ である．

次に $E\subseteqq F$ のとき

$$\mu^*(U_k \frown \mathfrak{C}(E)) \geqq \mu^*(U_k \frown \mathfrak{C}(F))$$

であるから，(14.21) が得られる．次に (14.22) を証明するために

$$\sum_{k=0}^{m} \mu_*(E_k) \leqq \mu_*\left(\bigcup_{k=0}^{m} E_k\right) \tag{14.25}$$

を証明しておく． $m=2$ のとき，$E_1 \frown E_2=\phi$ より，$\mathfrak{C}(E_1) \smile \mathfrak{C}(E_2)=L_n$ である．従って補題 14.5 によって

$$\mu^*(U_k)+\mu^*(U_k \frown \mathfrak{C}(E_1) \frown \mathfrak{C}(E_2)) \leqq \mu^*(U_k \frown \mathfrak{C}(E_1))+\mu^*(U_k \frown \mathfrak{C}(E_2))$$

である．ゆえに

$$(m(U_k)-\mu^*(U_k \frown \mathfrak{C}(E_1)))+(m(U_k)-\mu^*(U_k \frown \mathfrak{C}(E_2)))$$
$$\leqq (m(U_k)-\mu^*(U_k \frown \mathfrak{C}(E_1 \smile E_2)))$$

が成立する．従って内測度の定義から $\mu_*(E_0)+\mu_*(E_1) \leqq \mu_*\{E_0 \smile E_1\}$ である．

次に (14.25) が成立すれば

$$\sum_{k=0}^{m+1} \mu_*(E_k) \leqq \mu_*\left(\bigcup_{k=0}^{m} E_k\right)+\mu_*(E_{m+1}) \leqq \mu_*\left(\bigcup_{k=0}^{m+1} E_k\right)$$

が得られる．従って数学的帰納法によって (14.25) の成立することがわかる．

ところで $\mu_*\left(\bigcup_{k=0}^{m} E_k\right) \leqq \mu_*\left(\bigcup_{k=0}^{\infty} E_k\right)$ であるから，(14.25) によって

$$\sum_{k=0}^{m} \mu_*(E_k) \leqq \mu_*\left(\bigcup_{k=0}^{\infty} E_k\right)$$

である．ゆえに (14.22) が成立する．

また $\bar{I} \subseteqq U_k$ のとき，容易にわかるように

$$\mu_*(U_k \frown \mathfrak{C}(\bar{I}))=m(U_k)-m(\bar{I})$$

であるから，$\mu_*(\bar{I})=m(\bar{I})$ である．同様に $\mu_*(I)=m(\bar{I})$ が得られる．

そこで L_n の部分集合 E に対して

$$\mu^*(U_k \frown E)=\mu_*(U_k \frown E) \qquad (k=1, 2, \cdots)$$

が成立するとき，E は**可測**であるという．またこのとき

$$\mu(E) \equiv \mu_*(E)$$

と置き，これを E の**測度**という．

注意． 定理 14.5 の系 2 で示すように，可測集合 E に対しては $\mu^*(E)=\mu_*(E)$ である．

今 L_n に含まれる可測集合の全体からなる集合を $\mathscr{B}_M$ で示す．また

$$\mathscr{B}_{M\sigma^*}=\{\bigcup_{k=0}^{\infty} E_k | E_i \frown E_j=\phi \ (i \neq j),\ E_k \in \mathscr{B}_M \ (k=0, 1, 2, \cdots)\}$$

と置く．

定理 14.3.

(14.26)　$$\mathscr{B}_{M\mathfrak{C}}=\mathscr{B}_M,$$

(14.27)　$$\mathscr{B}_{M\sigma^*}=\mathscr{B}_M,$$

(14.28)　I を有理開区間とするとき，$I\in\mathscr{B}_M$，$\overline{I}\in\mathscr{B}_M$ である．

証明. $E\in\mathscr{B}_M$ のとき

$$\mu_*(U_k\frown E)=m(U_k)-\mu^*(U_k\frown\mathfrak{C}(E)),$$
$$\mu_*(U_k\frown\mathfrak{C}(E))=m(U_k)-\mu^*(U_k\frown E)$$

であって，$\mu^*(U_k\frown E)=\mu_*(U_k\frown E)$ であるから，$\mu^*(U_k\frown\mathfrak{C}(E))=\mu_*(U_k\frown\mathfrak{C}(E))$ が得られる．ゆえに $\mathfrak{C}(E)$ は可測である．すなわち $\mathfrak{C}(E)\in\mathscr{B}_M$ である．よって $\mathscr{B}_{M\mathfrak{C}}\subseteqq\mathscr{B}_M$ である．またこのとき $\mathscr{B}_M=\mathscr{B}_{M\mathfrak{C}\mathfrak{C}}\subseteqq\mathscr{B}_{M\mathfrak{C}}$ であるから $\mathscr{B}_{M\mathfrak{C}}=\mathscr{B}_M$ が成立する．

次に，互いに素な $\mathscr{B}_M$ の要素 E_k $(k=0,1,2,\cdots)$ に対して，$U_l\frown\bigcup_{k=0}^{\infty}E_k=\bigcup_{k=0}^{\infty}(U_l\frown E_k)$ であるから，(14.4) によって

$$\mu^*\left(U_l\frown\bigcup_{k=0}^{\infty}E_k\right)\leqq\sum_{k=0}^{\infty}\mu^*(U_l\frown E_k)$$

である．また (14.22) によって

$$\mu_*\left(U_l\frown\bigcup_{k=0}^{\infty}E_k\right)\geqq\sum_{k=0}^{\infty}\mu_*(U_l\frown E_k)$$

である．ところで $\mu^*(U_l\frown E_k)=\mu_*(U_l\frown E_k)$ であるから，

(14.29)　$$\mu^*\left(U_l\frown\bigcup_{k=0}^{\infty}E_k\right)\leqq\mu_*\left(U_l\frown\bigcup_{k=0}^{\infty}E_k\right)\qquad(l=1,2,\cdots)$$

である．従って (14.20) より，(14.29) では等号が成立する．よって $\bigcup_{k=0}^{\infty}E_k$ は可測である．すなわち $\bigcup_{k=0}^{\infty}E_k\in\mathscr{B}_M$ が得られ，$\mathscr{B}_{M\sigma^*}=\mathscr{B}_M$ であることがわかる．

また (14.5), (14.23) より $I\in\mathscr{B}_M$，$\overline{I}\in\mathscr{B}_M$ である．

系.

(14.30)　$$\mu(E)\geqq 0,$$

(14.31) $E_i \frown E_j = \phi \ (i \neq j)$ のとき $\mu\left(\bigcup_{k=0}^{\infty} E_k\right) = \sum_{k=0}^{\infty} \mu(E_k)$,

(14.32) $\mu(I) = \mu(\bar{I}) = m(\bar{I})$.

証明は定理 14.3 の証明より明らかである.

補題 14.6. $\mathcal{F} \subseteqq \mathcal{B}_M$, $\mathcal{G} \subseteqq \mathcal{B}_M$.

証明. E を L_n に含まれる開集合とするとき，補題 14.4 の証明で与えたように，互いに重らない有理閉区間 A_k $(k=0,1,2\cdots)$ を求めて，$E = \bigcup_{k=0}^{\infty} A_k$ であるようにできる．また有理開区間 B_k $(k=0,1,2,\cdots)$ を求めて，$A_k = \bar{B}_k$ であるようにできる．このとき A_k, B_k は可測で，$\mu(A_k) = \mu(B_k)$ であるから，$\mu(A_k \frown \mathfrak{C}(B_k)) = 0$ $(k=0,1,2,\cdots)$ である.

従って $M = \bigcup_{k=0}^{\infty} (A_k \frown \mathfrak{C}(B_k))$ と置けば，$\mu(M) = 0$ で

$$E = M \smile \bigcup_{k=0}^{\infty} B_k$$

が成立する．この右辺の各項は可測で，互いに素であるから，定理 14.3 によって E は可測である．ゆえに $\mathcal{G} \subseteqq \mathcal{B}_M$ が得られる.

また $\mathcal{F} = \mathcal{G}_{\mathfrak{C}} \subseteqq \mathcal{B}_{M\mathfrak{C}} = \mathcal{B}_M$ より $\mathcal{F} \subseteqq \mathcal{B}_M$ が得られる.

定理 14.4. E を L_n に含まれる有界可測集合とするとき，$\mathcal{B}^1$ に含まれる可測集合 A と，$\mathcal{B}_1$ に含まれる可測集合 B を求めて

(14.33) $$A \subseteqq E \subseteqq B,$$

(14.34) $$\mu(A) = \mu(E) = \mu(B)$$

が成立するようにできる.

証明. E を含む有界閉集合 U を取る．$E \smile \mathfrak{C}(U)$ は (14.27) によって可測である．従って

$$E^* = \mathfrak{C}(E \smile \mathfrak{C}(U)) = U \frown \mathfrak{C}(E)$$

はまた可測である.

今 ε を任意の正数とするとき，E, E^* のそれぞれの被覆列 $S = \{A_k\}$，$S^* = \{A_k^*\}$ $(k=0,1,2,\cdots)$ を求めて

$$|S| < \mu(E) + \varepsilon, \qquad |S^*| < \mu(E^*) + \varepsilon$$

であるようにできる．次に有理開区間 B_k, B_k^* $(k=0,1,2,\cdots)$ を求めて

$$A_k \subseteqq B_k, \qquad A_k^* \subseteqq B_k^*,$$

$$\mu(B_k) < \mu(A_k) + \frac{\varepsilon}{2^{k+1}}, \qquad \mu(B_k^*) < \mu(A_k^*) + \frac{\varepsilon}{2^{k+1}}$$

が成立するようにし，$G = \bigcup_{k=0}^{\infty} B_k$, $G^* = \bigcup_{k=0}^{\infty} B_k^*$ とする．このとき

$$(14.35) \qquad \mu(G) \leqq \sum_{k=0}^{\infty} \mu(B_k) < \sum_{k=0}^{\infty} \mu(A_k) + \varepsilon < \mu(E) + 2\varepsilon$$

が得られる．同様に $\mu(G^*) < \mu(E^*) + 2\varepsilon$ が得られる．

また $E \subseteqq G$, $E^* \subseteqq G^*$, $U \subseteqq G \smile G^*$ であるから

$$F = U \frown \mathfrak{C}(G^*), \qquad F^* = U \frown \mathfrak{C}(G)$$

はともに閉集合で，$\mathfrak{C}(G) \subseteqq \mathfrak{C}(E)$, $\mathfrak{C}(G^*) \subseteqq \mathfrak{C}(E^*)$ から，$F \subseteqq E$, $F^* \subseteqq E^*$ が得られる．

他方で $F^* \smile G \supseteqq U$ であるから，(14.31), (14.35) より

$$\mu(U) \leqq \mu(F^*) + \mu(G) < \mu(F^*) + \mu(E) + 2\varepsilon$$

が得られる．よって

$$\mu(U) - \mu(E) - 2\varepsilon < \mu(F^*),$$

である．ゆえに (14.31) によって

$$\mu(E^*) - 2\varepsilon < \mu(F^*)$$

である．同様に

$$\mu(E) - 2\varepsilon < \mu(F)$$

である．

そこで閉集合 F_k, F_k^* $(k=0,1,2,\cdots)$ を次のように定義する．まず $\varepsilon=1/2$ と置き，上で得られた F, F^* をそれぞれ F_0, F_0^* とする．このとき $F_0 \subseteqq E$, $F_0^* \subseteqq E^*$ で，しかも

$$\mu(E) - \mu(F_0) < 1, \qquad \mu(E^*) - \mu(F_0^*) < 1$$

である．次に F_k, F_k^* $(k=0,1,2,\cdots,l)$ が得られ，

$$(14.36) \qquad F_j \subseteqq E, \qquad F_j^* \subseteqq E^*,$$

$$(14.37) \qquad F_i \frown F_j = \phi, \qquad F_i^* \frown F_j^* = \phi \qquad (i \neq j),$$

$$(14.38)\qquad 0\leqq\mu(E)-\sum_{j=0}^{l}\mu(F_j)<\frac{1}{2^l},\qquad 0\leqq\mu(E^*)-\sum_{j=0}^{l}\mu(F_j^*)<\frac{1}{2^l}$$

が成立するとき，$\varepsilon=\dfrac{1}{2^{l+2}}$ と置き，$E\frown\mathfrak{C}\left(\bigcup_{j=0}^{l}F_j\right)$，$E^*\frown\mathfrak{C}\left(\bigcup_{j=0}^{l}F_j^*\right)$ に上で述べた操作を施して得られる集合 F, F^* をそれぞれ F_{l+1}，F_{l+1}^* とする．このとき F_k, F_k^* $(k=0,1,2,\cdots,l+1)$ に対しても (14.36)～(14.38) が成立する．

このようにして得られた集合 F_k, F_k^* $(k=0,1,2,\cdots)$ に対して

$$(14.39)\qquad A=\bigcup_{k=0}^{\infty}F_k,\qquad B=\mathfrak{C}\left(\mathfrak{C}(U)\smile\bigcup_{k=0}^{\infty}F_k^*\right)$$

と置く．$F_k\in\mathcal{B}_M$ で，F_k $(k=0,1,2,\cdots)$ は互いに素であるから，定理 14.3 によって $A\in\mathcal{B}_M$ である．また (14.38) から $\mu(A)=\mu(E)$ である．また A が E に含まれる $\mathcal{B}^1$ の要素であることも明らかである．

同様に，$\mathfrak{C}(U)$，F_k^* $(k=0,1,2,\cdots)$ は互いに素であるから，定理 14.3 によって $B\in\mathcal{B}_M$ である．また $\mathfrak{C}(U)\smile\bigcup_{k=0}^{\infty}F_k^*$ は $\mathcal{B}^1$ の要素であるから，B は $\mathcal{B}_1$ の要素である．他方で (14.38) によって $\sum_{k=0}^{\infty}\mu(F_k^*)=\mu(E^*)$ である．また $U=B\smile\bigcup_{k=0}^{\infty}F_k^*$ であるから

$$\mu(U)=\mu(B)+\sum_{k=0}^{\infty}\mu(F_k^*)=\mu(B)+\mu(E^*)$$

である．ゆえに $\mu(B)=\mu(U)-\mu(E^*)=\mu(E)$ である．

注意． A, B をそれぞれ E の**等測核**，**等測被**という．またこれらの概念を有界でない可測集合にも定義することができる．

系． E を L_n に含まれる有界可測集合とするとき，任意の正数 ε に対して

$$(14.40)\qquad F\subseteqq E\subseteqq G,\qquad \mu(E)-\mu(F)<\varepsilon,\qquad \mu(G)-\mu(E)<\varepsilon$$

を満足する閉集合 F，開集合 G が存在する．

証明． (14.39) において $F=\bigcup_{k=0}^{m}F_k$, $G=\mathfrak{C}\left(\mathfrak{C}(U)\smile\bigcup_{k=0}^{m}F_k^*\right)$ と置き，m を十分大に取れば，F, G は条件 (14.40) を満足する．

補題 14.7． L_n に含まれる可測集合 E, F に対して，$E\smile F$，$E\frown F$ はともに可測である．

証明． 簡単のため $E_k=U_k\frown E$，$F_k=U_k\frown F$ と置く．E, F は可測であるか

ら，E_k, F_k もまた可測である．実際，

$$U_l \frown E_k = U_m \frown E, \qquad m = \min(k, l)$$

であって，$\mu^*(U_m \frown E) = \mu_*(U_m \frown E)$ であるから，$\mu^*(U_l \frown E_k) = \mu_*(U_l \frown E_k)$ $(l=0, 1, 2, \cdots)$ である．ゆえに E_k は可測である．同様に F_k も可測である．

そこで定理 14.4 の系によって，任意の正数 ε に対して

$$(14.41) \qquad A_1 \subseteqq E_k \subseteqq B_1, \qquad A_2 \subseteqq F_k \subseteqq B_2,$$

$$(14.42) \qquad \mu(B_1) - \mu(A_1) < \varepsilon, \qquad \mu(B_2) - \mu(A_2) < \varepsilon$$

を満足する閉集合 A_1, A_2, 開集合 B_1, B_2 が存在する．従って $A = A_1 \frown A_2$, $B = B_1 \frown B_2$ と置けば，(14.41) より

$$(14.43) \qquad A \subseteqq E_k \frown F_k \subseteqq B \frown U_k$$

が得られ，(14.31) より

$$\mu(A_k) + \mu(B_k \frown \mathfrak{C}(A_k)) = \mu(B_k) \qquad (k=1, 2),$$

$$\mu(A_1 \frown A_2) + \mu((B_1 \frown B_2) \frown \mathfrak{C}(A_1 \frown A_2)) = \mu(B_1 \frown B_2)$$

が得られる．よって (14.42) より

$$(14.44) \qquad \mu(B \frown U_k) - \mu(A) \leqq \mu(B_1 \frown B_2) - \mu(A_1 \frown A_2)$$
$$\leqq (\mu(B_1) - \mu(A_1)) + (\mu(B_2) - \mu(A_2)) < 2\varepsilon$$

が得られる．ゆえに (14.43), (14.44) によって

$$\mu^*(E_k \frown F_k) \leqq \mu(B \frown U_k) \leqq \mu(A) + 2\varepsilon$$

である．また (14.43) より $\mu(A) \leqq \mu_*(E_k \frown F_k)$ である．ゆえに $\mu^*(E_k \frown F_k) \leqq \mu_*(E_k \frown F_k) + 2\varepsilon$ が得られる．ところで $\mu_*(E_k \frown F_k) \leqq \mu^*(E_k \frown F_k)$ であるから，$\mu^*(E_k \frown F_k) = \mu_*(E_k \frown F_k)$，すなわち $\mu^*(U_k \frown (E \frown F)) = \mu_*(U_k \frown (E \frown F))$ が得られる．よって $E \frown F$ は可測である．次に

$$E \smile F = (E \frown \mathfrak{C}(E \frown F)) \smile F$$

であるから，上に得られた結果と (14.31) によって，$E \smile F$ は可測である．

定理 14.5.

$$(14.45) \qquad \mathscr{B}_{M\sigma} = \mathscr{B}_M,$$

$$(14.46) \qquad \mathscr{B}_{M\delta} = \mathscr{B}_M,$$

$$(14.47) \qquad \mathscr{B}_B \subseteqq \mathscr{B}_M.$$

証明. $E_k \in \mathcal{B}_M$ $(k=0, 1, 2, \cdots)$ とすれば，補題 14.7 によって，ただちに $E_k \frown \mathfrak{C}\left(\bigcup_{j=0}^{k-1} E_j\right) \in \mathcal{B}_M$ $(k=1, 2, \cdots)$ が得られる．従って

$$F_k \equiv E_0 \qquad k=0 \text{ のとき,}$$
$$\equiv E_k \frown \mathfrak{C}\left(\bigcup_{j=0}^{k-1} E_j\right) \qquad k>0 \text{ のとき}$$

と置けば，F_k $(k=0, 1, 2, \cdots)$ は互いに素な $\mathcal{B}_M$ の要素である．従って定理 14.3 により $\bigcup_{k=0}^{\infty} F_k \in \mathcal{B}_M$ である．また $\bigcup_{k=0}^{\infty} F_k = \bigcup_{k=0}^{\infty} E_k$ であるから $\bigcup_{k=0}^{\infty} E_k \in \mathcal{B}_M$ である．よって $\mathcal{B}_{M\sigma} = \mathcal{B}_M$ が得られる．次に

$$\mathcal{B}_{M\delta} = \mathcal{B}_{M\mathfrak{C}\delta} = \mathcal{B}_{M\sigma\mathfrak{C}} = \mathcal{B}_{M\mathfrak{C}} = \mathcal{B}_M$$

より (14.46) が得られる．

ところで $\mathcal{F} \subseteqq \mathcal{B}_M$ であるから，(14.45), (14.46) と $\mathcal{B}_B$ の定義とによって $\mathcal{B}_M \in \mathfrak{S}_E$ である．ゆえに $\mathcal{B}_B \subseteqq \mathcal{B}_M$ が得られる．

系 1. L_n に含まれる測度 0 の集合の全体からなる集合を $\mathcal{N}_M$ とするとき

$$\mathcal{B}_M = (\mathcal{B}_B \smile \mathcal{N}_M)_\sigma$$

が成立する．

証明は定理 14.4，定理 14.5 から明らかである．

また L_n に含まれる可測集合 E と，ある論理式 $A(x)$ が与えられたとき，$A(x)$ が成立しない E の点 x の集合の測度が 0 であれば，$A(x)$ は E の**ほとんどすべての点**において成立するという．

系 2. L_n に含まれる有限可測集合 E の可測部分集合 E_k $(k=0, 1, 2, \cdots)$ に対して，$E_k \subseteqq E_{k+1}$（または $E_k \supseteqq E_{k+1}$）$(k=0, 1, 2, \cdots)$ のとき

$$\lim_{k\to\infty} \mu(E_k) = \mu\left(\bigcup_{k=0}^{\infty} E_k\right) \quad \text{または} \quad \mu\left(\bigcap_{k=0}^{\infty} E_k\right) \tag{14.48}$$

である．

証明. $E_k \subseteqq E_{k+1}$ $(k=0, 1, 2, \cdots)$ のとき

$$F_k \equiv E_0 \qquad k=0 \text{ のとき,}$$
$$\equiv E_k \frown \mathfrak{C}(E_{k-1}) \qquad k>0 \text{ のとき}$$

と置けば，$E_k = \bigcup_{j=0}^{k} F_j$，$\bigcup_{k=0}^{\infty} E_k = \bigcup_{j=0}^{\infty} F_j$ であるから

$$\lim_{k\to\infty} \mu(E_k) = \lim_{k\to\infty} \mu\left(\bigcup_{j=0}^{k} F_j\right) = \lim_{k\to\infty} \sum_{j=0}^{k} \mu(F_j) = \sum_{j=0}^{\infty} \mu(F_j)$$

$$=\mu\left(\bigcup_{j=0}^{\infty}F_j\right)=\mu\left(\bigcup_{k=0}^{\infty}E_k\right)$$

である．同様に $E_k\supseteqq E_{k+1}$ $(k=0,1,2,\cdots)$ のときにも (14.48) が得られる．

系 3. 任意の可測集合 E に対して

$$\mu(E)=\mu^*(E)=\mu_*(E)$$

が成立する．

証明. $U_k\frown E\subseteqq U_{k+1}\frown E$ $(k=0,1,2,\cdots)$, $E=\lim_{k\to\infty}(U_k\frown E)$ であるから，定理 14.5 の系 2 から系 3 が得られる．

定理 14.6. $\mathscr{B}_{MA}=\mathscr{B}_M$

証明. $\mathscr{B}_M$ の要素からなるススリン系 $\{E_{n_0n_1\cdots n_k}\}$ $(k, n_k=0,1,2,\cdots)$ の核を E とする．ここで $E_{n_0n_1\cdots n_k}\supseteqq E_{n_0n_1\cdots n_kn_{k+1}}$ $(k=0,1,2,\cdots)$ を仮定することができる．

今 $E_{n_0n_1\cdots n_k}$ $(k, n_k=0,1,2,\cdots)$, E がともに U_n に含まれるとする．そこでススリン系 $\{E_{m_0m_1\cdots m_jn_0n_1\cdots n_k}\}$ $(k, n_k=0,1,2,\cdots)$ の核を $E^{m_0m_1\cdots m_j}$ とすれば

(14.49) $E^{n_0n_1\cdots n_k}\subseteqq E_{n_0n_1\cdots n_k}$,

(14.50) $E=\bigcup_{n_0=0}^{\infty}E^{n_0}$, $\quad E^{n_0n_1\cdots n_k}=\bigcup_{n_{k+1}=0}^{\infty}E^{n_0n_1\cdots n_kn_{k+1}}$,

(14.51) E はススリン系 $\{E^{n_0n_1\cdots n_k}\}$ $(k, n_k=0,1,2,\cdots)$ の核である

が成立する．ところで，$E, E^{n_0n_1\cdots n_k}$ の等測被をそれぞれ $F, F^{n_0n_1\cdots n_k}$ とするとき，測度 0 の集合 $Z_{n_0n_1\cdots n_k}$ を求めて

$$F^{n_0n_1\cdots n_k}\subseteqq E_{n_0n_1\cdots n_k}\smile Z_{n_0n_1\cdots n_k}$$

が成立するようにできる．またススリン系 $\{F^{n_0n_1\cdots n_k}\}$ $(k, n_k=0,1,2,\cdots)$ の核を F^* とし，$Z=\bigcup_{\langle n_0n_1\cdots n_k\rangle}Z_{n_0n_1\cdots n_k}$ と置く．

$$F^*\subseteqq\bigcup_{\nu\in B}\bigcap_{k=0}^{\infty}(E_{n_0n_1\cdots n_k}\smile Z)=\left(\bigcup_{\nu\in B}\bigcap_{k=0}^{\infty}E_{n_0n_1\cdots n_k}\right)\smile Z=E\smile Z$$

によって，$\mu(F^*\frown\mathfrak{C}(E))=0$ である．

他方で，(14.50) によって

$$\mu\left(F\frown\mathfrak{C}\left(\bigcup_{n_0=0}^{\infty}F^{n_0}\right)\right)=0, \tag{14.52}$$

$$(14.53) \qquad \mu\left(F^{n_0n_1\cdots n_k}\frown\mathfrak{C}\left(\bigcup_{n_{k+1}=0}^{\infty}F^{n_0n_1\cdots n_kn_{k+1}}\right)\right)=0$$

が成立する．また

$$(14.54) \qquad F\frown\mathfrak{C}(F^*)\subseteqq\left(F\frown\mathfrak{C}\left(\bigcup_{n_0=0}^{\infty}F^{n_0}\right)\right)$$

$$\smile\bigcup_{k=0}^{\infty}\bigcup_{\langle n_0n_1\cdots n_k\rangle}\left(F^{n_0n_1\cdots n_k}\frown\mathfrak{C}\left(\bigcup_{n_{k+1}=0}^{\infty}F^{n_0n_1\cdots n_kn_{k+1}}\right)\right)$$

が成立する．実際xを (14.54) の左辺の一点とするとき，これがその右辺に属していないならば，$x\in F$，$x\overline{\in}F\frown\mathfrak{C}(\bigcup_{n_0=0}^{\infty}F^{n_0})$ によって，$x\in F^{m_0}$ を満足する自然数 m_0 が存在する．ところで $x\overline{\in}F^{m_0}\frown\mathfrak{C}\left(\bigcup_{n_1=0}^{\infty}F^{m_0n_1}\right)$ によって，$x\in F^{m_0m_1}$ を満足する自然数 m_1 が存在する．同様にして，$x\in F^{m_0m_1\cdots m_k}$ $(k=2,3,\cdots)$ を満足する自然数 m_k $(k=2,3,\cdots)$ が得られる．従って $x\in\bigcap_{k=0}^{\infty}F^{m_0m_1\cdots m_k}$ が成立し，$x\in F^*$ が得られる．これはxが (14.54) の左辺の一点であることに矛盾する．よって (14.54) の左辺はその右辺に含まれる．

ところで (14.52), (14.53) によって，(14.54) の右辺の各項の測度は0である．ゆえに (14.54) より $\mu(F\frown\mathfrak{C}(F^*))=0$ が得られる．この結果と，すでに得られている $\mu(F^*\frown\mathfrak{C}(E))=0$ とを合わせて

$$\mu(F\frown\mathfrak{C}(E))\leqq\mu(F\frown\mathfrak{C}(F^*))+\mu(F^*\frown\mathfrak{C}(E))=0$$

であることがわかる．ところでFはEの等測被であるから，Eは可測である．

またEが有界でないときは，前と同様にして，$U_k\frown E$ が可測であることがわかる．ゆえにEは可測である．

注意． これと同様に定理13.5が証明される．ただし，$F, F^{n_0n_1\cdots n_k}$ として $E, E^{n_0n_1\cdots n_k}$ の等類被を取り，$Z_{n_0n_1\cdots n_k}$ として $F^{n_0n_1\cdots n_k}\subseteqq E_{n_0n_1\cdots n_k}\smile Z_{n_0n_1\cdots n_k}$ を満足する第1類集合を取る．

この定理によって，解析集合すなわち P_1 集合は可測である．従って C_1 集合もまた可測である．また B_2 集合が可測であるかどうかはわかっていないが，構成可能性の公理［E］を置くとき，非可測な B_2 集合の存在が証明される．

他方で集合論 ZF* においては非可測集合が存在する．

問 1. L_n に含まれる可測集合 E, F が合同であるとき，すなわち E を F に写す運動[1)]が存在しているとき，$\mu(E)=\mu(F)$ であることを証明せよ．

問 2. L_n の部分集合 E が可測であるがために必要にして十分な条件は，L_n の任意の部分集合 A に対して

$$\mu^*(A)=\mu^*(A\frown E)+\mu^*(A\frown \mathfrak{C}(E))$$

が成立することである．これを証明せよ．

問　題　4

1. L_n の部分集合 E に対して $\mu_*(E)>0$ であれば

$$E=A\smile B, \qquad A\frown B=\phi,$$
$$\mu_*(A)=0, \qquad \mu(B)=\mu_*(E)$$

を満足する E の部分集合 A, B（ただし B は可測集合）が存在することを示せ．

2. 閉区間 $[0,1]$ に含まれる完全集合 P で

i）P は $[0,1]$ において粗である

ii）$\mu(P)>0$

を満足するものが存在することを証明せよ．

〔注意〕カントルの不連続体 C を構成するとき，順次に開区間を $[0,1]$ から除去したが，同様の方法によって P を作ることができる．この完全集合は最初にハルナックによって与えられた．

3. L_1 に含まれる第2類集合 E で，$\mu(E)=0$ を満足するものが存在するか．

4. L_n に含まれる補解析集合 E の位数 ξ の成分を E_ξ とするとき，

$$\mu(\bigcup_{\xi<\eta} E_\xi)=\mu(E)$$

を満足する第2級の順序数 ξ の存在することを証明せよ．なおこの結果を**セリバノウスキの定理**という．

1）L_n をそれ自身に写す一意写像で，L_n の任意の2点 x, y に対して $\mathrm{dis}(x,y)=\mathrm{dis}(f(x),f(y))$ を満足するものを**運動**という．

第5章　ベール函数

§ 15. 函数の連続性

L_n の部分集合 D で定義され，値域が $\bar{L}$ に含まれる一意写像を**一価実函数**または単に**一価函数**という．またその値域が L に含まれるとき，これを**有限函数**という．そして実函数論の主目的は一価実函数を論ずることである．

今，一価実函数を論ずる準備として，実数に関する考察から始める．E を広義の実数域 $\bar{L}$ の部分集合とするとき

(15.1)　$x \in E$ のとき $x < a$　　($x \in E$ のとき $a < x$)

を満足する有限実数 a が存在するならば，E は**上(下)に有界**であるといい，a を E の**上界(下界)**という．

補題 15.1. E を上(下)に有界な，実数の集合とするとき，実数 a で，条件

(15.2)　$x \in E$ のとき $x \leqq a$　　($x \in E$ のとき $a \leqq x$),

(15.3)　$E \neq \phi$ であれば，任意の正数 ε に対して，$a-\varepsilon < x$ ($x < a+\varepsilon$) を満足する E の要素 x が存在する

を満足するものが存在する．

証明. E が上に有界であるとする．$E=\phi$ のときには，$a=-\infty$ とすれば十分である．

次に $E \neq \phi$ であれば，E の要素の一つ，例えば b を取る．また c を E の上界とすれば $[b, c] \frown E \neq \phi$ である．

今，簡単のため $b=0$, $c=1$ の場合を考える．そこで

$$\left[\frac{l}{2^k}, \frac{l+1}{2^k}\right] \frown E \neq \phi$$

を満足する最大の自然数 l を a_k とすれば，定理 7.9 の証明と同様に $a=\lim_{k\to\infty}\dfrac{a_k}{2^k}$ が存在し，これが条件 (15.2), (15.3) を満足する．

E が下に有界のときも同様である．

そこで，E が上に有界のとき，補題 15.1 で定義された実数 a を E の**上端**と

いい，そうでないとき $+\infty$ を E の**上端**という．そしてこれを $\sup\limits_{x\in E} x$ または $\sup E$ で示す．

同様に，Eが下に有界のとき，補題 15.1 で定義された実数 a を E の**下端**といい，そうでないとき $-\infty$ を E の**下端**という．そしてこれを $\inf\limits_{x\in E} x$ または $\inf E$ で示す．

補題 15.2.

(15.4)　　$\inf E \leqq \sup E,$

(15.5)　　$E \subseteqq F$ のとき $\inf E \geqq \inf F,\quad \sup E \leqq \sup F.$

証明は定義より明らかである．

次に，実数の集合Eに対して，$\sup E \in E$ のとき，$\sup E$ を E の**最大値**といい，$\max\limits_{x\in E} x$ または $\max E$ で示す．同様に，$\inf E \in E$ のとき，$\inf E$ をEの**最小値**といい，$\min\limits_{x\in E} x$ または $\min E$ で示す．定義によって，$E \subseteqq F$ のとき

$$\max E \leqq \max F, \qquad \min E \geqq \min F$$

が得られる．

また E の有限部分集合の全体からなる集合を M とするとき

(15.6)　　$\overline{\lim\limits_{x\in E}}\, x \equiv \inf\{\sup(E \frown \mathfrak{C}(X)) \mid X \in M\},$

(15.7)　　$\underline{\lim\limits_{x\in E}}\, x \equiv \sup\{\inf(E \frown \mathfrak{C}(X)) \mid X \in M\}$

と置き，これらをそれぞれEの**上限**，**下限**という．またこれらをそれぞれ $\overline{\lim}(E)$，$\underline{\lim}(E)$ で示すことがある．

補題 15.3.

(15.8)　　$\inf E \leqq \underline{\lim}\, E \leqq \overline{\lim}\, E \leqq \sup E,$

(15.9)　　$E \subseteqq F$ のとき $\underline{\lim}\, E \geqq \underline{\lim}\, F,\quad \overline{\lim}\, E \leqq \overline{\lim}\, F.$

そこで $F(x)$ を L_n の部分集合 D で定義された一価函数とするとき，D の部分集合 E の有限部分集合の全体からなる集合 M に対して

(15.10)　　$B(F, E) \equiv \sup F(E),$

(15.11)　　$b(F, E) \equiv \inf F(E),$

(15.12)　　$M(F, E) \equiv \max F(E),$

(15.13) $$m(F, E) \equiv \min F(E),$$

(15.14) $$L(F, E) \equiv \inf\{\sup F(E \frown \mathfrak{C}(X)) \mid X \in M\},$$

(15.15) $$l(F, E) \equiv \sup\{\inf F(E \frown \mathfrak{C}(X)) \mid X \in M\}$$

と置き[1], これらをそれぞれ E における $F(x)$ の**上端**, **下端**, **最大値**, **最小値**, **上限**, **下限**という. また $B(F, E)$, $b(F, E)$ をそれぞれ $\sup_{x \in E} F(x)$, $\inf_{x \in E} F(x)$ で示すことがある.

このとき, 定義によって次の補題が得られる.

補題 15.4.

(15.16) $$b(F, E) \leqq l(F, E) \leqq L(F, E) \leqq B(F, E),$$

(15.17) $$m(F, E) \leqq M(F, E),$$

(15.18) $$b(F, E_0) \geqq b(F, E_1), \qquad l(F, E_0) \geqq l(F, E_1),$$
$$L(F, E_0) \leqq L(F, E_1), \qquad B(F, E_0) \leqq B(F, E_1),$$
$$m(F, E_0) \geqq m(F, E_1), \qquad M(F, E_0) \leqq M(F, E_1),$$

ただし $E_0 \subseteqq E_1$.

そこで $\bar{D}$ の各点 x に対して

$$B(\varepsilon, x) = B(F, U(x, \varepsilon) \frown D), \qquad b(\varepsilon, x) = b(F, U(x, \varepsilon) \frown D)$$
$$L(\varepsilon, x) = L(F, U(x, \varepsilon) \frown D), \qquad l(\varepsilon, x) = l(F, U(x, \varepsilon) \frown D)$$

と, $L^{(+)} = \{\varepsilon \mid \varepsilon > 0, \varepsilon \in L\}$ を取って

(15.19) $$B(F, x) \equiv \inf_{\varepsilon \in L^{(+)}} B(\varepsilon, x), \qquad b(F, x) \equiv \sup_{\varepsilon \in L^{(+)}} b(\varepsilon, x)$$

(15.20) $$L(F, x) \equiv \inf_{\varepsilon \in L^{(+)}} L(\varepsilon, x), \qquad l(F, x) \equiv \sup_{\varepsilon \in L^{(+)}} l(\varepsilon, x)$$

と置き, これらをそれぞれ $F(x)$ の**上端函数**, **下端函数**, **上限函数**, **下限函数**という. 定義によってこれらの函数は $\bar{D}$ で定義されている.

定理 15.1. $\bar{D}$ の各点 x において

$$b(F, x) \leqq l(F, x) \leqq L(F, x) \leqq B(F, x)$$

が成立する.

定理 15.2. D の各点 x において

---

1) $F(E) \equiv \{F(x) \mid x \in E\}$

$$b(F, D) \leqq b(F, x) \leqq F(x) \leqq B(F, x) \leqq B(F, D)$$

が成立する．

そこで $B(F, D) < +\infty$ であるとき，$F(x)$ は D において**上に有界**，$-\infty < b(F, D)$ であるとき，$F(x)$ は D において**下に有界**であるという．また $F(x)$ が D において上下に有界であるとき，$F(x)$ は D において**有界**であるという．

次に D の一点 x_0 において

$$B(F, x_0) = F(x_0) \qquad (\text{または } b(F, x_0) = F(x_0))$$

が成立するとき，$F(x)$ は x_0 において**上に(下に)半連続**であるという．

定理 15.3. D の一点 x_0 において $F(x_0) \neq \pm\infty$ であるとき，$F(x)$ が x_0 において上に(下に)半連続であるがために必要にして十分な条件は，任意の正数 ε に対して，正数 δ を求め，$U(x_0, \delta) \frown D$ の各点 x において

$$(15.21) \qquad F(x_0) + \varepsilon > F(x) \qquad (\text{または } F(x) > F(x_0) - \varepsilon)$$

が成立するようにできることである．

証明. $F(x)$ が x_0 において上に半連続であるとする．$F(x_0) = B(F, x_0)$ であるから $F(x_0) + \varepsilon > B(F, x_0)$ である．従って正数 δ を求め，$F(x_0) + \varepsilon > B(F, U(x_0, \delta) \frown D)$ であるようにできる．ゆえに与えられた条件は必要条件である．

次に，$U(x_0, \delta) \frown D$ において (15.21) が成立すれば，$F(x_0) + \varepsilon \geqq B(F, U(x_0, \delta) \frown D)$ であるから，$F(x_0) \geqq B(F, x_0)$ である．他方で $B(F, x_0) \geqq F(x_0)$ であるから $F(x_0) = B(F, x_0)$ である．よって $F(x)$ は x_0 において上に半連続である．ゆえに与えられた条件は十分条件である．

また $F(x)$ の下に半連続性についても同様である．

注意. $F(x_0) = +\infty$ のとき，$F(x)$ は x_0 において上に半連続であり，$F(x_0) = -\infty$ のとき，$F(x)$ は x_0 において下に半連続である．

定理 15.4. D の一点 x_0 において $F(x_0) \neq \pm\infty$ であるとき，$F(x)$ が x_0 において上に(下に)半連続であるがために必要にして十分な条件は

$$(15.22) \qquad F(x_0) \geqq L(F, x_0) \qquad (\text{または } F(x_0) \leqq l(F, x_0))$$

である．

証明. $F(x)$ が x_0 において上に半連続のとき，$F(x_0) = B(F, x_0)$ であるから，

定理 15.1 より $F(x_0)\geqq L(F,x_0)$ が得られる.

次に (15.22) が成立すると仮定する. このとき任意の正数 ε に対して

$$F(x_0)+\varepsilon>L\left(F,U\left(x_0,\frac{1}{p+1}\right)\frown D\right) \tag{15.23}$$

を満足する自然数 p が存在する. また

$$L\left(F,U\left(x_0,\frac{1}{p+1}\right)\frown D\right)+\varepsilon>B\left(F,U\left(x_0,\frac{1}{p+1}\right)\frown D\frown\mathfrak{C}(A)\right) \tag{15.24}$$

を満足する D の部分集合 A で, 有限個の要素からなるものが存在する. このとき $x_0\overline{\in}A$ であれば

$$U\left(x_0,\frac{1}{q+1}\right)\frown D\frown\mathfrak{C}(A)=U\left(x_0,\frac{1}{q+1}\right)\frown D \qquad (q>p)$$

を満足する自然数 q が存在する. 従ってこのような自然数 q に対しては, (15.24) から

$$L\left(F,U\left(x_0,\frac{1}{p+1}\right)\frown D\right)+\varepsilon>B\left(F,U\left(x_0,\frac{1}{q+1}\right)\frown D\right)$$

が得られる. よって (15.23) から

$$F(x_0)+2\varepsilon>B\left(F,U\left(x_0,\frac{1}{q+1}\right)\frown D\right)\geqq B(F,x_0)$$

が得られる. 従って $F(x_0)\geqq B(F,x_0)$ である. 他方で $F(x_0)\leqq B(F,x_0)$ であるから, $F(x_0)=B(F,x_0)$ が得られる. よって $F(x)$ は x_0 において上に半連続である.

次に, $x_0\in A$ であれば

$$U\left(x_0,\frac{1}{q+1}\right)\frown D\frown\mathfrak{C}(A)=U\left(x_0,\frac{1}{q+1}\right)\frown D\frown\mathfrak{C}(\{x_0\}) \qquad (q>p)$$

を満足する自然数 q が存在する. 従ってこのような自然数 q に対しては, 前と同様に (15.23), (15.24) から

$$F(x_0)+2\varepsilon>B\left(F,U\left(x_0,\frac{1}{q+1}\right)\frown D\frown\mathfrak{C}(\{x_0\})\right) \tag{15.25}$$

が得られる. ところで

$$\max\left(F(x_0),B\left(F,U\left(x_0,\frac{1}{q+1}\right)\frown D\frown\mathfrak{C}(\{x_0\})\right)\right) \tag{15.26}$$

$$=B\left(F, U\left(x_0, \frac{1}{q+1}\right)\frown D\right),$$

$$\max(F(x_0), F(x_0)+2\varepsilon)=F(x_0)+2\varepsilon \tag{15.27}$$

であるから，(15.25)～(15.27) によって

$$F(x_0)+2\varepsilon>B\left(F, U\left(x_0, \frac{1}{q+1}\right)\frown D\right)$$

が得られ，前と同様に，$F(x_0)$ が x_0 において上に半連続であることがわかる．

また $F(x)$ の下に半連続性についても同様の結果が得られる．ゆえに定理 15.4 が証明される．

定理 15.5. L_n の部分集合 D で定義された一価有限函数 $F(x), G(x)$ が D の一点 x_0 で上に(下に)半連続であるとき，$F(x)+G(x)$ は x_0 において上に(下に)半連続である．また x_0 の近傍の各点 x で $F(x)\geqq 0$，$G(x)\geqq 0$ であれば，$F(x)G(x)$ は x_0 において上に(下に)半連続である．

証明. D の任意の部分集合 E に対して

$$B(F+G, E)\leqq B(F, G)+B(G, E)$$

であるから，

$$B(F+G, x)\leqq B(F, x)+B(G, x)$$

である．ところで x_0 において $F(x), G(x)$ が上に半連続であれば，$B(F, x_0)=F(x_0)$，$B(G, x_0)=G(x_0)$ によって

$$B(F+G, x_0)\leqq F(x_0)+G(x_0)$$

である．他方で $F(x_0)+G(x_0)\leqq B(F+G, x_0)$ であるから，$F(x_0)+G(x_0)=B(F+G, x_0)$ が得られ，$F(x)+G(x)$ が x_0 において上に半連続であることがわかる．

次に x_0 の近傍 $U(x_0, \varepsilon)$ の各点 x において，$F(x)\geqq 0$，$G(x)\geqq 0$ とする．このとき $U(x_0, \varepsilon)\frown D$ の任意の部分集合 E に対して

$$B(FG, E)\leqq B(F, E)B(G, E)$$

であるから，$U(x_0, \varepsilon)\frown D$ の各点 x において

$$B(FG, x)\leqq B(F, x)B(G, x)$$

である．ゆえに前と同様にして，$F(x)G(x)$ が x_0 において上に半連続である

ことが証明される.

$F(x), G(x)$ が下に半連続の場合も前と同様に証明される.

定理 15.6. $F(x)$ が D の一点 x_0 において上に(下に)半連続であるとき, $-F(x)$ は x_0 において下に(上に)半連続である. また D の各点 x において $F(x)>0$ であれば, $1/F(x)$ は x_0 において下に(上に)半連続である.

証明. D の任意の部分集合 E に対して

$$B(-F, E) = -b(F, E), \qquad b(-F, E) = -B(F, E)$$

であるから,

$$B(-F, x) = -b(F, x), \qquad b(-F, x) = -B(F, x)$$

である. ゆえに $F(x)$ が x_0 において上に(下に)半連続であれば, $-F(x)$ は下に(上に)半連続である.

また D の各点 x において $F(x)>0$ のとき

$$B\left(\frac{1}{F}, E\right) = \frac{1}{b(F, E)}, \qquad b\left(\frac{1}{F}, E\right) = \frac{1}{B(F, E)}$$

であるから,

$$B\left(\frac{1}{F}, x\right) = \frac{1}{b(F, x)}, \qquad b\left(\frac{1}{F}, x\right) = \frac{1}{B(F, x)}$$

である. ゆえに $F(x)$ が x_0 において上に(下に)半連続であれば, $1/F(x)$ は x_0 において下に(上に)半連続である.

そこで $F(x)$ が D の各点において上に(下に)半連続であるとき, $F(x)$ は D において**上に(下に)半連続**であるという.

すると定理 15.5 によって次の定理が得られる.

定理 15.7. L_n の部分集合 D で定義された一価有限函数 $F(x), G(x)$ が D において上に(下に)半連続であるとき, $F(x)+G(x)$ は D において上に(下に)半連続である. また D の各点 x において $F(x)\geqq 0$, $G(x)\geqq 0$ であれば, $F(x)G(x)$ は D において上に(下に)半連続である.

同様に定理 15.6 から次の定理が得られる.

定理 15.8. $F(x)$ が D において上に(下に)半連続であるとき, $-F(x)$ は D において下に(上に)半連続である. また D の各点 x において $F(x)>0$ であれば，$1/F(x)$ は D において下に(上に)半連続である．

また $F(x)$ が D の一点 x_0 において上に半連続であるとともに下に半連続であるとき，$F(x)$ は x_0 において**連続**であるという．

定理 15.9. Dの一点x_0において $F(x_0)\neq\pm\infty$ であるとき，$F(x)$ が x_0 において連続であるがために必要にして十分な条件は，任意の正数 ε に対して，正数δを求め，$U(x_0,\delta)\frown D$ の各点 x において

(15.28)
$$|F(x)-F(x_0)|<\varepsilon$$

が成立するようにできることである．

証明. 定理 15.3 における条件 $F(x_0)+\varepsilon>F(x)$，$F(x)>F(x_0)-\varepsilon$ が条件 (15.28) と同値であることから，定理 15.9 が得られる．

定理 15.10. Dの一点x_0において $F(x_0)\neq\pm\infty$ であるとき，$F(x)$ が x_0 において連続であるがために必要にして十分な条件は

(15.29)
$$L(F,x_0)=l(F,x_0)=F(x_0)$$

である．

証明は定理 15.4 より得られる．

そこで

(15.30)
$$\omega(F,x_0)=B(F,x_0)-b(F,x_0),$$

(15.31)
$$\omega_0(F,x_0)=L(F,x_0)-l(F,x_0)$$

と置き，これらをそれぞれ x_0 における $F(x)$ の**広義**および**弱義の振動**という．定義によって

$$\omega(F,x_0)\geqq\omega_0(F,x_0)\geqq 0$$

である．また定義によって次の定理が得られる．

定理 15.11. Dの一点x_0において$F(x_0)\neq\pm\infty$であるとき，$F(x)$ が x_0 において連続であるがために必要にして十分な条件は

$$\omega(F,x_0)=0$$

である．

しかし $\omega_0(F,x_0)=0$ だけからは，x_0 において $F(x)$ が連続であることは得られない．例えば，L_n の上で

$$F(x)\equiv 1 \qquad x=x_0 \text{ のとき},$$
$$\equiv 0 \qquad x\neq x_0 \text{ のとき}$$

によって $F(x)$ を定義するとき，$\omega_0(F, x_0)=0$ であるが，$F(x)$ は x_0 において連続でない．なお

$$\omega(F, x_0)>0, \qquad \omega_0(F, x_0)=0$$

が成立するとき，x_0 を $F(x)$ の**第1種の不連続点**といい，

$$\omega(F, x_0)>0, \qquad \omega_0(F, x_0)>0$$

が成立するとき，x_0 を $F(x)$ の**第2種の不連続点**という．

他方で，第1種の不連続点で，$F(x)$ は上または下に半連続であるけれども，その逆は成立しない．第2種の不連続点で，$F(x)$ が上または下に半連続であることができる．

定理 15.12. L_n の部分集合 D で定義された一価有限函数 $F(x)$, $G(x)$ が D の一点 x_0 において連続であるとき，$F(x)+G(x)$, $F(x)-G(x)$, $F(x)G(x)$ もまた x_0 において連続である．

証明． ε を任意の正数とするとき，定理 15.9 によって正数 δ を求めて，$U(x_0, \delta)\frown D$ の各点 x で

$$(15.32) \qquad |F(x)-F(x_0)|<\varepsilon, \qquad |G(x)-G(x_0)|<\varepsilon$$

が成立するようにできる．このとき

$$|(F(x)\pm G(x))-(F(x_0)\pm G(x_0))|\leqq|F(x)-F(x_0)|+|G(x)-G(x_0)|<2\varepsilon$$

であるから，$F(x)\pm G(x)$ は x_0 において連続である．

また $\varepsilon<1$ のとき，(15.28) より，$U(x, \delta)\frown D$ の各点 x で

$$|G(x)|<|G(x_0)|+\varepsilon<|G(x_0)|+1$$

である．従って $U(x_0, \delta)\frown D$ の各点 x で

$$|F(x)G(x)-F(x_0)G(x_0)|\leqq|G(x)||F(x)-F(x_0)|$$
$$+|F(x_0)||G(x)-G(x_0)|<\varepsilon(|F(x_0)|+|G(x_0)|+1)$$

が得られる．ゆえに $F(x)G(x)$ は x_0 において連続である．

定理 15.13. $F(x)$ を L_n の部分集合 D で定義された一価有限函数で，D の各点 x で $F(x)\neq 0$ を満足するものとする．このとき D の一点 x_0 において

$F(x)$ が連続であれば，$1/F(x)$ もまた x_0 において連続である.

証明. $F(x_0)\neq 0$ であるから，正数 δ_0 を求めて，$U(x_0,\delta_0)\frown D$ の各点 x で

$$|F(x)-F(x_0)|<\frac{1}{2}|F(x_0)|$$

が成立するようにできる．このとき $U(x_0,\delta_0)\frown D$ の各点で

$$|F(x)|>\frac{1}{2}|F(x_0)| \tag{15.33}$$

である．また任意の正数 ε に対して，正数 δ_1 を求め，$U(x_0,\delta_1)\frown D$ の各点で

$$|F(x)-F(x_0)|<\varepsilon \tag{15.34}$$

が成立するようにできる．このとき

$$\left|\frac{1}{F(x)}-\frac{1}{F(x_0)}\right|=\frac{|F(x_0)-F(x)|}{|F(x)||F(x_0)|}<\frac{2\varepsilon}{|F(x_0)|^2}$$

が，$U(x_0,\delta)\frown D$（ただし $\delta=\min(\delta_0,\delta_1)$）の各点 x で成立することが (15.33), (15.34) よりわかる.

ゆえに $1/F(x)$ は x_0 において連続である.

そこで，$F(x)$ が D の各点において連続であれば，$F(x)$ は D において**連続**であるという．すると定理 15.12 よりただちに次の定理が得られる.

定理 15.14. L_n の部分集合 D で定義された一価有限函数 $F(x), G(x)$ が D で連続であるとき，$F(x)+G(x)$，$F(x)-G(x)$，$F(x)G(x)$ もまた D で連続である.

同様に，定理 15.13 より

定理 15.15. L_n の部分集合 D で定義された一価有限函数 $F(x)$ が D で連続で，D の各点で $F(x)\neq 0$ であるとき，$1/F(x)$ はまた D で連続である

が得られる.

また連続函数の合成に関して次の定理が成立する.

定理 15.16. $F_k(x)$ $(k=0,1,2,\cdots,m)$ を L_n の部分集合 D で定義された一価有限連続函数，$G(y_0,y_1,y_2,\cdots,y_m)$ を L_{m+1} で定義された一価有限連続函数とするとき，$G(F_0(x),F_1(x),\cdots,F_m(x))$ はまた D で定義された一価連続函数である.

問 1. L_n の閉集合 D において定義された一価函数 $F(x)$ が D において上(または下)に半連続であるがために必要にして十分な条件は

$$\{\langle x, y\rangle | y \leqq F(x)\} \qquad (\text{または } \{\langle x, y\rangle | y \geqq F(x)\})$$

が閉集合であることを示せ.

問 2. $F(x)$ を L_n の部分集合 D で定義された一価函数とするとき，$B(F, x)$，$L(F, x)$ は D で定義された上に半連続な函数であり，$b(F, x)$，$l(F, x)$ は D で定義された下に半連続な函数であることを証明せよ.

問 3. D を L_n に含まれる有界閉集合とし，$F(x)$ を D で定義された有限な一価連続函数とするとき，$F(x)$ は D で有界で，そこで有限な最大値と最小値とを取ることを示せ.

§ 16. ベール函数

ボレルは，L_n に含まれる閉集合または開集合から出立して，無限演算：σ 算法，δ 算法によって精確に定義された集合，すなわちボレル集合を構成することを考えたが，ベールは連続函数から出立して，極限算法によって具現的に定義された一価函数を構成することを考えた．これがベール函数で，ボレル集合とともに最も基本的な数学的対象である．ルベグはベール函数とボレル集合との関連を明らかにして，両者の構造を解明した．そこでベール函数に関するルベグの研究をここで述べる.

そこで広義の実数に関する極限算法の考察から始める.

広義の実数の作る列 $\{a_k\}$ $(k=0, 1, 2, \cdots)$ を**広義の実数列**ということにする.

補題 16.1. 広義の実数列 $\{a_k\}$ $(k=0, 1, 2, \cdots)$ に対して，広義の実数 a で，条件

(16.1) $a_k \leqq a$ (または $a \leqq a_k$) $\qquad (k=0, 1, 2, \cdots)$,

(16.2) $b < a$ (または $a < b$) を満足する任意の広義の実数 b に対して，

$b < a_k$ (または $a_k < b$) を満足する a_k が存在する

を満足するものが存在する.

証明は補題 15.1 の証明と同様にして得られる.

そこで補題 16.1 によって与えられる広義の実数 a を $\sup\limits_{k \in N} a_k$ (または $\inf\limits_{k \in N} a_k$) で示し，これを広義の実数列 $\{a_k\}$ $(k=0, 1, 2, \cdots)$ の**上端**(または**下端**)という．例えば

$$\sup_{k\in N}(-1)^k(3k+1)=+\infty, \qquad \inf_{k\in N}\frac{1}{k^2+1}=0$$

である．次に

(16.3) $$\varlimsup_{k\to\infty} a_k \equiv \inf_{k\in N}\sup_{j\in N} a_{k+j},$$

(16.4) $$\varliminf_{k\to\infty} a_k \equiv \sup_{k\in N}\inf_{j\in N} a_{k+j}$$

と置き，これをそれぞれ $\{a_k\}$ $(k=0,1,2,\cdots)$ の**上限**，**下限**という．例えば

$$\varlimsup_{k\to\infty}(-1)^k k=+\infty, \qquad \varliminf_{k\to\infty}(-1)^k k=-\infty$$

である．これらについても，定理7.11〜7.13に相当する諸結果が得られる．

また広義の実数列 $\{a_k\}$ $(k=0,1,2,\cdots)$ に対して

$$\varlimsup_{k\to\infty} a_k=\varliminf_{k\to\infty} a_k$$

が成立するとき，$\{a_k\}$ $(k=0,1,2,\cdots)$ は**収束**するといい，$\varlimsup_{k\to\infty} a_k$ をその**極限**という．そしてこれを $\lim_{k\to\infty} a_k$ で示す．例えば

$$\lim_{k\to\infty}\frac{k^2}{2k+1}=+\infty$$

である．

補題 16.2. 広義の実数列 $\{a_k\}$ $(k=0,1,2,\cdots)$ が広義の実数 a に収束するがために必要にして十分な条件は

(16.5) a が有限であるとき，任意の正数 ε に対して自然数 p を求めて，$k>p$ のとき

$$|a_k-a|<\varepsilon$$

であるようにできる

(16.6) $a=+\infty$（または $a=-\infty$）であるとき，任意の正数 ρ に対して自然数 p を求めて，$k>p$ のとき

$$a_k>\rho \qquad (\text{または } a_k<-\rho)$$

であるようにできる

である．

証明. a が有限であるときは定理 7.14 より (16.5) が得られ，$a=\pm\infty$ のときには極限の定義より (16.6) が得られる．

ところでこの補題は**収縮変換** ν を使って次のように述べられる．すなわち広義の実数 x に対して

(16.7)　$$\nu(x)\equiv\frac{x}{1+|x|}\qquad(\text{ただし }\nu(+\infty)=1,\ \nu(-\infty)=-1)$$

と置くとき，

(16.8)　$-1\leqq\nu(x)\leqq 1,$

(16.9)　$x<y$ のとき $\nu(x)<\nu(y),$

(16.10)　$|\nu(x)-\nu(y)|\leqq|x-y|$　(ただし x, y はともに正数か，ともに負数のとき)

であるから，補題 16.2 は

補題 16.3. 広義の実数列 $\{a_k\}$ $(k=0,1,2,\cdots)$ が広義の実数 a に収束するがために必要にして十分な条件は，任意の正数 ε に対して自然数 p を求めて，$k>p$ のとき

$$|\nu(a_k)-\nu(a)|<\varepsilon$$

であるようにできることである．

証明は (16.8)～(16.10) から明らかである．

そこで L_n の部分集合 D で定義された一価函数の集合 $\mathcal{H}$ を考える．f を ω で定義され，値域が $\mathcal{H}$ に含まれる一意写像とするとき，函数の列

(16.11)　$F_0, F_1, F_2, \cdots$　(ただし $f(k)=F_k$ $(k=0,1,2,\cdots)$)

が得られる．これを**函数列**といい，$\{F_k(x)\}$ $(k=0,1,2,\cdots)$ で示す．また

(16.12)　$$\sup_{k\in\omega}F_k(x)=F(x)\qquad(\text{または }\inf_{k\in\omega}F_k(x)=F(x))$$

によって，D で定義された一価函数 $F(x)$ が得られる．これを函数列 (16.4) の**上端函数**(または**下端函数**)という．

また函数列 (16.11) に対して

(16.13)　$$\overline{\lim_{k\to\infty}}\ F_k(x)\equiv\inf_{k\in N}\ \sup_{j\in N}\ F_{k+j}(x),$$

(16.14) $$\varliminf_{k\to\infty} F_k(x) \equiv \sup_{k\in N} \inf_{j\in N} F_{k+j}(x)$$

と置き，これをそれぞれ $\{F_k(x)\}$ $(k=0,1,2,\cdots)$ の**上限函数**，**下限函数**という．次に D の各点 x において

(16.15) $$\varlimsup_{k\to\infty} F_k(x) = \varliminf_{k\to\infty} F_k(x)$$

が成立するとき，函数列 $\{F_k(x)\}$ $(k=0,1,2,\cdots)$ は D において**収束**するといい，(16.15) をその**極限函数**という．そしてこれを $\lim_{k\to\infty} F_k(x)$ で示す．

定理 16.1. 函数列(16.11)が D において $F(x)$ に収束するがために必要にして十分な条件は，任意の正数 ε に対して自然数 $p(x)$ を求めて，$k>p(x)$ のとき

(16.16) $$|\nu(F_k(x))-\nu(F(x))|<\varepsilon$$

が成立するようにできることである．

証明. 補題 16.2 と収縮変換 ν の性質から，容易に定理 16.1 が得られる．

定理 16.2. 函数列 (16.11) が D において収束するがために必要にして十分な条件は，D の各点 x と任意の正数 ε に対して自然数 $p(x)$ を求めて，$k,l>p(x)$ のとき

(16.17) $$|\nu(F_k(x))-\nu(F_l(x))|<\varepsilon$$

が成立するようにできることである．

証明は定理 16.1 より明らかである．

ところで定理 16.1 において，$p(x)$ を D の点 x に関係なく選ぶことができるとき，すなわち任意の正数 ε に対して自然数 p を求めて，$k>p$ のとき

$$|\nu(F_k(x))-\nu(F(x))|<\varepsilon$$

が成立するようにできるならば，函数列 (16.11) は D において**一様に** $F(x)$ に収束するという．例えば

$$F_k(x)=\frac{kx^2}{1+k|x|} \qquad (k=0,1,2,\cdots)$$

は，L において一様に $F(x)=|x|$ に収束する．

定理 16.3. D において定義された有限函数 $F_k(x)$ $(k=0,1,2,\cdots)$ が D に

おいて有限函数 $F(x)$ に一様に収束するがために必要にして十分な条件は，任意の正数 ε に対して自然数 p を求めて，$k>p$ のとき

$$|F_k(x)-F(x)|<\varepsilon \tag{16.18}$$

が成立するようにできることである．

定理 16.4. $\mathscr{H}$ の要素からなる函数列 $\{F_k(x)\}$，$\{G_k(x)\}$ $(k=0,1,2,\cdots)$ が D においてともに有限函数に収束し，しかも $F_k(x)+G_k(x)$，$F_k(x)-G_k(x)$，$F_k(x)G_k(x)$ が D で定義されているとき，函数列 $\{F_k(x)+G_k(x)\}$，$\{F_k(x)-G_k(x)\}$，$\{F_k(x)G_k(x)\}$ $(k=0,1,2,\cdots)$ もまた D で収束し，

$$\lim_{k\to\infty}(F_k(x)+G_k(x))=\lim_{k\to\infty}F_k(x)+\lim_{k\to\infty}G_k(x), \tag{16.19}$$

$$\lim_{k\to\infty}(F_k(x)-G_k(x))=\lim_{k\to\infty}F_k(x)-\lim_{k\to\infty}G_k(x), \tag{16.20}$$

$$\lim_{k\to\infty}F_k(x)G_k(x)=\lim_{k\to\infty}F_k(x)\lim_{k\to\infty}G_k(x) \tag{16.21}$$

が成立する．

定理 16.5. $\mathscr{H}$ の要素からなる函数列 $\{F_k(x)\}$ $(k=0,1,2,\cdots)$ が D において $F(x)$ に収束し，D の各点 x において $F_k(x)\neq 0$，$F(x)\neq 0$ であるとき，函数列 $\{1/F_k(x)\}$ $(k=0,1,2,\cdots)$ は D において $1/F(x)$ に収束する．

証明は定理 7.16，定理 7.17 の証明と同様にして得られる．

そこで D で定義された一価函数の集合 $\mathscr{H}$ に対して

$$\mathscr{H}_\sigma\equiv\{\sup_{k\in N}F_k(x)\,|\,F_k(x)\in\mathscr{H}\ \ (k=0,1,2,\cdots)\}, \tag{16.22}$$

$$\mathscr{H}_\delta\equiv\{\inf_{k\in N}F_k(x)\,|\,F_k(x)\in\mathscr{H}\ \ (k=0,1,2,\cdots)\} \tag{16.23}$$

と置けば，

$$\mathscr{H}\subseteqq\mathscr{H}_\sigma,\qquad \mathscr{H}\subseteqq\mathscr{H}_\delta,$$

$$\mathscr{H}_{\sigma\sigma}=\mathscr{H}_\sigma,\qquad \mathscr{H}_{\delta\delta}=\mathscr{H}_\delta$$

である．従ってまた

$$\mathscr{H}_{\bar{\lambda}}\equiv\{\varlimsup_{k\to\infty}F_k(x)\,|\,F_k(x)\in\mathscr{H}\ \ (k=0,1,2,\cdots)\},$$

$$\mathscr{H}_{\underline{\lambda}}\equiv\{\varliminf_{k\to\infty}F_k(x)\,|\,F_k(x)\in\mathscr{H}\ \ (k=0,1,2,\cdots)\},$$

$$\mathscr{H}_{\mathfrak{C}}\equiv\{-F(x)\,|\,F(x)\in\mathscr{H}\}$$

と置けば，$\mathcal{H}_{\mathfrak{CC}}=\mathcal{H}$ によって次の補題が得られる．

補題 16.4.

(16.24)　$$\mathcal{H}_{\mathfrak{C}\sigma}=\mathcal{H}_{\delta\mathfrak{C}},\qquad \mathcal{H}_{\mathfrak{C}\delta}=\mathcal{H}_{\sigma\mathfrak{C}},$$

(16.25)　$$\mathcal{H}_{\mathfrak{C}\bar{\lambda}}=\mathcal{H}_{\underline{\lambda}\mathfrak{C}},\qquad \mathcal{H}_{\mathfrak{C}\underline{\lambda}}=\mathcal{H}_{\bar{\lambda}\mathfrak{C}}.$$

今 L_n の部分集合 D で定義された一価連続函数の全体からなる集合を $\mathcal{C}$ とする．このとき D で定義された一価函数の集合 $\mathcal{H}$ で，条件

(16.26)　$$\mathcal{C}\subseteqq\mathcal{H},$$

(16.27)　$$\mathcal{H}_{\sigma}\subseteqq\mathcal{H},$$

(16.28)　$$\mathcal{H}_{\delta}\subseteqq\mathcal{H}$$

を満足するものの全体からなる集合を $\mathfrak{S}_F$ とする．D で定義された一価函数の全体からなる集合は $\mathfrak{S}_F$ に属するから，$\mathfrak{S}_F\neq 0$ である．そこで

$$\mathcal{C}_B\equiv\bigcap_{\mathcal{H}\in\mathfrak{S}_F}\mathcal{H}$$

と置き，その要素を D で定義された**ベール函数**という．

例 1. 有理数 r_k $(k=0,1,2,\cdots)$ に対して

$$G(x)=\sup_{k\in N}F(x-r_k),\qquad \text{ただし}\quad F(x)=\lim_{n\to\infty}\frac{1}{1+n|x|}$$

はベール函数である．

定理 16.6.

(16.29)　$$\mathcal{C}\subseteqq\mathcal{C}_B,$$

(16.30)　$$\mathcal{C}_{B\sigma}=\mathcal{C}_B,$$

(16.31)　$$\mathcal{C}_{B\delta}=\mathcal{C}_B,$$

(16.32)　$$\mathcal{C}_{B\mathfrak{C}}=\mathcal{C}_B.$$

証明. $\mathfrak{S}_F$ の要素 $\mathcal{H}$ に対して $\mathcal{C}_B\subseteqq\mathcal{H}$ であるから，$\mathcal{C}_{B\sigma}\subseteqq\mathcal{H}_\sigma=\mathcal{H}$ によって $\mathcal{C}_{B\sigma}\subseteqq\bigcap_{\mathcal{H}\in\mathfrak{S}_F}\mathcal{H}=\mathcal{C}_B$ である．他方で $\mathcal{C}_B\subseteqq\mathcal{C}_{B\sigma}$ であるから $\mathcal{C}_{B\sigma}=\mathcal{C}_B$ である．同様に $\mathcal{C}_{B\delta}=\mathcal{C}_B$ が得られる．

また $\mathfrak{S}_F$ の要素 $\mathcal{H}$ に対して $\mathcal{C}\subseteqq\mathcal{H}$，$\mathcal{C}_{\mathfrak{C}}=\mathcal{C}$ であるから，$\mathcal{C}=\mathcal{C}_{\mathfrak{C}}\subseteqq\mathcal{H}_{\mathfrak{C}}$ によって $\mathcal{C}\subseteqq\mathcal{H}_{\mathfrak{C}}$ である．さらに

$$\mathcal{H}_{\mathfrak{C}\sigma}=\mathcal{H}_{\delta\mathfrak{C}}=\mathcal{H}_{\mathfrak{C}},\qquad \mathcal{H}_{\mathfrak{C}\delta}=\mathcal{H}_{\sigma\mathfrak{C}}=\mathcal{H}_{\mathfrak{C}}$$

によって，$\mathscr{H}_{\mathfrak{C}} \in \mathfrak{S}_F$ である．また $\mathscr{H}_{\mathfrak{C}\mathfrak{C}} = \mathscr{H}$ であるから

$$\mathcal{C}_{B\mathfrak{C}} \subseteqq \bigcap_{\mathscr{H} \in \mathfrak{S}_F} \mathscr{H}_{\mathfrak{C}} = \bigcap_{\mathscr{H} \in \mathfrak{S}_F} \mathscr{H} = \mathcal{C}_B,$$

すなわち $\mathcal{C}_{B\mathfrak{C}} \subseteqq \mathcal{C}_B$ である．従って $\mathcal{C}_B = \mathcal{C}_{B\mathfrak{C}\mathfrak{C}} \subseteqq \mathcal{C}_{B\mathfrak{C}}$ が得られ，$\mathcal{C}_{B\mathfrak{C}} = \mathcal{C}_B$ が証明される．

系．

(16.33) $$\mathcal{C}_{B\bar{\lambda}} \subseteqq \mathcal{C}_B,$$

(16.34) $$\mathcal{C}_{B\underline{\lambda}} \subseteqq \mathcal{C}_B,$$

(16.35) $$\mathcal{C}_{B\lambda} \subseteqq \mathcal{C}_B.$$

証明． 補題 16.4 と定理 16.6 によって $\mathcal{C}_{B\bar{\lambda}} \subseteqq \mathcal{C}_{B\sigma\delta} = \mathcal{C}_B$，すなわち $\mathcal{C}_{B\bar{\lambda}} \subseteqq \mathcal{C}_B$ が得られる．他方で $\mathcal{C}_B \subseteqq \mathcal{C}_{B\bar{\lambda}}$ であるから $\mathcal{C}_{B\bar{\lambda}} = \mathcal{C}_B$ が成立する．同様に $\mathcal{C}_{B\underline{\lambda}} = \mathcal{C}_{B\lambda} = \mathcal{C}_B$ が得られる．

ところでボレル集合と同様に，ベール函数も順序数によって次のように分類される．すなわち

$$\mathcal{C}^0 \equiv \mathcal{C}_\sigma, \qquad \mathcal{C}_0 \equiv \mathcal{C}_\delta,$$

$$\mathcal{C}^\xi \equiv \Big(\bigcup_{\eta<\xi} (\mathcal{C}^\eta \smile \mathcal{C}_\eta)\Big)_\sigma \qquad (\xi>0),$$

$$\mathcal{C}_\xi \equiv \Big(\bigcup_{\eta<\xi} (\mathcal{C}^\eta \smile \mathcal{C}_\eta)\Big)_\delta \qquad (\xi>0).$$

と置く．

例 2． 例 1（前ページ）で定義されたベール函数 $F(x)$ は $\mathcal{C}_0$ に属し，$G(x)$ は $\mathcal{C}^1$ に属す．

定理 16.7．

(16.36) $$\mathcal{C}^\xi \subseteqq \mathcal{C}^\eta, \qquad \mathcal{C}_\xi \subseteqq \mathcal{C}_\eta \qquad (\xi<\eta),$$

(16.37) $$\mathcal{C}^\xi \subseteqq \mathcal{C}_\eta, \qquad \mathcal{C}_\xi \subseteqq \mathcal{C}^\eta \qquad (\xi<\eta).$$

証明． 定理 9.2 の証明と同様である．

定理 16.8．

(16.38) $$\mathcal{C}^\xi = (\mathcal{C}_{\xi_0})_\sigma \qquad \xi=\xi_0+1 \text{ のとき，}$$

$$= \Big(\bigcup_{\eta<\xi} \mathcal{C}_\eta\Big)_\sigma \qquad \xi \text{ が極限数であるとき．}$$

(16.39)
$$\mathcal{C}_\xi=(\mathcal{C}^{\xi_0})_\delta \qquad \xi=\xi_0+1 \text{ のとき},$$
$$=(\bigcup_{\eta<\xi}\mathcal{C}^\eta)_\delta \qquad \xi \text{ が極限数であるとき}.$$

証明. 定理 9.3 の証明と同様である.

系.

(16.40)　$(\mathcal{C}^\xi)_\sigma=\mathcal{C}^\xi,\quad (\mathcal{C}^\xi)_\delta=\mathcal{C}_{\xi+1},$

(16.41)　$(\mathcal{C}_\xi)_\delta=\mathcal{C}_\xi,\quad (\mathcal{C}_\xi)_\sigma=\mathcal{C}^{\xi+1}.$

定理 16.9.　$(\mathcal{C}^\xi)_\mathfrak{C}=\mathcal{C}_\xi,\quad (\mathcal{C}_\xi)_\mathfrak{C}=\mathcal{C}^\xi.$

証明. $\xi=0$ のとき定理 16.9 は明らかに成立する.

次に $\xi<\xi_0$ のとき定理 16.9 は成立するとする. このとき

$$(\mathcal{C}^{\xi_0})_\mathfrak{C}=(\bigcup_{\eta<\xi_0}(\mathcal{C}^\eta\smile(\mathcal{C}^\eta)_\mathfrak{C}))_{\sigma\mathfrak{C}}$$
$$=(\bigcup_{\eta<\xi_0}((\mathcal{C}^\eta)_\mathfrak{C}\smile(\mathcal{C}^\eta)_{\mathfrak{C}\mathfrak{C}})_\delta=\mathcal{C}_{\xi_0}$$

によって, $(\mathcal{C}^{\xi_0})_\mathfrak{C}=\mathcal{C}_{\xi_0}$ が得られる.

同様に $(\mathcal{C}_{\xi_0})_\mathfrak{C}=\mathcal{C}^{\xi_0}$ も得られる. ゆえに超限的帰納法によって定理 16.9 が証明される.

補題 16.5. $F(x)$ を $\mathcal{C}^\xi$ (または $\mathcal{C}_\xi$) の要素とするとき, 定数 c に対して, $\max(F(x),c)$, $\min(F(x),c)$ はまた $\mathcal{C}^\xi$ (または $\mathcal{C}_\xi$) に属す.

証明. 定義によって

$$\max(\sup_{k\in N}F_k(x),c)=\sup_{k\in N}\max(F_k(x),c),$$
$$\max(\inf_{k\in N}F_k(x),c)=\inf_{k\in N}\max(F_k(x),c)$$

であるから, ξ に関する超限的帰納法によって, $F(x)$ を $\mathcal{C}^\xi$ の要素とするとき, $\max(F(x),c)$ もまた $\mathcal{C}^\xi$ の要素であることが証明される.

同様に補題 16.5 の他の部分も証明される.

定理 16.10. L_m の部分閉集合 D が, 条件

(16.42)　$\langle a_1,a_2,\cdots,a_m\rangle\in D$, $a_k\leqq b_k$ $(k=1,2,\cdots,m)$ のとき, $\langle b_1,b_2,\cdots,b_m\rangle\in D$ である

を満足し, D で定義された有限連続函数 $G(y_1,y_2,\cdots,y_m)$ が, 条件

(16.43) Dの2点 $\langle a_1, a_2, \cdots, a_m\rangle$, $\langle b_1, b_2, \cdots, b_m\rangle$ に対して $a_k \leqq b_k$ $(k=1, 2, \cdots, m)$ のとき, $G(a_1, a_2, \cdots, a_m) \leqq G(b_1, b_2, \cdots, b_m)$ である

を満足するとする．このとき $\mathcal{C}^\xi$ (または $\mathcal{C}_\xi$) の函数 $F_k(x)$ $(k=1, 2, \cdots, m)$ に対して, $G(F_1(x), F_2(x), \cdots, F_m(x))$ がまた L_n で定義されているならば, $G(F_1(x), F_2(x), \cdots, F_m(x))$ はまた $\mathcal{C}^\xi$ (または $\mathcal{C}_\xi$) に属す.

証明. 順序数ξに関する超限的帰納法によって, 定理16.10を証明する．今 $\langle x_1, x_2, \cdots, x_m\rangle \in D$ を満足する x_k の下端を c_k とし, $F_k(x)$ に対して

(16.44) $$F_k^*(x) = \max(c_k, F_k(x)) \qquad (k=1, 2, \cdots, n)$$

とする.

$F_k(x)$ が L_n において連続であるとき, $G(F_1(x), F_2(x), \cdots, F_m(x))$ もまた連続である．従って $F_k^*(x)=F_k(x)$ $(k=1, 2, \cdots, m)$ であれば, これは $\mathcal{C}$ に属す.

次に第1級または第2級の順序数ηに対して $\xi<\eta$ のとき, 定理16.10は成立するとする．そこで $F_k(x)$ $(k=1, 2, \cdots, m)$ を $\mathcal{C}^\eta$ の要素とすれば, $\bigcup_{\xi<\eta}(\mathcal{C}^\xi \smile \mathcal{C}_\xi)$ の要素 $F_{kj}(x)$ $(k, j=0, 1, 2, \cdots)$ を求めて, $F_k(x)=\sup_{j\in N} F_{kj}(x)$ であるようにできる．このとき $F_k(x)=F_k^*(x)$ $(k=1, 2, \cdots, m)$ であれば, $F_k(x)=\sup_{j\in N} F_{kj}^*(x)$ によって

$$G(F_1(x), F_2(x), \cdots, F_m(x))$$
$$= \sup_{j_1\in N} \sup_{j_2\in N}, \cdots, \sup_{j_m\in N} G(F_{1j_1}^*(x), F_{2j_2}^*(x), \cdots, F_{mj_m}^*(x))$$

であって, この右辺の各項は $\bigcup_{\xi<\eta}(\mathcal{C}^\xi \smile \mathcal{C}_\xi)$ に属す．従って $G(F_1(x), F_2(x), \cdots, F_m(x))$ は $\mathcal{C}^\eta$ の要素である.

また $F_k(x)$ $(k=1, 2, \cdots, m)$ を $\mathcal{C}_\eta$ の要素とするとき, $F_k(x)=F_k^*(x)$ $(k=1, 2, \cdots, m)$ であれば, 前と同様に $G(F_1(x), F_2(x), \cdots, F_m(x))$ が $\mathcal{C}_\eta$ の要素であることがわかる.

同様に, $\xi=0$ のときにも定理 16.10 は証明される.

ゆえに超限的帰納法によって定理16.10が得られる.

定理 16.11. $$\mathcal{C}_B = \bigcup_{\xi<\omega_1} \mathcal{C}^\xi, \qquad \mathcal{C}_B = \bigcup_{\xi<\omega_1} \mathcal{C}_\xi.$$

証明. 定義によって $\mathcal{C} \subseteqq \bigcup_{\xi<\omega_1} \mathcal{C}^\xi$ である.

また $F_k(x)\in\bigcup_{\xi<\omega_1}\mathcal{C}^{\xi}$ $(k=0,1,2,\cdots)$ のとき，定理9.6の証明方法によって，$F_k(x)\in\mathcal{C}^{\xi_k}$ $(k=0,1,2,\cdots)$ を満足する順序数 ξ_k $(k=0,1,2,\cdots)$ が得られる．

従って定理4.10の系によって，$\xi_k<\xi^*$ $(k=0,1,2,\cdots)$ を満足する第2級の順序数 ξ^* が存在する．このとき $\mathcal{C}^{\xi_k}\subseteqq\mathcal{C}^{\xi^*}$ であるから，$F_k(x)\in\mathcal{C}^{\xi^*}$ $(k=0,1,2,\cdots)$ が得られる．ゆえに $\sup_{k\in N}F_k(x)\in\mathcal{C}^{\xi^*}\subseteqq\bigcup_{\xi<\omega_1}\mathcal{C}^{\xi}$ である．よって $(\bigcup_{\xi<\omega_1}\mathcal{C}^{\xi})_\sigma=\bigcup_{\xi<\omega_1}\mathcal{C}^{\xi}$ が成立する．

同様に $(\bigcup_{\xi<\omega_1}\mathcal{C}^{\xi})_\delta=\bigcup_{\xi<\omega_1}\mathcal{C}^{\xi}$ である．

ゆえに $\bigcup_{\xi<\omega_1}\mathcal{C}^{\xi}\in\mathfrak{S}_F$ が得られる．よって $\mathcal{C}_B\subseteqq\bigcup_{\xi<\omega_1}\mathcal{C}^{\xi}$ である．

また $\mathcal{H}$ を $\mathfrak{S}_F$ の要素とするとき，$\bigcup_{\xi<\omega_1}\mathcal{C}^{\xi}\subseteqq\mathcal{H}$ でなければ，$\mathcal{C}^{\xi}\frown\mathfrak{C}(\mathcal{H})\neq\phi$ を満足する順序数 ξ が存在する．その中の最小数を ξ^* とする．定義によって $\mathcal{C}^{k}\in\mathcal{H}$ $(k=0,1,2,\cdots)$ であるから，ξ^* は第2級の順序数である．そこで ξ^* より小である順序数を ξ_k $(k=0,1,2,\cdots)$ とすれば，$\mathcal{C}^{\xi_k}\subseteqq\mathcal{H}$ $(k=0,1,2,\cdots)$ である．また $\mathcal{H}_\sigma=\mathcal{H}$ であるから，$\bigcup_{k=0}^{\infty}\mathcal{C}^{\xi_k}\subseteqq\mathcal{H}$ によって

$$\mathcal{C}^{\xi^*}=\left(\bigcup_{k=0}^{\infty}\mathcal{C}^{\xi_k}\right)_\sigma\subseteqq\mathcal{H}_\sigma=\mathcal{H}$$

である．これは矛盾である．よって $\bigcup_{\xi<\omega_1}\mathcal{C}^{\xi}\subseteqq\mathcal{H}$ である．

従って $\mathcal{C}_B$ の定義より $\bigcup_{\xi<\omega_1}\mathcal{C}^{\xi}\subseteqq\mathcal{C}_B$ が得られる．ゆえに，すでに得られた結果と合わせて $\mathcal{C}_B=\bigcup_{\xi<\omega_1}\mathcal{C}^{\xi}$ である．

また $\bigcup_{\xi<\omega_1}\mathcal{C}^{\xi}=\bigcup_{\xi<\omega_1}\mathcal{C}_{\xi}$ であることは明らかである．

従ってベール函数は第1級または第2級の順序数によって分類される．また

$$\mathcal{C}_{\xi}^{\xi}=\mathcal{C}^{\xi}\frown\mathcal{C}_{\xi}$$

と置き，$\mathcal{C}_{\xi}^{\xi}$ の要素を**第 ξ 級のベール函数**という．定義によって

$$\mathcal{C}_B=\bigcup_{\xi<\omega_1}\mathcal{C}_{\xi}^{\xi}$$

であり，$\xi<\eta$ のとき

$$\mathcal{C}_{\xi}^{\xi}\subseteqq\mathcal{C}_{\eta}^{\eta}$$

である．

定理 16.12.　　$(\mathcal{C}_{\xi}^{\xi})_\sigma=\mathcal{C}^{\xi}$,　　$(\mathcal{C}_{\xi}^{\xi})_\delta=\mathcal{C}_{\xi}$.

証明. 定義によって

$$\bigcup_{\eta<\xi}(\mathcal{C}^{\eta}\smile\mathcal{C}_{\eta})\subseteqq\mathcal{C}_{\xi}^{\xi}$$

である. ゆえに

$$\mathcal{C}^{\xi}=(\bigcup_{\eta<\xi}(\mathcal{C}^{\eta}\smile\mathcal{C}_{\eta}))_{\sigma}\subseteqq(\mathcal{C}_{\xi}^{\xi})_{\sigma}\subseteqq(\mathcal{C}^{\xi})_{\sigma}=\mathcal{C}^{\xi}$$

によって, $\mathcal{C}^{\xi}=(\mathcal{C}_{\xi}^{\xi})_{\sigma}$ である. 同様に $\mathcal{C}_{\xi}=(\mathcal{C}_{\xi}^{\xi})_{\delta}$ が得られる.

定理 16.13.

(16.45) $$(\mathcal{C}_{\xi}^{\xi})_{\lambda}\subseteqq\mathcal{C}_{\xi+1}^{\xi+1},$$

(16.46) $$(\mathcal{C}_{\xi}^{\xi})_{\bar{\lambda}}\subseteqq\mathcal{C}_{\xi+1},\qquad(\mathcal{C}^{\xi}{}_{\xi})_{\underline{\lambda}}\subseteqq\mathcal{C}^{\xi+1}.$$

証明. $(\mathcal{C}_{\xi}^{\xi})_{\bar{\lambda}}\subseteqq(\mathcal{C}_{\xi}^{\xi})_{\sigma\delta}\subseteqq(\mathcal{C}^{\xi})_{\delta}=\mathcal{C}_{\xi+1}$ によって (16.46) の前半が得られる. 同様にその後半も成立する. 従って (16.45) が得られる.

注意. (16.45) については $(\mathcal{C}_{\xi}^{\xi})_{\lambda}=\mathcal{C}_{\xi+1}^{\xi+1}$ が成立する. これは第 4 巻の「実函数論演習」で述べる.

ところでベール函数はボレル集合に密接に関係している. §5 において集合の特性函数を定義したが, それと同様に D を L_n の部分集合, E を D の部分集合とするとき,

$$\begin{aligned}F_E(x)&=1 \qquad x\in E\ \text{のとき},\\ &=0 \qquad x\in D\frown\mathfrak{C}(E)\ \text{のとき}\end{aligned}$$

によって定義される一価函数 $F_E(x)$ を E の**特性函数**という. このとき D の部分集合 E_k $(k=0,1,2,\cdots)$ に対して

(16.47) $$\sup_{k\in N}F_{E_k}(x)=F_G(x),\qquad G=\bigcup_{k=0}^{\infty}E_k,$$

(16.48) $$\inf_{k\in N}F_{E_k}(x)=F_H(x),\qquad H=\bigcap_{k=0}^{\infty}E_k$$

が得られる. また

$$\overline{\lim_{k\to\infty}}F_{E_k}(x)=F_G(x),$$

$$\underline{\lim_{k\to\infty}}F_{E_k}(x)=F_H(x)$$

であるとき, G, H をそれぞれ集合列 $\{E_k\}$ $(k=0,1,2,\cdots)$ の**上限**, **下限**といい,

これをそれぞれ $\overline{\lim_{k\to\infty}} E_k$, $\underline{\lim_{k\to\infty}} E_k$ で示す.

補題 16.6.

$$\overline{\lim_{k\to\infty}} E_k=\bigcap_{j=0}^{\infty}\bigcup_{k=0}^{\infty}E_{j+k}, \tag{16.49}$$

$$\underline{\lim_{k\to\infty}} E_k=\bigcup_{j=0}^{\infty}\bigcap_{k=0}^{\infty}E_{j+k}. \tag{16.50}$$

証明. $x\in\overline{\lim_{k\to\infty}} E_k$ のときには $\overline{\lim_{k\to\infty}} F_{E_k}(x)=1$ であるから, $F_{E_k}(x)=1$ を満足する自然数 k が無限に存在する. 従って $x\in E_k$ を満足する自然数 k が無限に存在し, $x\in\bigcup_{k=0}^{\infty}E_{j+k}$ $(j=0,1,2,\cdots)$ が得られる. よって (16.49) の左辺は右辺に含まれる. 同様に (16.49) の右辺が左辺に含まれることが証明され, (16.49) が得られる.

また同様に (16.50) が証明される.

そこで $\overline{\lim_{k\to\infty}} E_k=\underline{\lim_{k\to\infty}} E_k$ であれば, 集合列 $\{E_k\}$ $(k=0,1,2,\cdots)$ は**収束する**といい, $\overline{\lim_{k\to\infty}} E_k$ をその**極限**という. そしてこれを $\lim_{k\to\infty} E_k$ で示す.

補題 16.7. 集合列 $\{E_k\}$, $\{F_k\}$ $(k=0,1,2,\cdots)$ がともに収束するとき, 集合列 $\{E_k\smile F_k\}$, $\{E_k\frown F_k\}$, $\{\mathfrak{C}(E_k)\}$ $(k=0,1,2,\cdots)$ もまた収束して, 次の等式が成立する.

$$\lim_{k\to\infty}(E_k\smile F_k)=\lim_{k\to\infty}E_k\smile\lim_{k\to\infty}F_k, \tag{16.51}$$

$$\lim_{k\to\infty}(E_k\frown F_k)=\lim_{k\to\infty}E_k\frown\lim_{k\to\infty}F_k, \tag{16.52}$$

$$\lim_{k\to\infty}\mathfrak{C}(E_k)=\mathfrak{C}(\lim_{k\to\infty}E_k). \tag{16.53}$$

また L_n の部分集合からなる集合 $\mathcal{H}$ に対して

$$\mathcal{H}_{\bar{\lambda}}=\{\overline{\lim_{k\to\infty}} E_k \mid E_k\in\mathcal{H}\ \ (k=0,1,2,\cdots)\}, \tag{16.54}$$

$$\mathcal{H}_{\underline{\lambda}}=\{\underline{\lim_{k\to\infty}} E_k \mid E_k\in\mathcal{H}\ \ (k=0,1,2,\cdots)\}, \tag{16.55}$$

$$\mathcal{H}_{\lambda}=\{\lim_{k\to\infty} E_k \mid E_k\in\mathcal{H}\ \ (k=0,1,2,\cdots)\} \tag{16.56}$$

と置く.

このとき定義より次の補題が得られる.

補題 16.8.

(16.57) $$\mathcal{H}_{\bar{\lambda}} \subseqq \mathcal{H}_{\sigma\delta},$$

(16.58) $$\mathcal{H}_{\underline{\lambda}} \subseqq \mathcal{H}_{\delta\sigma},$$

(16.59) $$\mathcal{H}_{\lambda} \subseqq \mathcal{H}_{\sigma\delta} \frown \mathcal{H}_{\delta\sigma}.$$

定理 16.14.

(16.60) $$(\mathcal{B}^{\xi}_{\xi})_{\lambda} \subseqq \mathcal{B}^{\xi+1}_{\xi+1},$$

(16.61) $$(\mathcal{B}^{\xi}_{\xi})_{\bar{\lambda}} \subseqq \mathcal{B}_{\xi+1}, \qquad (\mathcal{B}^{\xi}_{\xi})_{\underline{\lambda}} \subseqq \mathcal{B}^{\xi+1}.$$

証明は補題 16.8 と定理 16.13 から得られる.

注意. (16.45) の場合と同様に, (16.60) についても, $(\mathcal{B}^{\xi}_{\xi})_{\lambda} = \mathcal{B}^{\xi+1}_{\xi+1}$ が成立する. これは第 4 巻の「実函数論演習」で述べる.

今から, L_n で定義されたベール函数を考える. ベール函数 $F(x)$ と有理数 r とに対して

(16.62) $$[F>r] \equiv \{x | F(x) > r\},$$

(16.63) $$[F \geqq r] \equiv \{x | F(x) \geqq r\},$$

(16.64) $$[F<r] \equiv [-F>-r],$$

(16.65) $$[F \leqq r] \equiv [-F \geqq -r]$$

と置く. また有理数の全体を並べて得られる無限列を $\{r_k\}$ $(k=0, 1, 2, \cdots)$ とする. このとき集合列 $\{[F>r_k]\}$, $\{[F \geqq r_k]\}$, $\{[F<r_k]\}$, $\{[F \leqq r_k]\}$ $(k=0, 1, 2, \cdots)$ を $F(x)$ の**特性列**という. ところで特性列の一つは他の特性列から得られる. 実際

補題 16.9.

(16.66) $$[F \geqq r_k] = \bigcap_{l=0}^{\infty} \left[F > r_k - \frac{1}{l+1} \right],$$

(16.67) $$[F > r_k] = \bigcup_{l=0}^{\infty} \left[F \geqq r_k + \frac{1}{l+1} \right]$$

が成立する. また函数の和, 積については次の関係式が得られる.

補題 16.10.

(16.68) $$[F_1 + F_2 > r] = \bigcup_{k=0}^{\infty} ([F_1 > r - r_k] \frown [F_2 > r_k]),$$

$$(16.69)\qquad [F_1+F_2\geqq r]=\bigcap_{k=0}^{\infty}\left[F_1+F_2>r-\frac{1}{k+1}\right],$$

$$(16.70)\qquad [F_1F_2>r]=\bigcup_{r_k>0}\left([F_1>r_k]\frown\left[F_2>\frac{r}{r_k}\right]\right),$$

$$(16.71)\qquad [F_1F_2\geqq r]=\bigcap_{k>\frac{1}{r}-1}\left[F_1F_2>r-\frac{1}{k+1}\right].$$

ただし (16.70), (16.71) においては, L_n の各点 x において $F_1(x)\geqq 0$, $F_2(x)\geqq 0$ であって, $r>0$ とする.

証明. $F_1(x)+F_2(x)>r$ のとき $F_2(x)>r-F_1(x)$ であるから, $F_2(x)>r_k>r-F_1(x)$ を満足する有理数 r_k が存在する. 逆にこのような有理数 r_k が存在すれば $F_1(x)+F_2(x)>r$ であるから, (16.68) が得られる. 同様に (16.70) も証明される.

また (16.69) は (16.68) から, (16.71) は (16.70) から直ちに得られる.

補題 16.11.

$$(16.72)\qquad [\sup_{k\in N}F_k>r]=\bigcup_{k=0}^{\infty}[F_k>r],$$

$$(16.73)\qquad [\sup_{k\in N}F_k\geqq r]=\bigcap_{l=0}^{\infty}\left[\sup_{k\in N}F_k>r-\frac{1}{l+1}\right],$$

$$(16.74)\qquad [\inf_{k\in N}F_k>r]=\bigcup_{l=0}^{\infty}\left[\inf_{k\in N}F_k\geqq r+\frac{1}{l+1}\right],$$

$$(16.75)\qquad [\inf_{k\in N}F_k\geqq r]=\bigcap_{k=0}^{\infty}[F_k\geqq r].$$

証明は sup, inf の定義より明らかである.

補題 16.12. $\mathcal{C}_B$ の要素 $F_k(x)$ $(k=1,2)$ に対して

$$(16.76)\qquad [F_1>r_k]=[F_2>r_k]\qquad (k=0,1,2,\cdots)$$

である限り $F_1(x)=F_2(x)$ である.

証明. L_n の一点 x_0 において $F_1(x_0)>F_2(x_0)$ であれば, $F_1(x_0)>r_k>F_2(x_0)$ を満足する有理数 r_k が存在し, $x_0\in[F_1>r_k]$, $x_0\overline{\in}[F_2>r_k]$ となる. これは矛盾である.

また $F_2(x_0)>F_1(x_0)$ のときにも同様に矛盾が得られる. ゆえに (16.76)

が成立するとき $F_1(x)=F_2(x)$ である．そしてこの逆も明らかである．

補題 16.13. E を L_n に含まれる $\mathscr{B}^\xi$（または $\mathscr{B}_\xi$）の要素とするとき，その特性函数 $F_E(x)$ は $\mathcal{C}^\xi$（または $\mathcal{C}_\xi$）に属す．

証明. 初めに $\xi=0$ のときを考える．$E\in\mathscr{B}^0$ のとき，E は L_n に含まれる開集合である．そこで

$$D(x)=\inf_{y\in\mathfrak{C}(E)}\mathrm{dis}(x,y)$$

と置く．L_n の 2 点 x_1, x_2 に対して

$$D(x_1)+\mathrm{dis}(x_1,x_2)\geqq D(x_2),$$
$$D(x_2)+\mathrm{dis}(x_2,x_1)\geqq D(x_1)$$

であるから，$|D(x_1)-D(x_2)|\leqq \mathrm{dis}(x_1,x_2)$ である．ゆえに $D(x)$ は L_n において連続である．また $\mathfrak{C}(E)$ は L_n に含まれる閉集合であるから，

$$\{x|D(x)=0\}=\mathfrak{C}(E)$$

である．そこで

$$F_k(x)=\min(1,(k+1)D(x)) \qquad (k=0,1,2,\cdots)$$

と置けば，L_n の各点において $0\leqq F_k(x)\leqq 1$ が成立し，また $F_k(x)\leqq F_{k+1}(x)$ $(k=0,1,2,\cdots)$ である．他方で $[F_k=0]=\mathfrak{C}(E)$ で，$x\in E$ のとき $\lim_{k\to\infty}F_k(x)=1$ である．よって

$$F_E(x)=\sup_{k\in N}F_k(x)$$

が得られる．従って $F_E(x)$ は $\mathcal{C}^0$ に属す．また

$$F_{\mathfrak{C}(E)}(x)=1-F_E(x)=\inf_{k\in N}(1-F_k(x))$$

であるから，$F_{\mathfrak{C}(E)}(x)$ は $\mathcal{C}_0$ に属す．

よって $\xi=0$ のとき補題 16.13 は成立する．

次に順序数 η に対して $\xi<\eta$ のとき，補題 16.13 が成立するとする．このとき $\mathscr{B}^\eta$ の要素 E を取る．定義によって，$E=\bigcup_{k=0}^{\infty}E_k$ を満足する $\mathscr{B}_{\xi_k}$（ただし $\xi_k<\eta$）の要素 E_k が存在する．また仮定によって $F_{E_k}(x)\in\mathcal{C}_{\xi_k}$ $(k=0,1,2,\cdots)$ が成立する．ところで

$$F_E(x)=\sup_{k\in N}F_{E_k}(x)$$

であるから，$F_E(x)\in\mathcal{C}^\eta$ である．

同様に，$E\in\mathcal{B}_\eta$ のとき $F_E(x)\in\mathcal{C}_\eta$ が得られる．

ゆえに超限的帰納法によって補題 16.13 が証明される．

注意． $F_E(x)$ に対して

$$G_{E,r}(x)\equiv G_r(F_E(x)),$$

ただし

$$G_r(x)\equiv-\infty \qquad x=0 \text{ のとき},$$
$$\equiv-\frac{1}{x}+(r+1) \qquad x\neq 0 \text{ のとき}$$

と置くとき，

$$G_{E,r}(x)\equiv r \qquad x\in E \text{ のとき},$$
$$\equiv-\infty \qquad x\bar{\in} E \text{ のとき}$$

であって，$F_E(x)\in\mathcal{C}^0$（または $\mathcal{C}_0$）のとき，$G_{E,r}(x)\in\mathcal{C}^0$（または $\mathcal{C}_0$）である．

定理 16.15． L_n で定義された一価函数 $F(x)$ が $\mathcal{C}^\xi$（または $\mathcal{C}_\xi$）に属するために必要にして十分な条件は

$$[F>r_k]\in\mathcal{B}^\xi \qquad (\text{または } [F<r_k]\in\mathcal{B}^\xi)$$

が成立することである．

証明． 初めに $\xi=0$ のときを考える．$F(x)\in\mathcal{C}^0$ のとき $F(x)=\sup_{k\in N}F_k(x)$ を満足する $\mathcal{C}$ の要素 $F_k(x)$ $(k=0,1,2,\cdots)$ が存在する．ところで $[F_j>r_k]\in\mathcal{B}^0$ であって

$$[F>r_k]=\bigcup_{j=0}^{\infty}[F_j>r_k]$$

であるから，$[F>r_k]\in\mathcal{B}^0$ である．

同様に，$F(x)\in\mathcal{C}_0$ のとき $[F<r_k]\in\mathcal{B}^0$ である．ゆえに与えられた条件は必要条件である．

次に $F(x)$ が $[F>r_k]\in\mathcal{B}^0$ $(k=0,1,2,\cdots)$ を満足するとする．そこで

$$(16.77)\qquad F_k(x)=G_{E_k,r_k}(x), \qquad \text{ただし}\quad E_k=[F>r_k]$$

と置けば，すでに述べたように $F_k(x)\in\mathcal{C}^0$ $(k=0,1,2,\cdots)$ である．ところで

$$F(x)=\sup_{k\in N}F_k(x)$$

である．実際 $F_k(x)\leqq F(x)$ であるから，$\sup_{k\in N}F_k(x)\leqq F(x)$ である．また L_n

の一点 x_0 で $\sup_{k\in N} F_k(x_0)<F(x_0)$ であれば，$\sup_{k\in N} F_k(x_0)<r_j<F(x_0)$ を満足する有理数 r_j が存在する．これは $F_k(x)$ の定義に矛盾する．ゆえに $F(x)=\sup_{k\in N} F_k(x)$ が得られ，$F(x)\in\mathcal{C}^0$ である．

同様に，$[F<r_k]\in\mathcal{B}^0$ $(k=0,1,2,\cdots)$ のとき $F(x)\in\mathcal{C}_0$ である．

よって $\xi=0$ の場合，定理 16.15 は証明される．

次に順序数 η に対して $\xi<\eta$ のとき，定理 16.15 が成立するとする．

そこで $F(x)\in\mathcal{C}^\eta$ のとき，$F(x)=\sup_{k\in N}F_k(x)$ を満足する $\mathcal{C}_{\xi_k}$（ただし $\xi_k<\eta$）の要素 $F_k(x)$ が存在する．また仮定によって $[F_j<r_k]\in\mathcal{B}^{\xi_k}$ である．ところで $F_j(x)$ の代りに $\max(F_0(x),F_1(x),\cdots,F_j(x))$ を取ることもできるので，L_n の各点 x で $F_j(x)\leqq F_{j+1}(x)$ であると仮定することができる．またこのとき

$$F_j(x)-\frac{1}{2^j}<F_{j+1}(x)-\frac{1}{2^{j+1}},\qquad \lim_{j\to\infty}\frac{1}{2^j}=0$$

であるから，$F_j(x)$ の代りに $F_j(x)-\dfrac{1}{2^j}$ を取って，L_n の各点 x で

$$F_j(x)<F_{j+1}(x) \tag{16.78}$$

であると仮定することができる．このとき $F(x)=\sup_{k\in N}F_k(x)$ によって

$$[F\leqq r_k]=\bigcap_{j=0}^{\infty}[F_j<r_k] \tag{16.79}$$

が得られる．実際 (16.78) によって，$\lim_{j\to\infty}F_j(x)=r_k$ であるときに限り $F(x)=r_k$ であるから，(16.79) が成立する．従って $[F\leqq r_k]\in\mathcal{B}_\eta$ である．ゆえに $[F>r_k]\in\mathcal{B}^\eta$ が得られる．

同様に $F(x)\in\mathcal{C}_\eta$ のとき $[F<r_k]\in\mathcal{B}^\eta$ である．ゆえに $\xi=\eta$ の場合にも，与えられた条件は必要条件である．

次に $F(x)$ に関して $[F>r_k]\in\mathcal{B}^\eta$ $(k=0,1,2,\cdots)$ であるとする．そこで (16.77) によって $F_k(x)$ $(k=0,1,2,\cdots)$ を定義すれば，補題 16.13 によって前の場合と同様に $F_k(x)\in\mathcal{C}^\eta$ $(k=0,1,2,\cdots)$ が証明される．従って $F(x)=\sup_{k\in N}F_k(x)$ より $F(x)$ もまた $\mathcal{C}^\eta$ に属す．

同様に $[F<r_k]\in\mathcal{B}^\eta$ $(k=0,1,2,\cdots)$ であるとき，$F(x)$ が $\mathcal{C}_\eta$ に属するこ

とがわかる.

ゆえに超限的帰納法によって定理16.15が証明される.

ところでこの定理からいろいろなベール函数の存在がわかる. 実際 E を L_n に含まれる真に第 ξ 級のボレル集合とするとき, その特性函数 $F_E(x)$ は真に第 ξ 級のベール函数であるからである.

またこの定理に示唆されて, 射影函数が定義されている. すなわち $F(x)$ を L_n で定義された一価函数とするとき, すべての有理数 r に対して $[F>r]$ が P_k (または C_k) 集合であるとき, $F(x)$ を $\boldsymbol{P}_k$ **函数** (または $\boldsymbol{C}_k$ **函数**) といい, 同時に P_k 函数で C_k 函数であるものを $\boldsymbol{B}_k$ **函数**という. またこれらを総称して**射影函数**という.

問 1. L_n で定義された一価函数 $F(x)$ の不連続点の集合が可付番であるとき, $F(x)$ は第1級のベール函数であることを証明せよ.

問 2. L で定義された第1級のベールの函数の不連続点の集合が $\mathscr{B}^1$ に属する第1類集合であることを証明せよ.

問 題 5

1. D を L_n に含まれる有界閉集合とし, $F(x)$ を D で定義された有限な一価連続函数とするとき, 任意の正数 ε に対して, 正数 δ を求め, 次の条件

D の任意の2点 u, v に対して, $\mathrm{dis}(u,v)<\delta$ のとき, $|F(u)-F(v)|<\varepsilon$ である

が満足されるようにできることを証明せよ.

2. カントルの不連続体 C で定義された一価連続函数 $F(x)$ を求めて, その値域が L に含まれる, 与えられた有界閉集合であるようにせよ.

3. ベールの空間 B で定義された一価連続函数 $F(x)$ を求めて, その値域が L で, B の任意の異なる2点 u, v に対して $F(u)\neq F(v)$ であるようにせよ.

4. $F(x)$ を L で定義された一価函数であるとき,

$$\{\langle x, y\rangle | y=F(x)\}$$

が $L\times L$ に含まれる解析集合であれば, $F(x)$ はベールの函数であることを証明せよ.

5. L で定義された一価連続函数の列 $\{F_k(x)\}$ $(k=0,1,2,\cdots)$ に対して, $\lim\limits_{k\to\infty}F_k(x)$ が存在するような L の点 x の集合 C は $\mathscr{B}_2$ に属すことを証明せよ.

第6章 ルベグ積分

§ 17. ルベグ積分

ルベグ積分を定義するために，可測函数の考察から始める．L_n で定義された一価函数 $F(x)$ がすべての有理数 r に対して

$$[F>r]\in\mathcal{B}_M \tag{17.1}$$

を満足するならば，$F(x)$ は**可測**であるという．例えば E を L_n に含まれる可測集合とするとき，その特性函数 $F_E(x)$ は可測である．

今 L_n で定義された可測函数の全体からなる集合を $\mathcal{C}_M$ で示す．

補題 17.1. 一価函数 $F(x)$ の可測性に関する条件 (17.1) における $[F>r]$ を $[F\geqq r]$，$[F<r]$，$[F\leqq r]$ の一つで置き換えることができる．

証明． 補題 16.9 より明らかである．

定理 17.1.

$$\mathcal{C}_{M\sigma}=\mathcal{C}_M, \tag{17.2}$$

$$\mathcal{C}_{M\delta}=\mathcal{C}_M, \tag{17.3}$$

$$\mathcal{C}_{M\mathfrak{C}}=\mathcal{C}_M. \tag{17.4}$$

証明． $\mathcal{C}_M$ の要素 $F_k(x)$ $(k=0,1,2,\cdots)$ に対して，$[\sup_{k\in N}F_k>r]$ は (16.72) で与えられる．よって定理 14.5 により $\sup_{k\in N}F_k(x)\in\mathcal{C}_M$ である．ゆえに (17.2) が得られる．同様に (16.74) より (17.3) が得られ，$[-F>r]=[F<-r]$ より (17.4) が得られる．

系 1. $\mathcal{C}_B\subseteqq\mathcal{C}_M.$

証明． $\mathcal{C}$ の任意の要素 $F(x)$ に対して $[F>r]\in\mathcal{G}$ である．ゆえに $\mathcal{G}\subseteqq\mathcal{B}_M$ によって $[F>r]\in\mathcal{B}_M$ である．ゆえに $\mathcal{C}\subseteqq\mathcal{C}_M$ である．従って (17.2), (17.3) より $\mathcal{C}_M\in\mathfrak{S}_F$ である．よって $\mathcal{C}_B$ の定義より $\mathcal{C}_B\subseteqq\mathcal{C}_M$ である．

系 2. $\mathcal{C}_{M\bar{\lambda}}=\mathcal{C}_{M\underline{\lambda}}=\mathcal{C}_{M\lambda}=\mathcal{C}_M.$

証明． $\mathcal{C}_{M\bar{\lambda}}\subseteqq\mathcal{C}_{M\sigma\delta}$ であるから，定理 17.1 によって $\mathcal{C}_{M\bar{\lambda}}=\mathcal{C}_M$ である．同様に $\mathcal{C}_{M\underline{\lambda}}=\mathcal{C}_M$，$\mathcal{C}_{M\lambda}=\mathcal{C}_M$ が得られる．

定理 17.2. $\mathcal{C}_M$ に属する有限函数 $F(x)$, $G(x)$ に対して, $F(x)+G(x)$, $F(x)-G(x)$, $F(x)G(x)$ もまた $\mathcal{C}_M$ に属す. また L_n の各点 x に対して $F(x)\neq 0$ のとき, $1/F(x)$ は $\mathcal{C}_M$ に属す.

証明. 補題 16.10, 補題 17.1 によって, $F(x)\pm G(x)$, $F(x)G(x)$ もまた $\mathcal{C}_M$ に属す. 次に L_n の各点 x において $F(x)\neq 0$ とする. 仮定によって $A=[F>0]$, $B=[F<0]$ はともに可測である.

ところで有理数 r に対して

$$\left[\frac{1}{F}>r\right]=\left[F<\frac{1}{r}\right]\frown A \qquad r>0 \text{ のとき},$$

$$=\left(\left[-F>-\frac{1}{r}\right]\frown B\right)\smile A \qquad r<0 \text{ のとき},$$

$$=A \qquad r=0 \text{ のとき}$$

である. 従って $1/F(x)$ はまた $\mathcal{C}_M$ に属す.

ところで可測函数はベール函数と次のような関係をもっている.

定理 17.3. L_n で定義された任意の可測函数 $F(x)$ に対して, $\mathcal{C}^1$ に属するベール函数 $G(x)$ と測度 0 の集合 N を定めて, $\mathfrak{C}(N)$ の各点 x で $F(x)=G(x)$ が成立するようにできる.

証明. 有理数 r_k に対して

$$A_k=[F>r_k]$$

と置くとき, 定理 14.4 によって

(17.5)
$$A_k=B_k\smile N_k,$$
$$B_k\in\mathcal{B}^1, \qquad \mu(N_k)=0$$

を満足する集合 B_k, N_k $(k=0,1,2,\cdots)$ が存在する. そこで

$$E_k=\bigcup_{r_k\leqq r_l} B_l,$$
$$N=\bigcup_{k=0}^{\infty} N_k$$

と置く. $r_k\leqq r_l$ のとき $A_l\subseteqq A_k$ であるから, $B_l\subseteqq A_k$ である. 従って $B_k\subseteqq E_k\subseteqq A_k$ である. よって (17.5) より $E_k\smile N=A_k\smile N$ が得られる. ゆえに

$$A_k\frown\mathfrak{C}(N)=E_k\frown\mathfrak{C}(N)$$

である．また $\mu(N)=0$ である．ところで

$$G_k(x)=r_k \qquad x\in E_k \text{ のとき},$$
$$=-\infty \qquad x\,\overline{\in}\,E_k \text{ のとき}$$

と置けば，定理 16.15 によって $G_k(x)\in\mathcal{C}^1$ である．ゆえに

$$G(x)=\sup_{k\in N} G_k(x)$$

はまた $\mathcal{C}^1$ に属す．

他方で x_0 を $\mathfrak{C}(N)$ の要素とする．$F(x_0)=-\infty$ であれば $G(x_0)=-\infty$ である．また $F(x_0)>-\infty$ であれば，$F(x_0)>r_k$ を満足する有理数 r_k が存在する．このとき $x_0\in A_k$ であるから $x_0\in E_k$ である．ゆえに $G_k(x_0)=r_k$ である．従って $G(x_0)\geqq r_k$ である．よって $G(x_0)\geqq F(x_0)$ が得られる．ところで $G(x_0)>F(x_0)$ であれば，$G_k(x_0)=r_k$，$G(x_0)\geqq r_k>F(x_0)$ を満足する r_k が存在する．このとき $x_0\in E_k$ であるから $x_0\in A_k$ が得られ，$F(x_0)>r_k$ であることがわかる．これは矛盾である．よって $\mathfrak{C}(N)$ の各点 x において $F(x)=G(x)$ が得られる．

また次のルジンの定理が得られる．

定理 17.4. $F(x)$ を L_n で定義された有限可測函数とし，D を L_n に含まれる有限可測集合とする．このとき任意の正数 ε に対して D の閉部分集合 E を求めて

(17.6) $\mu(D\frown\mathfrak{C}(E))<\varepsilon$,

(17.7) E の各点 x において $F(x)$ は連続である

が成立するようにできる．

証明. $A_k^{(0)}=[F\geqq r_k]$ $(k=0,1,2,\cdots)$ と置くとき，定理 14.4 の系によって閉集合 $B_k^{(0)}$ $(k=0,1,2,\cdots)$ を求めて

$$B_k^{(0)}\subseteqq A_k^{(0)},$$

$$\mu(A_k^{(0)}\frown\mathfrak{C}(B_k^{(0)})\frown D)<\frac{1}{2^{k+1}}\frac{\varepsilon}{3}$$

が成立するようにできる．そこで

$$N_0=\bigcup_{k=0}^{\infty}(A_k^{(0)}\frown\mathfrak{C}(B_k^{(0)})\frown D)$$

と置けば

$$\mu(N_0)\leqq\sum_{k=0}^{\infty}\mu(A_k^{(0)}\frown\mathfrak{C}(B_k^{(0)})\frown D)<\sum_{k=0}^{\infty}\frac{1}{2^{k+1}}\frac{\varepsilon}{3}=\frac{1}{3}\varepsilon$$

である．また定義によって

$$A_k^{(0)}\frown D\frown\mathfrak{C}(N_0)=B_k^{(0)}\frown D\frown\mathfrak{C}(N_0) \tag{17.8}$$

である．

また $A_k^{(1)}=[F\leqq r_k]$ $(k=0,1,2,\cdots)$ と置くとき，定理 14.4 の系によって閉集合 $B_k^{(1)}$ $(k=0,1,2,\cdots)$ を求めて，

$$B_k^{(1)}\subseteqq A_k^{(1)},$$

$$\mu(A_k^{(1)}\frown\mathfrak{C}(B_k^{(1)})\frown D)<\frac{1}{2^{k+1}}\frac{\varepsilon}{3}$$

が成立するようにできる．そこで

$$N_1=\bigcup_{k=0}^{\infty}(A_k^{(1)}\frown\mathfrak{C}(B_k^{(1)})\frown D)$$

と置けば，前と同様に

$$\mu(N_1)<\frac{1}{3}\varepsilon,$$

$$A_k^{(1)}\frown D\frown\mathfrak{C}(N_1)=B_k^{(1)}\frown D\frown\mathfrak{C}(N_1) \tag{17.9}$$

である．ところで

$$\mu(N_0\smile N_1)\leqq\mu(N_0)+\mu(N_1)<\frac{2}{3}\varepsilon$$

であるから，定理 14.4 の系によって，$D\frown\mathfrak{C}(N_0\smile N_1)$ の閉部分集合 E を求めて，

$$\mu(D\frown\mathfrak{C}(N_0\smile N_1)\frown\mathfrak{C}(E))<\frac{1}{3}\varepsilon$$

が成立するようにできる．このとき

$$\mu(D\frown\mathfrak{C}(E))\leqq\mu(N_0)+\mu(N_1)+\mu(D\frown\mathfrak{C}(N_0\smile N_1)\frown\mathfrak{C}(E))<\varepsilon$$

であるから，(17.6) が成立する．

また (17.8), (17.9) によって

$$A_k^{(j)} \frown E = B_k^{(j)} \frown E \qquad (j=0,1\,;\,k=0,1,2,\cdots)$$

が得られる.

そこで E の一点 x_0 と正数 ε_0 とに対して

$$r_j < F(x_0) < r_k, \qquad 0 < r_k - r_j < \varepsilon_0$$

を満足する有理数 r_j, r_k を取る. $F(x_0) < r_k$ であるから $x_0 \overline{\in} A_k^{(0)}$ である. 従って $x_0 \overline{\in} B_k^{(0)}$ である. また同様に $r_j < F(x_0)$ であるから, $x_0 \overline{\in} B_j^{(1)}$ が得られる. 従って $x_0 \overline{\in} (B_k^{(0)} \smile B_j^{(1)})$ である. ところで $B_k^{(0)} \smile B_j^{(1)}$ は閉集合であるから,

$$U(x_0, \delta) \frown (B_k^{(0)} \smile B_j^{(1)}) = \phi$$

を満足する正数 δ が存在する. そこで $U(x_0, \delta) \frown E$ の一点 x を考える. $x \overline{\in} (N_0 \smile N_1)$, $x \overline{\in} (B_k^{(0)} \smile B_j^{(1)})$ であるから, x_0 の場合と同様に

$$r_j < F(x) < r_k$$

である. ゆえに

$$r_j - r_k < F(x) - F(x_0) < r_k - r_j$$

が得られる. よって

$$|F(x) - F(x_0)| < |r_j - r_k| < \varepsilon_0$$

である. 従って $F(x)$ は x_0 で連続である.

ゆえに集合 E は要求された条件を満足する.

また可測函数の収束列に関して次の**エゴロフの定理**が知られている.

定理 17.5. $\{F_k(x)\}$ $(k=0,1,2,\cdots)$ を L_n で定義された有限可測函数の収束列とし, D を L_n に含まれる有限可測集合とする. このとき D の各点 x において $\lim\limits_{k\to\infty} F_k(x)$ が有限であれば, 任意の正数 ε に対して D の閉部分集合 E を求めて

(17.10) $\mu(D \frown \mathfrak{C}(E)) < \varepsilon$,

(17.11) E において $\{F_k(x)\}$ $(k=0,1,2,\cdots)$ が一様に収束する

が成立するようにできる.

証明. $\lim_{k\to\infty} F_k(x)=F(x)$ とする．また任意の自然数 p に対して

$$A_k^{(p)}=\left[|F_k(x)-F(x)|<\frac{1}{p+1}\right]\frown D,$$

$$B_m^{(p)}=\bigcap_{k\geqq m} A_k^{(p)}$$

とする．このとき $B_m^{(p)}\subseteqq B_{m+1}^{(p)}\ (m=0,1,2,\cdots)$ であって，$\bigcup_{m=0}^{\infty} B_m^{(p)}=D$ である．よって $\lim_{m\to\infty}\mu(B_m^{(p)})=\mu(D)$ が得られる．

従って N で定義された函数 $\nu(p)$ で，条件

$$\mu(D\frown\mathfrak{C}(B_{\nu(p)}^{(p)}))<\frac{1}{2^{p+2}}\varepsilon$$

を満足するものが存在する．そこでこのような $\nu(p)$ に対して $B=\bigcap_{p=0}^{\infty} B_{\nu(p)}^{(p)}$ と置けば

$$\mu(D\frown\mathfrak{C}(B))\leqq\sum_{p=0}^{\infty}\mu(D\frown\mathfrak{C}(B_{\nu(p)}^{(p)}))<\frac{\varepsilon}{2}$$

である．ゆえに B の閉部分集合 E を求めて，$\mu(B\frown\mathfrak{C}(E))<\varepsilon/2$ が成立するようにできる．このとき

$$\mu(D\frown\mathfrak{C}(E))\leqq\mu(D\frown\mathfrak{C}(B))+\mu(B\frown\mathfrak{C}(E))<\varepsilon$$

である．他方で $E\subseteqq B_{\nu(p)}^{(p)}$ であるから，$k\geqq\nu(p)$ のとき，E において

$$|F(x)-F_k(x)|<\frac{1}{p+1}$$

である．よって E において $\{F_k(x)\}\ (k=0,1,2,\cdots)$ は一様に $F(x)$ に収束する．従って E は条件 (17.10), (17.11) を満足する．

注意 1. 定理 17.4 によって，$F_k(x)\ (k=0,1,2,\cdots)$，$F(x)$ がともに E において連続であるように，閉集合 E を定めることができる．

注意 2. 可測集合から可測函数が定義されたように，ベールの性質をもった集合から，ベールの性質をもった函数が定義される．$F(x)$ を L_n で定義された一価函数とするとき，すべての有理数 r に対して

$$[F>r]\in\mathscr{B}_T$$

を満足するならば，$F(x)$ は**ベールの性質**をもつという．例えば L_n の部分集合 E がベールの性質をもつならば，その特性函数はベールの性質をもつ．

L_n で定義され，ベールの性質をもっている一価函数の全体からなる集合を C_T で示す．可測函数の場合と同様に

$$C_{T\sigma}=C_T,\qquad C_{T\delta}=C_T,$$
$$C_{T\mathfrak{C}}=C_T,\qquad C_B\subseteqq C_T$$

が成立する．また C_T に含まれる一価有限函数 $F(x)$, $G(x)$ に対して，$F(x)\pm G(x)$, $F(x)G(x)$ もまた C_T に属す．

そこでルベグ積分を定義する．

$F(x)$ を L_n で定義された有界可測函数とし，E を L_n に含まれる有限可測集合とする．

このとき $F(x)$ が階段函数であれば[1]，$F(x)$ の値域 W は多くとも可付番である．従ってその要素を有限または無限の列

$$a_0, a_1, a_2, \cdots$$

に並べる．ここで $k\neq j$ のとき $a_k\neq a_j$ であるとする．また

$$E_k=\{x|F(x)=a_k\} \qquad (k=0,1,2,\cdots)$$

と置く．これは可測集合である．そこで

$$\int_D F(x)dx\equiv\sum_{a_k\in W}a_k\mu(E_k\frown D)$$

を置き，これを D に関する $F(x)$ の**ルベグ積分**という．

次に一般の場合を考える．$F(x)$ は有界であるから，L_n の各点 x で，$a<F(x)<b$ を満足する有理定数 a,b が存在する．従って自然数 p に対して

(17.12) $$c_k^{(p)}=a+\frac{k}{p+1}(b-a) \qquad (k=0,1,2,\cdots,p+1),$$

(17.13) $$E_k^{(p)}=[F\geqq c_k^{(p)}]\frown[F<c_{k+1}^{(p)}] \qquad (k=0,1,2,\cdots,p),$$

(17.14) $$F_p(x)=\sum_{k=0}^{p}c_k^{(p)}F_{E_k^{(p)}}(x)$$

と置けば，$F_p(x)$ は L_n で定義された可測な階段函数である．しかも L_n の一点 x に対して $x\in E_k^{(p)}$ であれば，$c_k^{(p)}\leqq F(x)<c_{k+1}^{(p)}$ であるから，L_n の各点 x において

(17.15) $$0\leqq F(x)-F_p(x)\leqq\frac{b-a}{p+1}$$

である．そこで

1） 値域が集積値をもたない函数を**階段函数**という．

$$S_p=\int_D F_p(x)\,dx=\sum_{k=0}^{p} c_k^{(p)}\mu(E_k^{(p)}\frown D)$$

と置く.

補題 17.2. $\lim_{p\to\infty} S_p$ が存在する.

証明. 定義によって

$$\bigcup_{k=0}^{p} E_k^{(p)}=L_n, \qquad \bigcup_{l=0}^{q} E_l^{(q)}=L_n$$

である. ゆえに

$$\bigcup_{k=0}^{p}\bigcup_{l=0}^{q}(E_k^{(p)}\frown E_l^{(q)})=L_n$$

である. 従って

$$F_p(x)=\sum^{*} c_k^{(p)} F_{E_k^{(p)}}(x) F_{E_l^{(q)}}(x), \tag{17.16}$$

$$F_q(x)=\sum^{*} c_l^{(q)} F_{E_k^{(p)}}(x) F_{E_l^{(q)}}(x), \tag{17.17}$$

ただし $\sum^{*}$ は $E_k^{(p)}\frown E_l^{(q)}\neq\phi$ であるような項に関する総和を表わすである. ゆえに

$$F_p(x)-F_q(x)=\sum^{*}(c_k^{(p)}-c_l^{(q)}) F_{E_k^{(p)}}(x) F_{E_l^{(q)}}(x) \tag{17.18}$$

である. ところで (17.15) によって

$$|F_p(x)-F_q(x)|\leqq|F_p(x)-F(x)|+|F(x)-F_q(x)|$$
$$\leqq\left(\frac{1}{p+1}+\frac{1}{q+1}\right)(b-a)$$

である. ゆえに $c_{pq}=\left(\frac{1}{p+1}+\frac{1}{q+1}\right)(b-a)$ と置けば, (17.18) によって, $E_k^{(p)}\frown E_l^{(q)}\neq\phi$ のとき

$$|c_k^{(p)}-c_l^{(q)}|\leqq c_{pq}$$

である. また

$$S_p=\sum^{*} c_k^{(p)}\mu(E_k^{(p)}\frown E_l^{(q)}\frown D),$$

$$S_q=\sum^{*} c_l^{(q)}\mu(E_k^{(p)}\frown E_l^{(q)}\frown D)$$

であるから，

$$|S_p-S_q|=|\sum^{*}(c_k^{(p)}-c_l^{(q)})\mu(E_k^{(p)}\frown E_l^{(q)}\frown D)|$$
$$\leqq\sum^{*}|c_k^{(p)}-c_l^{(q)}|\mu(E_k^{(p)}\frown E_l^{(q)}\frown D)$$
$$\leqq c_{pq}\sum^{*}\mu(E_k^{(p)}\frown E_l^{(q)}\frown D)=c_{pq}\mu(D),$$

すなわち

(17.19) $$|S_p-S_q|\leqq c_{pq}\mu(D)$$

である．

そこで，任意の正数 ε に対して $\dfrac{2-\varepsilon}{\varepsilon}<p_0$ を満足する自然数 p_0 を取れば，$p>p_0$，$q>p_0$ のとき，(17.19) より

$$|S_p-S_q|<\varepsilon(b-a)\mu(D)$$

が得られる．ゆえに $\lim_{p\to\infty}S_p$ が存在する．

補題 17.3. $\lim_{p\to\infty}S_p$ の値は有理定数 a,b に関係しない．

証明. L_n の各点 x で $c<F(x)<d$ を満足する有理定数 c,d を取り，a,b に対して $F_p(x)$ を定義したと同様に，c,d に対して $\hat{F}_p(x)$ を定義し

$$\hat{S}_p=\int_D\hat{F}_p(x)dx$$

と置く．a,b の場合と同様に

$$0\leqq F(x)-\hat{F}_p(x)\leqq\frac{d-c}{p+1}$$

が得られる．従って $|F_p(x)-F_q(x)|$ の計算と同様に

$$|F_p(x)-\hat{F}_q(x)|\leqq\frac{1}{p+1}(b-a)+\frac{1}{q+1}(d-c)$$

が成立する．ゆえに

(17.20) $$|S_p-\hat{S}_q|\leqq\left(\frac{1}{p+1}(b-a)+\frac{1}{q+1}(d-c)\right)\mu(D)$$

である．ところで

$$\lim_{p\to\infty}|S_p-\hat{S}_q|=|\lim_{p\to\infty}(S_p-\hat{S}_q)|$$

であるから，(17.20) によって

$$|\lim_{p\to\infty}(S_p-\hat{S}_q)|\leqq\frac{1}{q+1}(d-c)\mu(D)$$

である．ゆえに $\lim\limits_{p\to\infty}S_p=\lim\limits_{q\to\infty}\hat{S}_q$ である．従って $\lim\limits_{p\to\infty}S_p$ は a, b に関係しない．

そこで

$$\int_D F(x)\,dx\equiv\lim_{p\to\infty}S_p$$

と置き，これを D に関する $F(x)$ の**ルベグ積分**という．

注意． 微積分学で取り扱われているリーマン積分では，積分される函数の範囲が著しく制限されている．例えば閉区間 $[0,1]$ に含まれる有理数の全体の集合を A とするとき，その特性函数 $F_A(x)$ は $[0,1]$ でリーマン積分をもたない．しかしこれは可測で，

$$\int_{[0,1]}F_A(x)\,dx=0$$

である．従ってルベグ積分はリーマン積分より広範である．

定理 17.6． $F(x), G(x)$ を L_n で定義された有界可測函数とし，D を L_n に含まれる有限可測集合とする．

(17.21)　$$\int_D cF(x)\,dx=c\int_D F(x)\,dx,$$

(17.22)　$$\int_D (F(x)+G(x))\,dx=\int_D F(x)\,dx+\int_D G(x)\,dx,$$

(17.23)　D の各点 x で $F(x)\geqq 0$ であるとき，$\int_D F(x)\,dx\geqq 0$ であって，

$\mu([F>0]\frown D)=0$ であるときに限り，$\int_D F(x)\,dx=0$ である．

証明． L_n の各点 x で $a<F(x)<b$, $a<cF(x)<b$ を満足する有理定数 a, b を取る．また $H(x)=cF(x)$ と置き，可測な階段函数 $F_p(x)$, $H_p(x)$ を作って，(17.15) と同様に

$$0\leqq F(x)-F_p(x)\leqq\frac{b-a}{p+1},$$

$$0\leqq H(x)-H_p(x)\leqq\frac{b-a}{p+1}$$

であるようにできる．このとき

$$|cF_p(x)-H_p(x)|\leqq\frac{b-a}{p+1}(|c|+1)$$

が得られる．従って

$$S_p=\int_D F_p(x)\,dx, \qquad \hat{S}_p=\int_D H_p(x)\,dx$$

と置けば，

$$|cS_p-\hat{S}_p|\leqq\frac{b-a}{p+1}(|c|+1)\mu(D)$$

である．ゆえに $\lim_{p\to\infty}\hat{S}_p=c\lim_{p\to\infty}S_p$ が得られる．すなわち (17.21) は成立する．

次に $K(x)=F(x)+G(x)$ と置く．また $a<G(x)<b$, $a<K(x)<b$ が L_n の各点 x で成立すると仮定しても一般性を失わない．そこで $F_p(x)$ と同様に可測な階段函数 $G_p(x)$，$K_p(x)$ を作って，

$$0\leqq G(x)-G_p(x)\leqq\frac{b-a}{p+1},$$

$$0\leqq K(x)-K_p(x)\leqq\frac{b-a}{p+1}$$

であるようにできる．このとき $K(x)=F(x)+G(x)$ より

$$|K_p(x)-(F_p(x)+G_p(x))|\leqq 3\frac{b-a}{p+1}$$

が得られる．従って

$$S_p^*=\int_D G_p(x)\,dx, \qquad S_p^{**}=\int_D K_p(x)\,dx$$

と置けば

$$|S_p^{**}-(S_p+S_p^*)|\leqq 3\frac{b-a}{p+1}\mu(D)$$

が得られ，(17.22) が前と同様に証明される．

また D の各点 x において $F(x)\geqq 0$ のとき，$L(x)=\max(0,F(x))$ とすれば

$$\int_D F(x)\,dx=\int_D L(x)\,dx$$

であるから，$F(x)$ の代りに $L(x)$ を考える．仮定によって $0\leqq L(x)<c$ が D の各点 x において成立する有理定数 c が存在する．そこで $0, c$ に対して前と同様に可測な階段函数 $L_p(x)=\sum c_k^{(p)}F_{E_k^{(p)}}(x)$ を作れば，$c_k^{(p)}\geqq 0$ $(k=0,1,2,\cdots,p)$ である．ゆえに $S_p=\int_D L_p(x)\,dx\geqq 0$ によって $\lim_{p\to\infty}S_p\geqq 0$，すなわち

$$\int_D F(x)\,dx \geqq 0$$

である．次に $\mu\left(\left[F>\dfrac{1}{q+1}\right]\frown D\right)>0$ を満足する自然数 q が存在すれば，

$$M(x)=\frac{1}{q+1}F_A(x), \qquad A=\left[F>\frac{1}{q+1}\right]\frown D$$

と置く．$F(x)\geqq M(x)$ であって

$$\int_D M(x)\,dx=\frac{1}{q+1}\mu(A)>0$$

であるから，容易に

$$\int_D F(x)\,dx \geqq \int_D M(x)\,dx>0$$

が得られる．これは矛盾である．ゆえに $\mu(A)=0$ である．従って

$$\mu\left(\left[F>\frac{1}{q+1}\right]\frown D\right)=0$$

より $\mu([F>0]\frown D)=0$ が得られる．すなわち (17.23) が成立する．

系 1. $F(x)$，$G(x)$ を L_n で定義された有界可測函数とし，D を L_n に含まれる有限可測集合とするとき，D の各点 x において $F(x)\leqq G(x)$ であれば

$$\int_D F(x)\,dx \leqq \int_D G(x)\,dx$$

である．

系 2. $F(x)$ を L_n で定義された有界可測函数とし，D を L_n に含まれる有限可測集合とするとき

$$\left|\int_D F(x)\right|dx \leqq \int_D |F(x)|\,dx<+\infty$$

である．

定理 17.7. $F(x)$ を L_n で定義された有限可測函数とし，E_k $(k=0,1,2,\cdots)$ を L_n に含まれる，互いに素な有限可測集合とするとき，$\mu\left(\bigcup_{k=0}^{\infty}E_k\right)<+\infty$ であれば

$$\int_{\bigcup_{k=0}^{\infty}E_k} F(x)\,dx=\sum_{k=0}^{\infty}\int_{E_k}F(x)\,dx$$

が成立する.

証明はルベグ積分の定義より明らかである.

またDをL_nに含まれる有限可測集合とするとき,

$$\int_D 1dx=\mu(D) \tag{17.24}$$

であるから，次の定理が得られる.

定理 17.8. $F(x)$をL_nで定義された有限可測函数とし，DをL_nに含まれる有限可測集合とするとき，Dの各点xにおいて$|F(x)|<c$であれば

$$\left|\int_D F(x)\,dx\right|\leqq c\mu(D)$$

が成立する.

定理 17.9. $\{F_k(x)\}$ $(k=0,1,2,\cdots)$をL_nで定義された有限可測函数の収束列とし，DをL_nに含まれる有限可測集合とするとき，Dの各点xにおいて$|F_k(x)|<c$ $(k=0,1,2,\cdots)$を満足する正数cが存在すれば

$$\int_D \lim_{k\to\infty} F_k(x)\,dx=\lim_{k\to\infty}\int_D F_k(x)\,dx \tag{17.25}$$

が成立する.

証明. $\lim_{k\to\infty} F_k(x)=F(x)$と置けば，仮定によって$|F(x)|\leqq c$が$D$の各点$x$において成立する.

そこで任意の正数εに対してDの閉部分集合Eを求めて，$\mu(D\frown\mathfrak{C}(E))<\varepsilon$で，しかも$E$で$\{F_k(x)\}$ $(k=0,1,2,\cdots)$が一様に収束するようにする．このとき自然数pを求めて，Eの各点xで$k>p$のとき，$|F(x)-F_k(x)|<\varepsilon$であるようにできる.

$$\begin{aligned}\left|\int_D F(x)\,dx-\int_D F_k(x)\,dx\right|&\leqq\int_{D\frown\mathfrak{C}(E)}|F(x)|\,dx+\int_{D\frown\mathfrak{C}(E)}|F_k(x)|\,dx\\&\quad+\int_E|F(x)-F_k(x)|\,dx\leqq 2\int_{D\frown\mathfrak{C}(E)}c\,dx+\int_E\varepsilon\,dx\\&=(2c+\mu(E))\varepsilon\leqq(2c+\mu(D))\varepsilon,\end{aligned}$$

よって(17.25)が得られる.

次に有界でない可測函数の積分を考える．$F(x)$をL_nで定義された可測函

数とするとき，実数 a, b（ただし $a<b$ とする）に対して

$$F_a^b(x)=\min(b, \max(a, F(x)))$$

と置く．また D を L_n に含まれる有限可測集合とするとき，実数 s が次の条件

(17.26)　任意の正数 ε に対して正数 p を求めて，$a<-p$，$p<b$ のとき

$$\left|s-\int_D F_a^b(x)\,dx\right|<\varepsilon$$

であるようにできる

を満足するならば，s を D に関する $F(x)$ の**ルベグ積分**といい，これを

$$\int_D F(x)\,dx \tag{17.27}$$

で示す．またこのとき，$F(x)$ は D において**積分可能**である．または $F(x)$ を D における**可積分函数**という．

定理 17.10． L_n において定義された可測函数 $F(x)$ が有限可測集合 D において積分可能であれば，$|F(x)|$ もまた D において積分可能で，

$$\left|\int_D F(x)\,dx\right|\leqq\int_D |F(x)|\,dx \tag{17.28}$$

が成立する．

証明． $F(x)$ に対して，$F^{(+)}(x)=\max(0, F(x))$，$F^{(-)}(x)=\max(0, -F(x))$ を取る．$F(x)$ は D において積分可能であるから，任意の正数 ε に対して条件 (17.26) を満足するような正数 p が存在する．このとき，$a<-p$，$p<b_1<b_2$ に対して

$$\left|s-\int_D F_a^{b_k}(x)\,dx\right|<\varepsilon \qquad (k=1,2)$$

であるから，

$$\left|\int_D F_0^{(+)b_1}(x)\,dx-\int_D F_0^{(+)b_2}(x)\,dx\right|<2\varepsilon$$

が得られる．従って

$$\left|s^{(+)}-\int_D F_0^{(+)b_2}(x)\,dx\right|\leqq 2\varepsilon$$

$$\left(\text{ただし } s^{(+)}=\varlimsup_{b\to\infty}\int_D F_0^{(+)b}(x)\,dx\right)$$

である．よって $F^{(+)}(x)$ は D において積分可能である．

同様に $F^{(-)}(x)$ が D において積分可能である．ところで $|F(x)|=F^{(+)}(x)+F^{(-)}(x)$ であるから，$|F(x)|$ もまた D において積分可能である．

また D において $F(x)\leqq|F(x)|$，$-F(x)\leqq|F(x)|$ であるから，(17.28) が得られる．

次に $F(x)$ が L_n で定義された可測函数，D が L_n に含まれる可測集合である場合を考える．実数 s が次の条件

(17.29) 任意の正数 ε に対して D に含まれる有限可測集合 D_0 を求めて，$D_0\subseteqq E\subseteqq D$ を満足する任意の有限可測集合 E に関して

$$\left|s-\int_E F(x)\,dx\right|<\varepsilon$$

であるようにできる

を満足するならば，s を D に関する $F(x)$ の**ルベグ積分**といい，これを (17.27) で示す．またこのとき $F(x)$ は D において**積分可能**であるという．この場合にも定理 17.10 と同様に，$F(x)$ が D において積分可能であれば (17.28) が成立する．なおこのことを $F(x)$ は D において**絶対積分可能**であるという．

問 1. $F(x)$ を L_n で定義された可測函数とするとき

$$\mu(\mathfrak{M}(F(x)=y))=0$$

であることを証明せよ．

問 2. L_n で定義された有界可測函数 $F_k(x)$ $(k=0,1,2,\cdots)$ が L_n に含まれる有限可測集合 D において $F(x)$ に収束し D の各点 x において $F_k(x)\geqq 0$ $(k=0,1,2,\cdots)$ であれば

$$\int_D F(x)\,dx\leqq\varliminf_{k\to\infty}\int_D F_k(x)\,dx$$

であることを証明せよ．

§ 18. 集合函数

L_n の可測部分集合の全体からなる集合 $\mathcal{B}_M$ で定義され，値域が $\bar{L}$ に含まれる一意写像を**集合函数**という．またその値域が L に含まれるとき，これを**有限集合函数**という．例えば $F(x)$ を L_n で定義された有界可測函数とし，D を L_n の有限可測集合とするとき，$\mathcal{B}_M$ の要素 X に対して

$$\Phi(X)=\int_{D\frown X}F(x)\,dx$$

は有限集合函数である.

この例によってもわかるように，集合函数は不定積分の概念を抽象化したもので，その考察によって，不定積分の導函数と被積分函数との関係を知ることができる.

今 $\Phi(X)$ を $\mathcal{B}_M$ で定義された集合函数とするとき，$\mathcal{B}_M$ の各要素 X に対して $\Phi(X)\geqq 0$（または $\Phi(X)\leqq 0$）であれば $\Phi(X)$ を**正**（または**負**）**集合函数**という.

また $\mathcal{B}_M$ の要素 X_1, X_2 に対して $X_1\subseteqq X_2$ のとき，$\Phi(X_1)\leqq\Phi(X_2)$（または $\Phi(X_1)\geqq\Phi(X_2)$）であれば，$\Phi(X)$ は**単調増加**（または**減少**）であるという.

次に，$\mathcal{B}_M$ の要素からなる任意の無限列 $\{A_k\}$ $(k=0,1,2,\cdots)$ において，$A_i\frown A_j=\phi$ $(i\neq j)$ である限り

$$\Phi\left(\bigcup_{k=0}^{\infty}A_k\right)=\sum_{k=0}^{\infty}\Phi(A_k)$$

が成立すれば，$\Phi(X)$ は**加法的**であるという.

例えば，L_n に含まれる有限可測集合 E に対して

$$\Phi(X)=\mu(E\frown X)$$

と置けば，これは加法的集合函数である.

今 $\Phi(X)$ を加法的な有限集合函数とするとき，$\mathcal{B}_M$ の要素 A に対して

$$\overline{W}(A)\equiv\sup_{X\subseteqq A}\Phi(X),$$

$$\underline{W}(A)\equiv\inf_{X\subseteqq A}\Phi(X)$$

と置き，これらをそれぞれ $\Phi(X)$ の**正変分**，**負変分**という．$\Phi(\phi)=0$ であるから $\overline{W}(A)\geqq 0$，$\underline{W}(A)\leqq 0$ である．また

$$W(A)=\overline{W}(A)-\underline{W}(A)$$

を $\Phi(X)$ の**全変分**という．定義によって

(18.1) $A\subseteqq B$ のとき $\underline{W}(B)\leqq\Phi(A)\leqq\overline{W}(B)$,

(18.2) $|\Phi(A)|\leqq W(L_n)$

が成立する.

補題 18.1. $\overline{W}(X)$, $\underline{W}(X)$, $W(X)$ はともに有限集合函数である.

証明. $\overline{W}(A)=+\infty$ であれば, $\mathscr{B}_M$ の要素 B_k $(k=0,1,2,\cdots)$ で

$$B_k \supseqq B_{k+1}, \tag{18.3}$$

$$\overline{W}(B_k)=+\infty, \qquad |\Phi(B_k)| \geqq k \tag{18.4}$$

を満足するものが存在する. 実際 $B_0=A$ と置く. 次に B_k が定義されたとする. (18.4) によって B_k の部分集合 X で

$$\Phi(X) \geqq |\Phi(B_k)|+(k+1) \tag{18.5}$$

を満足するものが存在する. このとき $\overline{W}(X)=+\infty$ であれば $B_{k+1}=X$ と置く.

次に $\overline{W}(X)<+\infty$ であれば $\overline{W}(B_k \frown \mathfrak{C}(X))=+\infty$ である. 実際 $\overline{W}(B_k \frown \mathfrak{C}(X))<+\infty$ であれば, B_k の任意の可測部分集合 D に対して

$$\Phi(D \frown X) \leqq \overline{W}(X), \qquad \Phi(D \frown \mathfrak{C}(X)) \leqq \overline{W}(B_k \frown \mathfrak{C}(X))$$

であるから,

$$\Phi(D) \leqq \overline{W}(X)+\overline{W}(B_k \frown \mathfrak{C}(X))<+\infty$$

となる. これは $\overline{W}(B_k)=+\infty$ に矛盾する. よって $\overline{W}(B_k \frown \mathfrak{C}(X))=+\infty$ である. また (18.5) によって

$$|\Phi(B_k \frown \mathfrak{C}(X))|=|\Phi(B_k)-\Phi(X)| \geqq \Phi(X)-|\Phi(B_k)| \geqq k+1$$

であるから, $B_{k+1}=B_k \frown \mathfrak{C}(X)$ と置けば十分である.

そこで数学的帰納法によって $\{B_k\}$ $(k=0,1,2,\cdots)$ が定義される. そして $B=\bigcap_{k=0}^{\infty} B_k$ と置く. このとき

$$\mathfrak{C}(B)=\mathfrak{C}(B_0) \smile \bigcup_{k=0}^{\infty}(B_k \frown \mathfrak{C}(B_{k+1}))$$

であって, 右辺の各項は互いに素であるから

$$\begin{aligned}\Phi(\mathfrak{C}(B)) &= \Phi(\mathfrak{C}(B_0))+\sum_{k=0}^{\infty}\Phi(B_k \frown \mathfrak{C}(B_{k+1})) \\ &= \lim_{m\to\infty}\left(\Phi(\mathfrak{C}(B_0))+\sum_{k=0}^{m}(\Phi(B_k)-\Phi_k(B_{k+1}))\right) \\ &= \lim_{m\to\infty}(\Phi(L_n)-\Phi(B_{m+1})),\end{aligned}$$

$$\Phi(\mathfrak{C}(B))=\Phi(L_n)-\Phi(B)$$

によって

$$\Phi(B)=\lim_{m\to\infty}\Phi(B_{m+1})$$

が得られる．ところで (18.4) によって $|\Phi(B_{m+1})|\geqq m+1$ である．これは $\Phi(X)$ の有限性に矛盾する．よって $\overline{W}(A)<+\infty$ である．同様に $|\underline{W}(A)|<+\infty$，$W(A)<+\infty$ である．ゆえに補題 18.1 が証明される．

注意． $\Phi(X)$ の全変分が有限で，しかも $\overline{W}(L_n)$ を越えない．このことから $\Phi(X)$ は**有界変分**であるという．

補題 18.2． $\overline{W}(X)$，$\underline{W}(X)$，$W(X)$ は有限単調な加法的集合函数である．

証明． 互いに素な集合の列 $\{A_k\}$ $(k=0,1,2,\cdots)$ に対して $A=\bigcup_{k=0}^{\infty}A_k$ と置く．B を A に含まれる $\mathscr{B}_M$ の要素とするとき

$$\Phi(B)=\sum_{k=0}^{\infty}\Phi(B\frown A_k)\leqq\sum_{k=0}^{\infty}\overline{W}(B\frown A_k)$$

$$\leqq\sum_{k=0}^{\infty}\overline{W}(A_k)$$

であるから，

$$\overline{W}(A)\leqq\sum_{k=0}^{\infty}\overline{W}(A_k) \tag{18.6}$$

である．次に B_k を A_k に含まれる $\mathscr{B}_M$ の要素とし，$B=\bigcup_{k=0}^{\infty}B_k$ と置くとき

$$\overline{W}(A)\geqq\Phi(B)=\sum_{k=0}^{\infty}\Phi(B_k) \tag{18.7}$$

である．ここで $\Phi(B_k)$ の上端が $\overline{W}(A_k)$ であって，(18.7) の左辺は B_k $(k=0,1,2,\cdots)$ に関係しない．従って

$$\overline{W}(A)\geqq\sum_{k=0}^{\infty}\overline{W}(A_k)$$

が得られる．ゆえに (18.6) から $\overline{W}(A)=\sum_{k=0}^{\infty}\overline{W}(A_k)$ である．よって $\overline{W}(X)$ は加法的である．同様に $\underline{W}(X)$，$W(X)$ も加法的である．またこれらは明らかに単調である．

定理 18.1. $\Phi(X)$ を $\mathcal{B}_M$ で定義された加法的な有限集合函数とするとき，$\mathcal{B}_M$ の各要素 A に対して

$$\Phi(A)=\overline{W}(A)+\underline{W}(A) \tag{18.8}$$

である．

証明． $\mathcal{B}_M$ の要素 A, B に対して $A\subseteq B$ のとき，$B\frown\mathfrak{C}(A)$ は B に含まれるから，$\underline{W}(B)\leqq\Phi(B\frown\mathfrak{C}(A))$ である．ゆえに

$$\Phi(A)=\Phi(B)-\Phi(B\frown\mathfrak{C}(A))\leqq\Phi(B)-\underline{W}(B)$$

である．従って $\overline{W}(B)$ の定義より

$$\overline{W}(B)\leqq\Phi(B)-\underline{W}(B)$$

すなわち

$$\overline{W}(B)+\underline{W}(B)\leqq\Phi(B)$$

が得られる．また同様に

$$\Phi(B)=\Phi(A)+\Phi(B\frown\mathfrak{C}(A))\geqq\Phi(A)+\underline{W}(B)$$

である．従って $\overline{W}(B)$ の定義より

$$\Phi(B)\geqq\overline{W}(B)+\underline{W}(B)$$

が得られる．ゆえに (18.8) が成立する．

注意． (18.8) において与えられる $\Phi(A)$ の分解を**ジョルダンの分解**という．

ところでこの定理 18.1 から加法的な有限集合函数の連続性に関する次の定理が得られる．

定理 18.2. $\Phi(X)$ を $\mathcal{B}_M$ で定義された，加法的な有限集合函数とするとき，$\mathcal{B}_M$ の要素からなる収束列 $\{A_k\}$ $(k=0,1,2,\cdots)$ に対して

$$\lim_{k\to\infty}\Phi(A_k)=\Phi(\lim_{k\to\infty}A_k)$$

である．

証明． 初めに $\Phi(X)$ が加法的な正の有限集合函数の場合を考える．

(I) $A_k\subseteq A_{k+1}$ $(k=0,1,2,\cdots)$ の場合，$\lim_{k\to\infty}A_k=\bigcup_{k=0}^{\infty}A_k$ であるから

$$\lim_{k\to\infty}A_k=A_0\smile\bigcup_{k=0}^{\infty}(A_{k+1}\frown\mathfrak{C}(A_k))$$

である．ゆえに $\Phi(X)$ の加法性によって

$$\Phi(\lim_{k\to\infty}A_k)=\Phi(A_0)+\sum_{k=0}^{\infty}\Phi(A_{k+1}\frown\mathfrak{C}(A_k))$$
$$=\Phi(A_0)+\sum_{k=0}^{\infty}(\Phi(A_{k+1})-\Phi(A_k))$$
$$=\lim_{k\to\infty}\Phi(A_k)$$

が得られる．

（II）　$A_k\supseteqq A_{k+1}$ $(k=0,1,2,\cdots)$ の場合，$\mathfrak{C}(A_k)\subseteqq\mathfrak{C}(A_{k+1})$ $(k=0,1,2,\cdots)$ であるから，（I）によって

$$\Phi(\lim_{k\to\infty}\mathfrak{C}(A_k))=\lim_{k\to\infty}\Phi(\mathfrak{C}(A_k))$$

である．ところで

$$\lim_{k\to\infty}\mathfrak{C}(A_k)=L_n\frown\mathfrak{C}(\lim_{k\to\infty}A_k),$$
$$\mathfrak{C}(A_k)=L_n\frown\mathfrak{C}(A_k)$$

であるから，

$$\Phi(L_n\frown\mathfrak{C}(\lim_{k\to\infty}A_k))=\lim_{k\to\infty}\Phi(L_n\frown\mathfrak{C}(A_k))$$
$$=\lim_{k\to\infty}(\Phi(L_n)-\Phi(A_k))$$
$$=\Phi(L_n)-\lim_{k\to\infty}\Phi(A_k),$$
$$\Phi(L_n\frown\mathfrak{C}(\lim_{k\to\infty}A_k))=\Phi(L_n)-\Phi(\lim_{k\to\infty}A_k)$$

である．従って $\Phi(\lim_{k\to\infty}A_k)=\lim_{k\to\infty}\Phi(A_k)$ である．

（III）　一般の場合，$B_k=\bigcap_{j=k}^{\infty}A_j$ と置けば，$B_k\subseteqq B_{k+1}$ $(k=0,1,2,\cdots)$ であって，$\lim_{k\to\infty}B_k=\underline{\lim}_{k\to\infty}A_k$ であるから，（I）によって

(18.9)
$$\lim_{k\to\infty}\Phi(B_k)=\Phi(\underline{\lim}_{k\to\infty}A_k)$$

である．次に $B_k\subseteqq A_k$ であるから，$\Phi(B_k)\leqq\Phi(A_k)$ である．よって $\lim_{k\to\infty}\Phi(B_k)\leqq\underline{\lim}_{k\to\infty}\Phi(A_k)$ が得られる．ゆえに (18.9) から

(18.10)
$$\Phi(\underline{\lim}_{k\to\infty}A_k)\leqq\underline{\lim}_{k\to\infty}\Phi(A_k)$$

である．

また $B_k=\bigcup_{j=k}^{\infty}A_j$ と置けば，$B_k\supseteqq B_{k+1}$ $(k=0,1,2,\cdots)$ であって，$\lim_{k\to\infty}B_k=\lim_{k\to\infty}A_k$ であるから，(II) によって

$$\lim_{k\to\infty}\Phi(B_k)=\Phi(\lim_{k\to\infty}A_k) \tag{18.11}$$

である．次に $A_k\subseteqq B_k$ であるから，$\Phi(A_k)\leqq\Phi(B_k)$ である．よって $\overline{\lim_{k\to\infty}}\Phi(A_k)\leqq\lim_{k\to\infty}\Phi(B_k)$ が成立する．また (18.11) から

$$\overline{\lim_{k\to\infty}}\Phi(A_k)\leqq\Phi(\lim_{k\to\infty}A_k) \tag{18.12}$$

である．ゆえに (18.10), (18.12)，$\underline{\lim_{k\to\infty}}\Phi(A_k)\leqq\overline{\lim_{k\to\infty}}\Phi(A_k)$ から $\lim_{k\to\infty}\Phi(A_k)=\Phi(\lim_{k\to\infty}A_k)$ が得られる．

次に一般の $\Phi(X)$ に対しては，$\Phi(X)=\overline{W}(X)-(-\underline{W}(X))$ が定理 18.1 から得られ，しかも $\overline{W}(X)$, $-\underline{W}(X)$ は正の集合函数であるから，(III) により

$$\begin{aligned}\lim_{k\to\infty}\Phi(A_k)&=\lim_{k\to\infty}(\overline{W}(A_k)-(-\underline{W}(A_k)))\\&=\lim_{k\to\infty}(\overline{W}(A_k))-\lim_{k\to\infty}(-\underline{W}(A_k))\\&=\overline{W}(\lim_{k\to\infty}A_k)-(-\underline{W}(\lim_{k\to\infty}A_k))\\&=\Phi(\lim_{k\to\infty}A_k)\end{aligned}$$

が得られる．

従って加法的な有限集合函数 $\Phi(X)$ は連続であるということができる．

ところで $\Phi(X)$ が，条件

(18.13)　$\mathcal{B}_M$ の要素 A に対して $\mu(A)=0$ であるとき

$$\Phi(A)=0$$

を満足するならば，$\Phi(X)$ は**絶対連続**であるという．

例えば L_n で定義された有界可測函数 $F(x)$ と有限可測集合 D に対して

$$\Phi(X)=\int_{D\frown X}F(x)dx$$

と置けば，ルベグ積分の性質より $\Phi(X)$ が絶対連続な加法的集合函数である．

他方で L_n の一点 x_0 に対して

$$\Phi(X)\equiv 1 \qquad x_0\in X \text{ のとき},$$
$$\equiv 0 \qquad x_0\,\overline{\in}\, X \text{ のとき}$$

と置けば，$\Phi(X)$ は加法的な有限集合函数であるが絶対連続でない．

定理 18.3. $\Phi(X)$ を $\mathscr{B}_M$ で定義された加法的な有限集合函数とするとき，$\mathscr{B}_M$ で定義された加法的な有限集合函数 $\Phi_A(x)$，$\Phi_S(x)$ と測度0の L_n の部分集合 D とを求めて，次の条件が成立するようにできる．

(18.14) $$\Phi(X)=\Phi_A(X)+\Phi_S(X),$$

(18.15) $$\Phi_A(X) \text{ は絶対連続である}$$

(18.16) $$\Phi_S(X)=\Phi(X\frown D).$$

証明. 初めに $\Phi(X)$ が加法的な正の有限集合函数の場合を考える．$\Phi(X)$ が絶対連続であれば，$\Phi_A(X)=\Phi(X)$，$\Phi_S(X)=0$，$D=\phi$ と置けば十分である．

次に $\Phi(X)$ が絶対連続でなければ

$$M=\{\Phi(X)\,|\,\mu(X)=0,\ X\in\mathscr{B}_M\}$$

の上端 $\sup M$ は正数である．従って M の要素 a_k $(k=0,1,2,\cdots)$ を求めて，$a_k<a_{k+1}$ $(k=0,1,2,\cdots)$，$\lim_{k\to\infty}a_k=\sup M$ であるようにできる．このとき $\Phi(A_k)=a_k$ $(k=0,1,2,\cdots)$ であれば，$\mu\left(\bigcup_{k=0}^{\infty}A_k\right)=0$ であるから，$\Phi\left(\bigcup_{k=0}^{\infty}A_k\right)\in M$ である．また $\Phi(A_k)\leqq\Phi\left(\bigcup_{k=0}^{\infty}A_k\right)$，すなわち $a_k\leqq\Phi\left(\bigcup_{k=0}^{\infty}A_k\right)$ であるから，$\sup M=\Phi\left(\bigcup_{k=0}^{\infty}A_k\right)$ が得られる．そこで $D=\bigcup_{k=0}^{\infty}A_k$ と置く．

$\mathscr{B}_M$ の要素 A に対して $\mu(A)=0$ であれば

(18.17) $$\Phi(A\frown\mathfrak{C}(D))=0$$

である．実際 $\Phi(A\frown\mathfrak{C}(D))>0$ であれば

$$\Phi(A\smile D)=\Phi(A\frown\mathfrak{C}(D))+\Phi(D)>\Phi(D)=\sup M$$

が得られ，しかも $\mu(A\smile D)=0$ である．これは M の定義に矛盾する．よって (18.17) が成立する．そこで

(18.18) $$\Phi_A(X)\equiv\Phi(X\frown\mathfrak{C}(D)),$$

(18.19) $$\Phi_S(X)\equiv\Phi(X\frown D)$$

と置けば，定義によって (18.14) が成立する．また (18.17) によって $\Phi_A(X)$

は絶対連続である．次に (18.16) は $\Phi_S(X)$ の定義から明らかである．

次に $\Phi(X)$ が正の集合函数でなければ，正の集合函数 $\overline{W}(X)$, $-\underline{W}(X)$ に上の結果を適用して，

$$\overline{W}(X)=\overline{W}_A(X)+\overline{W}_S(X),\qquad \overline{W}_S(X)=\overline{W}(X\frown D_0),$$
$$\underline{W}(X)=\underline{W}_A(X)+\underline{W}_S(X),\qquad \underline{W}_S(X)=\underline{W}(X\frown D_1)$$

を満足する絶対連続函数 $\overline{W}_A(X)$, $\underline{W}_A(X)$ と測度 0 の集合 D_0, D_1 を定義し，

$$\Phi_A(X)\equiv\overline{W}_A(X)+\underline{W}_A(X),$$
$$\Phi_S(X)\equiv\overline{W}_S(X)+\underline{W}_S(X),$$
$$D\equiv D_0\smile D_1$$

と置けば，これは明らかに条件 (18.14)～(18.16) を満足する．

そこで $\Phi_A(X), \Phi_S(X)$ をそれぞれ $\Phi(X)$ の**絶対連続部分**，**特異部分**という．

また集合函数の絶対連続性に関して次の定理が得られる．

定理 18.4. $\mathscr{B}_M$ で定義された加法的な有限集合函数 $\Phi(X)$ が絶対連続であるがために必要にして十分な条件は，任意の正数 ε に対して正数 δ を求めて，$\mu(A)<\delta$ を満足する $\mathscr{B}_M$ の要素 A に対して

$$|\Phi(A)|<\varepsilon$$

が成立するようにできることである．

証明. 与えられた条件が十分条件であることは明らかである．
次にこれが必要条件であることを証明する．

$\Phi(X)$ が絶対連続で，加法的な正の有限集合函数とする．これが与えられた条件を満足しないならば，正数 δ_0 と $\mathscr{B}_M$ の要素 A_k $(k=0,1,2,\cdots)$ を求め

$$(18.20)\qquad \mu(A_k)<\frac{1}{2^{k+1}},\qquad \Phi(A_k)>\delta_0$$

であるようにできる．そこで $A=\overline{\lim_{k\to\infty}}A_k$, $B_k=\bigcup_{j=k}^{\infty}A_j$ と置けば，$A\subseteqq B_k$ であるから

$$\mu(A)\leqq\sum_{j=k}^{\infty}\mu(A_j)<\sum_{j=k}^{\infty}\frac{1}{2^{j+1}}=\frac{1}{2^k}$$

である．よって $\mu(A)=0$ である．ところで $B_k\supseteqq B_{k+1}$ $(k=0,1,2,\cdots)$ であっ

て，$A=\lim_{k\to\infty} B_k$，$B_k \supseteqq A_k$ であるから

$$\Phi(A)=\lim_{k\to\infty}\Phi(B_k)\geqq\overline{\lim_{k\to\infty}}\Phi(A_k)\geqq\delta_0$$

である．これは仮定に矛盾する．従って $\Phi(X)$ は与えられた条件を満足する．

次に一般の場合には，定理 18.1 によって $\Phi(X)=\overline{W}(X)+\underline{W}(X)$ であって，$\overline{W}(X)$，$-\underline{W}(X)$ は絶対連続で，加法的な正の集合函数である．ゆえに正数 ε に対して正数 δ を求めて，$\mu(X)<\delta$ のとき，$\overline{W}(X)<\varepsilon$，$-\underline{W}(X)<\varepsilon$ であるようにできる．ゆえに $\mu(X)<\delta$ のとき $|\Phi(X)|<2\varepsilon$ である．よって $\Phi(X)$ は与えられた条件を満足する．ゆえに定理 18.4 が証明される．

問 1. 194 ページで与えられた有限集合函数 $\Phi_0(X)$ は絶対連続であることを示せ．

問 2. $\Phi_k(X)$ $(k=0,1,2,\cdots)$ を $\mathcal{B}_M$ で定義された加法的な有限集合函数とするとき，$\mathcal{B}_M$ の各要素 X に対して，これらが不等式

$$\Phi_k(X)\geqq\Phi_{k+1}(X)\geqq 0 \qquad (k=0,1,2,\cdots)$$

を満足するならば，有限集合函数 $\Phi(X)=\lim_{k\to\infty}\Phi_k(X)$ もまた加法的であることを示せ．

§ 19. 導　函　数

集合函数の導函数には，格子 Δ に関する導函数，区間導函数，一般導函数などの種類がある．

格子 Δ に関する導函数は次のように定義される．今 $\Phi(X)$ を $\mathcal{B}_M$ で定義された加法的な有限集合函数とする．

また L_n の一点 $a=\langle a_1, a_2, \cdots, a_n\rangle$ に対して

$$P_{a,k,l}^{(m)}=\left\{x \,\middle|\, x_k=a_k+\frac{l}{2^m}\right\} \quad (\text{ただし } m\in N,\ l\in J,\ x=\langle x_1, x_2, \cdots, x_n\rangle)$$

と置き，

$$P_{a,k}^{(m)}=\bigcup_{l=-\infty}^{+\infty}P_{a,k,l}^{(m)}$$

を考える．

補題 19.1. L_n の一点 a で

(19.1)　　$\Phi(P_{a,k}^{(m)})=0 \qquad (k=1\ 2,\cdots,n\,;\ m=0,1,2,\cdots)$

を満足するものが存在する．

証明. $\Phi(X)$ の正変分 $\overline{W}(X)$ を考える. $a'=\langle a'_1, a'_2, \cdots, a'_n\rangle$, $a'_k \neq a_k$ のとき $P^{(m)}_{a,k} \frown P^{(m)}_{a',k}=\phi$ である. 従って

$$A^{(m)}_k=\{a_k|\overline{W}(P^{(m)}_{a,k})\neq 0\} \qquad (\text{ただし } a=\langle a_1, a_2, \cdots, a_n\rangle)$$

は多くとも可付番である. 同様に

$$B^{(m)}_k=\{a_k|\underline{W}(P^{(m)}_{a,k})\neq 0\} \qquad (\text{ただし } a=\langle a_1, a_2, \cdots, a_n\rangle)$$

は多くとも可付番である. 従って $\bigcup_{m=0}^{\infty}\bigcup_{k=1}^{n}(A^{(m)}_k \smile B^{(m)}_k)$ もまた多くとも可付番である. ゆえに $\mathfrak{C}\left(\bigcup_{m=0}^{\infty}\bigcup_{k=1}^{n}(A^{(m)}_k \smile B^{(m)}_k)\right)\neq\phi$ である. そこでこの中に a_k $(k=1,2,\cdots,n)$ を取れば, $a=\langle a_1, a_2, \cdots, a_n\rangle$ に対して (19.1) が成立する.

そこで (19.1) を満足する点 $a=\langle a_1, a_2, \cdots, a_n\rangle$ を固定する. そして

(19.2) $\quad Q^{(m)}_{l_1 l_2\cdots l_n}=\left\{x\middle|a_k+\dfrac{l_k}{2^m}\leqq x_k<a_k+\dfrac{l_k+1}{2^m}\ \ (k=1,2,\cdots,n)\right\}$,

(19.3) $\quad \Delta_m\equiv\{Q^{(m)}_{l_1 l_2\cdots l_n}\} \qquad (l_1, l_2, \cdots, l_n=0, \pm 1, \pm 2, \cdots)$

と置くとき,

(19.4) Δ_m の要素は互いに素である

(19.5) Δ_{m+1} の各要素は Δ_m のただ一つの要素に含まれる

(19.6) $\quad \bigcup_{\langle l_1 l_2\cdots l_n\rangle} Q^{(m)}_{l_1 l_2\cdots l_n}=L_n$

が成立する. これは定義より明らかである. そこで Δ_m $(m=0,1,2,\cdots)$ の列 $\Delta=\{\Delta_m\}$ $(m=0,1,2,\cdots)$ を Φ に関する L_n の**格子**という. また Δ_m の要素を Δ の階数 m の**成分**という.

このとき L_n の一点 x に対して, x を含む Δ の階数 m の成分を $Q^{(m)}_\Delta(x)$ と置く. そこで

(19.7) $$\overline{D}_\Delta\Phi(x)\equiv\varlimsup_{m\to\infty}\frac{\Phi(Q^{(m)}_\Delta(x))}{\mu(Q^{(m)}_\Delta(x))},$$

(19.8) $$\underline{D}_\Delta\Phi(x)\equiv\varliminf_{m\to\infty}\frac{\Phi(Q^{(m)}_\Delta(x))}{\mu(Q^{(m)}_\Delta(x))}$$

をそれぞれ Δ に関する $\Phi(X)$ の**上導函数**, **下導函数**という. 定義によって $\overline{D}_\Delta\Phi(x)\geqq\underline{D}_\Delta\Phi(x)$ であるが, L_n の各点 x において $\overline{D}_\Delta\Phi(x)=\underline{D}_\Delta\Phi(x)$ である

とき

$$D_\Delta \Phi(x) \equiv \bar{D}_\Delta \Phi(x)$$

と置き，これを Δ に関する $\Phi(X)$ の導函数という．

補題 19.2. $\bar{D}_\Delta \Phi(x)$，$\underline{D}_\Delta \Phi(x)$，$D_\Delta \Phi(x)$ はともにベール函数である．

証明. 任意の有理数 r に対して

$$(19.9) \qquad [\bar{D}_\Delta \Phi > r] = \bigcup_{p=0}^{\infty} \overline{\lim_{m\to\infty}} \bigcup_{\langle l_1 l_2 \cdots l_n \rangle \in A^{(m)}(p)} Q^{(m)}_{l_1 l_2 \cdots l_n},$$

ただし

$$A^{(m)}(p) = \left\{ \langle l_1, l_2, \cdots, l_n \rangle \middle| \Phi(Q^{(m)}_{l_1 l_2 \cdots l_n}) > \mu(Q^{(m)}_{l_1 l_2 \cdots l_n}) \left(r + \frac{1}{p+1} \right) \right\}$$

である．実際 $x \in [\bar{D}_\Delta \Phi > r]$ のとき $\bar{D}_\Delta \Phi(x) > r$ であるから，ある自然数 p に対して $\bar{D}_\Delta \Phi(x) > r + \dfrac{1}{p+1}$ である．ゆえに $\bar{D}_\Delta \Phi(x)$ の定義によって

$$\Phi(Q^{(m)}_\Delta(x)) > \mu(Q^{(m)}_\Delta(x)) \left(r + \frac{1}{p+1} \right)$$

を満足する自然数 m が無限個存在する．従って

$$x \in \overline{\lim_{m\to\infty}} \bigcup_{\langle l_1 l_2 \cdots l_n \rangle \in A^{(m)}(p)} Q^{(m)}_{l_1 l_2 \cdots l_n}$$

である．よって (19.9) の左辺はその右辺に含まれる．

逆に (19.9) の右辺がその左辺に含まれる．ゆえに (19.9) が得られる．よって定理 16.15 により，$\bar{D}_\Delta \Phi(x)$ はベール函数である．

同様に $\underline{D}_\Delta \Phi(x)$，$D_\Delta \Phi(x)$ もまたベール函数である．

補題 19.3. $\Phi(X)$ を $\mathscr{B}_M$ で定義された加法的な正の有限集合函数とするとき，有限可測集合 E の上で

$$a \leqq \bar{D}_\Delta \Phi(x) \leqq b$$

であれば

$$a\mu(E) \leqq \Phi(E) \leqq b\mu(E)$$

である．

証明. 任意の正数 ε に対して

$$E \subseteqq G, \qquad \mu(G) < \mu(E) + \varepsilon, \qquad \Phi(G) < \Phi(E) + \varepsilon$$

を満足する開集合 G が存在する．そこで E の各点 x に対して $\bar{D}_\Delta \Phi(x) > a - \varepsilon$

であるから，

$$\Phi(Q_\Delta^{(m)}(x))>(a-\varepsilon)\mu(Q_\Delta^{(m)}(x)),\qquad Q_\Delta^{(m)}(x)\leqq G$$

を満足する $Q_\Delta^{(m)}(x)$ が存在する．このような m の中の最小値を $m(x)$ とすれば

$$E\subseteqq\bigcup_{x\in E}Q_\Delta^{(m(x))}(x)\subseteqq G \tag{19.10}$$

である．また集合 $\{Q_\Delta^{(m(x))}(x)\,|\,x\in E\}$ の要素を Q_k $(k=0,1,2,\cdots)$ とすれば，これらは互いに素で，$\bigcup_{x\in E}Q_\Delta^{(m(x))}(x)=\bigcup_{k=0}^{\infty}Q_k$ である．ゆえに (19.10) によって

$$\begin{aligned}(a-\varepsilon)\mu(E)&\leqq(a-\varepsilon)\mu\left(\bigcup_{k=0}^{\infty}Q_k\right)=(a-\varepsilon)\sum_{k=0}^{\infty}\mu(Q_k)<\sum_{k=0}^{\infty}\Phi(Q_k)\\&=\Phi\left(\bigcup_{k=0}^{\infty}Q_k\right)=\Phi\left(\bigcup_{x\in E}Q_\Delta^{(m(x))}(x)\right)\leqq\Phi(G)\\&<\Phi(E)+\varepsilon\end{aligned}$$

である．ゆえに $a\mu(E)\leqq\Phi(E)$ が成立する．

同様に $\Phi(E)\leqq b\mu(E)$ が成立する．ゆえに補題 19.3 が得られる．

定理 19.1． $\Phi(X)$ を $\mathscr{B}_M$ で定義された絶対連続で，加法的な有限集合函数とするとき

$$\Phi(X)=\int_X F(x)\,dx \tag{19.11}$$

を満足する，L_n で定義された可測函数 $F(x)$ が存在する．

証明． 初めに $\Phi(X)$ が正の集合函数である場合を考える．

$$F(x)=\bar{D}_\Delta\Phi(x)$$

と置く．また L_n に含まれる有限可測集合 E の上で，$F(x)$ は有界であるとする．すなわち E の各点 x で，$0\leqq F(x)<b$ を満足する有理数 b が存在するとする[1]．そこで，自然数 p に対して，(17.12), (17.13) によって $c_k^{(p)}, E_k^{(p)}$ $(k=0,1,2,\cdots,p)$ を定義し

$$F_p(x)=\sum_{k=0}^{p}c_k^{(p)}F_{E_k^{(p)}}(x)$$

1） このとき，L_n の各点 x において $0\leqq F(x)<b$ が成立すると考えても，定理の証明に影響しない．

と置く．補題19.2によって $E_k^{(p)}$ はボレル集合である．また補題19.3から

$$c_k^{(p)}\mu(E_k^{(p)}\frown X)\leqq\Phi(E_k^{(p)}\frown X)\leqq c_{k+1}^{(p)}\mu(E_k^{(p)}\frown X)$$

が得られる．ゆえに

$$\sum_{k=0}^{p}c_k^{(p)}\mu(E_k^{(p)}\frown X)\leqq\Phi(X)\leqq\sum_{k=0}^{p}c_{k+1}^{(p)}\mu(E_k^{(p)}\frown X) \tag{19.12}$$

である．また (19.12) の両端は

$$\int_X F(x)\,dx$$

に収束する．ゆえにこの場合 (19.11) が成立する．

次に E の上で $\Phi(x)$ が有界でないとする．このとき

$$E_k=\{x|k\leqq\Phi(x)<k+1\}\frown E,$$

$$E^*=\{x|\Phi(x)=+\infty\}\frown E$$

と置く．$\mu(E^*)>0$ であれば，任意の自然数 p に対して，E^* の各点 x で $F(x)>p$ であるから，補題19.3によって

$$p\mu(E^*)\leqq\Phi(E^*)<+\infty$$

となって矛盾である．よって $\mu(E^*)=0$ である．従って $\Phi(E^*)=0$ である．

ところで $E=E^*\smile\bigcup_{k=0}^{\infty}E_k$ であって，E_k $(k=0,1,2,\cdots)$ に対して (19.11) が成立するから

$$\Phi(E)=\Phi(E^*)+\sum_{k=0}^{\infty}\Phi(E_k)=\sum_{k=0}^{\infty}\int_{E_k}F(x)\,dx=\int_E F(x)\,dx$$

が得られる．

次に E を L_n に含まれる任意の可測集合とすれば，L_n の一点 a と任意の自然数 p に対して

$$\Phi(E)=\lim_{p\to\infty}\Phi(E\frown U(a,p))=\lim_{p\to\infty}\int_{E\frown U(a,p)}F(x)\,dx=\int_E F(x)\,dx$$

である．

また一般の場合には

$$\overline{W}(E)=\int_E F_1(x)\,dx,\qquad -\underline{W}(E)=\int_E F_2(x)\,dx$$

を満足する可測函数 $F_1(x)$，$F_2(x)$ を取る．このとき

$$\Phi(E)=\overline{W}(E)+\underline{W}(E)=\int_E (F_1(x)-F_2(x))dx$$

が得られる.

ところでこの定理 19.1 では，集合函数 $\Phi(X)$ の導函数と被積分函数との関連が十分に明らかでない．そこでこの点をさらに考察する.

L_n の閉区間 $\bar{I}_n$ $(a_1,a_2,\cdots,a_n\,;\,b_1,b_2,\cdots,b_n)$ において，$b_k-a_k=b_1-a_1$ $(k=1,2,\cdots,n)$ が成立するとき，この閉区間を L_n の**閉立方体**といい，L_n の閉立方体の全体の集合を $\mathscr{Z}$ とする．そこで L_n に含まれる有界可測集合 E に対して

$$(19.13)\qquad r(E)\equiv\sup_{\substack{Q\in\mathscr{Z}\\ E\subseteqq Q}}\frac{\mu(E)}{\mu(Q)}$$

と置き，これを E の**正則度**という．定義によって

$$0\leqq r(E)\leqq 1$$

である.

次に L_n の点 x_0 に対して，可測集合列 $\{E_k\}$ $(k=0,1,2,\cdots)$ が，条件

(19.14) $x_0\in E_k$,

(19.15) $\lim\limits_{k\to\infty}\delta(E_k)=0$,

(19.16) $r(E_k)>c>0$ $(k=0,1,2,\cdots)$ を満足する正数 c が存在する

を満足するとき，集合列 $\{E_k\}$ $(k=0,1,2,\cdots)$ は x_0 において**正則**であるという．また (19.16) における正数 c の上端を $\{E_k\}$ $(k=0,1,2,\cdots)$ の**正則度**といい，これを $r(\{E_k\})$ または $r(x_0)$ で示す.

そこで L_n の部分集合 A と L_n の閉集合からなる集合 $\mathscr{H}$ が与えられたとき，A の各点 x において，$\mathscr{H}$ の要素からなる正則集合列が存在するとき，$\mathscr{H}$ を A の測度に関する**被覆系**という．またこのとき A の一点 x における正則集合列の正則度の上端を $r(\mathscr{H},x)$ で示す.

定理 19.2. A を L_n の部分集合とし，$\mathscr{H}$ を A の測度に関する被覆系とするとき，互いに素な有限個または可付番個の $\mathscr{H}$ の要素 B_k $(k=0,1,2,\cdots)$ を求めて,

$$\mu\left(A\frown\mathfrak{C}\left(\bigcup_{k=0}^{\infty}B_k\right)\right)=0 \tag{19.17}$$

が成立するようにできる.

注意. 定理 19.2 を測度に関する**ビタリの被覆定理**という.

証明. 初めに A が有界で

$$\inf_{x\in A} r(\mathscr{H},x)>c_0>0$$

を満足する正数 c_0 が存在する場合を考える.

正数 c_1 を十分大に取って, $U(0,c_1)\supseteqq\bar{A}$ が成立するようにする. ただし 0 は L_n の原点を示す. 次に $U(0,c_1)$ に含まれる $\mathscr{H}$ の要素の全体からなる集合を $\mathscr{H}_0$ とする. $\mathscr{H}_0$ が A の測度に関する被覆系であることは明らかである.

そこで A の一点 x_0 を取り, x_0 を含む $\mathscr{H}_0$ の要素の一つを B_0 とする. 次に $\mathscr{H}_0$ の要素 B_j $(j=0,1,2,\cdots,k)$ が選ばれて, $A\frown\mathfrak{C}\left(\bigcup_{j=0}^{k}B_j\right)\neq\phi$ であるとき,

$$\mathscr{H}_1=\left\{B\,|\,B\in\mathscr{H}_0,\ B\frown\bigcup_{j=0}^{k}B_j=\phi\right\},$$

$$\delta_{k+1}=\sup_{B\in\mathscr{H}_1}\delta(B)$$

と置く. また $A\frown\mathfrak{C}\left(\bigcup_{j=0}^{k}B_j\right)$ の一点を x_{k+1} とする. $U(x_{k+1},\delta)\frown\bigcup_{j=0}^{k}B_j=\phi$ を満足する正数 δ が存在し, x_{k+1} において, $\mathscr{H}_1$ の要素からなる正則集合列が存在するので, x_{k+1} を含む $\mathscr{H}_1$ の要素 B_{k+1} で

$$\delta(B_{k+1})>\frac{1}{2}\delta_{k+1}$$

を満足するものが存在する.

そこでこの方法を続けて, $\mathscr{H}_0$ の要素 B_k $(k=0,1,2,\cdots)$ を取る[1]. この操作が B_k $(k=0,1,2,\cdots,p)$ で終了すれば, これらは要求された条件を満足する.

次に無限列 $\{B_k\}$ $(k=0,1,2,\cdots)$ が得られたとき, $B=A\frown\mathfrak{C}\left(\bigcup_{j=0}^{\infty}B_j\right)$ と置けば, $\mu(B)=0$ である. これを証明するため, $\mu^*(B)>0$ であると仮定する. c_0 についての仮定によって

1) 数学的帰納法によって B_k $(k=0,1,2,\cdots)$ が定義される. ただし, この数学的帰納法においては一般に選択の公理 [C.3] が使われる. またこの公理の排除には集合 A, 被覆系 $\mathscr{H}$ にある種の条件が要求される.

$$\frac{\mu(B_k)}{\mu(Q_k)}>c_0, \quad \text{すなわち} \quad \mu(B_k)>c_0\mu(Q_k), \quad Q_k \supseteqq B_k$$

を満足する閉立方体 Q_k $(k=0,1,2,\cdots)$ を取ることができる．また $\bigcup_{k=0}^{\infty} B_k \subseteqq U(0,c_1)$ であるから，

$$\sum_{k=0}^{\infty}\mu(Q_k) \leqq \frac{1}{c_0}\sum_{k=0}^{\infty}\mu(B_k)=\frac{1}{c_0}\mu\left(\bigcup_{k=0}^{\infty}B_k\right) \leqq \frac{1}{c_0}\mu(U(0,c_1))$$

である．ゆえに $\sum_{k=0}^{\infty}\mu(Q_k)$ は収束する．

次に Q_k を相似に拡大して，一辺の長さを $(4n+1)$ 倍にして得られる閉立方体を Q_k^* とする．なお Q_k^* の中心は Q_k の中心である．このとき $\mu(Q_k^*)=(4n+1)^n\mu(Q_k)$ であるから，$\sum_{k=0}^{\infty}\mu(Q_k^*)$ もまた収束する．そこで

$$\sum_{k=p+1}^{\infty}\mu(Q_k^*)<\mu^*(B)$$

を満足する自然数 p を取る．$B\frown\mathfrak{C}\left(\bigcup_{k=p+1}^{\infty}Q_k^*\right)\neq\phi$ であるから，$\bigcup_{k=p+1}^{\infty}Q_k^*$ に属しない B の一点 x^* を取る．

B の定義によって x^* はまた $\bigcup_{j=0}^{\infty}B_j$ に属しない．ところで

$$x^*\in Q, \qquad Q\frown B_k=\phi \qquad\qquad (k=0,1,2,\cdots,p)$$

を満足する $\mathscr{H}_0$ の要素 Q は B_k $(k=p+1,p+2,\cdots)$ の少なくとも一つと素でない．実際 $Q\frown B_k=\phi$ $(k=p+1,p+2,\cdots)$ であれば，仮定によって，また $Q\frown B_k=\phi$ $(k=0,1,2,\cdots)$ である．従って $Q\frown\bigcup_{j=0}^{k}B_j=\phi$ が得られる．ゆえに δ_{k+1}，B_{k+1} の定義によって

$$0<\delta(Q)\leqq\delta_{k+1}<2\delta(B_{k+1})\leqq 2\delta(Q_{k+1}) \tag{19.18}$$

である．ところで，$\sum_{k=0}^{\infty}\mu(Q_k)$ は収束するから，$\lim_{k\to\infty}\delta(Q_k)=0$ である．これは (19.18) に矛盾する．よって $Q\frown B_k\neq\phi$ であるような自然数 k が存在する．そこでその中の最小数を p_0 とする．このとき定義によって $p_0>p$ である．また $\delta(Q)\leqq\delta_{p_0}$ である．

ところで定義により $x^*\,\overline{\in}\,\bigcup_{k=p+1}^{\infty}Q_k^*$ であって，$p_0>p$ であるから，$x^*\,\overline{\in}\,Q_{p_0}^*$

である．

Q_{p_0} の一辺の長さを r とすれば，$Q_{p_0}^*$ の一辺の長さは $(4n+1)r$ であるから，Q_{p_0} の境界上の一点 u と $Q_{p_0}^*$ の境界上の一点 v との距離については

$$\text{dis}(u,v)\geqq 2nr \tag{19.19}$$

である．ところで Q は $Q_{p_0}^*$ に属しない一点 x^* と B_{p_0} の一点，従って Q_{p_0} の一点とを含む．ゆえに (19.19) から $\delta(Q)\geqq 2nr$ である．また

$$\delta(Q_{p_0})=\sqrt{nr^2}<nr$$

であるから

$$\delta(Q)\geqq 2nr>2\delta(Q_{p_0})\geqq 2\delta(B_{p_0})>\delta_{p_0}$$

となる．これは $\delta(Q)\leqq\delta_{p_0}$ に矛盾する．ゆえに $\mu^*(B)=0$ である．すなわち $\mu\left(A\frown\mathfrak{C}\left(\bigcup_{j=0}^{\infty}B_j\right)\right)=0$ である．よってこの場合に (19.17) が成立する．

次に一般の場合を考える．今

$$\begin{aligned}A_k&=A\frown D_k,\\ D_k&=U(0,1) & k=0\ \text{のとき},\\ &=U(0,k+1)\frown\mathfrak{C}\overline{U(0,k)} & k>0\ \text{のとき}\end{aligned}$$

と置けば，D_k $(k=0,1,2,\cdots)$ は互いに素な有界開集合で，$A_k\subseteqq D_k$ $(k=0,1,2,\cdots)$ である．また

$$\mu\left(A\frown\mathfrak{C}\left(\bigcup_{k=0}^{\infty}D_k\right)\right)=0 \tag{19.20}$$

である．次に D_k に含まれる $\mathcal{H}$ の要素の集合を $\mathcal{H}_k$ とする．このとき $\mathcal{H}_k$ は A_k の測度に関する被覆系である．

そこで A_k を考える．今

$$A_{kj}=\left\{x\,|\,x\in A,\ r(\mathcal{H}_k,x)>\frac{1}{j+1}\right\}$$

と置けば，$A_{kj}\subseteqq A_{k,j+1}$ $(j=0,1,2,\cdots)$ であって，$A_k=\bigcup_{j=0}^{\infty}A_{kj}$ である．そこで A_{k0} にすでに得られた結果を適用して，$\mathcal{H}_k$ の要素 $B_j^{(0)}$ $(j=0,1,2,\cdots)$ を求め，$B_i^{(0)}\frown B_j^{(0)}=\phi$ $(i\neq j)$ で

$$\mu\left(A_{k0}\frown\mathfrak{C}\left(\bigcup_{j=0}^{\infty}B_j^{(0)}\right)\right)=0 \tag{19.21}$$

であるようにできる．ここで $B_j^{(0)}\ (j=0,1,2,\cdots)$ はまた可測集合であるから，(19.21) によって

$$\lim_{q\to\infty}\mu^*\left(A_{k0}\frown\mathfrak{C}\left(\bigcup_{j=0}^{q}B_j^{(0)}\right)\right)=0$$

である．ゆえに自然数 q_0 を定めて

$$\mu^*\left(A_{k0}\frown\mathfrak{C}\left(\bigcup_{j=0}^{q_0}B_j^{(0)}\right)\right)<1$$

が成立するようにできる．次に

$$A_{k1}^*=A_{k1}\frown\mathfrak{C}\left(\bigcup_{j=0}^{q_0}B_j^{(0)}\right)$$

にすでに得られた結果を適用して，$B_j^{(0)}\ (j=0,1,2,\cdots,q_0)$ と素である $\mathscr{H}_k$ の要素 $B_j^{(1)}\ (j=0,1,2,\cdots)$ を求め，$B_i^{(1)}\frown B_j^{(1)}=\phi\ (i\neq j)$ で

$$\mu\left(A_{k1}^*\frown\mathfrak{C}\left(\bigcup_{j=0}^{\infty}B_j^{(1)}\right)\right)=0$$

であるようにできる．そこで前と同様に自然数 q_1 を求めて

$$\mu^*\left(A_{k1}^*\frown\mathfrak{C}\left(\bigcup_{j=0}^{q_1}B_j^{(1)}\right)\right)<\frac{1}{2}$$

が成立するようにできる．

同様に $\mathscr{H}_k$ の互いに素な要素 $B_j^{(i)}\ (j=0,1,2,\cdots,q_i\,;\,i=0,1,2,\cdots,m)$ が得られたとき，

$$A_{k,m+1}^*=A_{k,m+1}\frown\mathfrak{C}\left(\bigcup_{i=0}^{m}\bigcup_{j=0}^{q_i}B_j^{(i)}\right) \tag{19.22}$$

と置き，これにすでに得られた結果を適用し，$B_j^{(i)}\ (j=0,1,2,\cdots,q_i\,;\,i=0,1,2,\cdots,m)$ と素である $\mathscr{H}_k$ の要素 $B_j^{(m+1)}\ (j=0,1,2,\cdots,q_{m+1})$ を求めて

$$\mu^*\left(A_{k,m+1}^*\frown\mathfrak{C}\left(\bigcup_{j=0}^{q_{m+1}}B_j^{(m+1)}\right)\right)<\frac{1}{m+2} \tag{19.23}$$

が成立するようにできる．

従ってこのようにして，$\mathscr{H}_k$ の要素 $B_j^{(i)}\ (j=0,1,2,\cdots,q_i\,;\,i=0,1,2,\cdots)$ を定義するとき[1]，(19.22), (19.23) によって，$m<l$ のとき

1) 数学的帰納法によって，$B_j^{(i)}\ (j=0,1,2,\cdots,q_i\,;\,i=0,1,2\cdots)$ を定義することができる．

$$\mu^*\left(A_{k,m}\frown\mathfrak{C}\left(\bigcup_{i=0}^{\infty}\bigcup_{j=0}^{q_i}B_j^{(i)}\right)\right)$$

$$\leqq\mu^*\left(A_{k,l+1}\frown\mathfrak{C}\left(\bigcup_{i=0}^{l}\bigcup_{j=0}^{q_i}B_j^{(i)}\right)\right)$$

$$=\mu^*\left(A_{k,l+1}^*\frown\mathfrak{C}\left(\bigcup_{j=0}^{q_l}B_j^{(l)}\right)\right)<\frac{1}{l+2}$$

である．また $A_{k,m}\subseteqq A_{k,m+1}$，$A_k=\bigcup_{m=0}^{\infty}A_{k,m}$ であるから

$$\mu\left(A_k\frown\mathfrak{C}\left(\bigcup_{i=0}^{\infty}\bigcup_{j=0}^{q_i}B_j^{(i)}\right)\right)=0$$

である．ここで集合 $B_j^{(i)}$ $(j=0,1,2,\cdots,q_i\,;\,i=0,1,2,\cdots)$ を再び並び変えて，集合列 $\{B_{kj}\}$ $(j=0,1,2,\cdots)$ を作るとき

$$\mu\left(A_k\frown\mathfrak{C}\left(\bigcup_{j=0}^{\infty}B_{kj}\right)\right)=0 \tag{19.24}$$

である．また

$$\bigcup_{j=0}^{\infty}B_{kj}\subseteqq D_k \tag{19.25}$$

が得られる．従って (19.20), (19.24), (19.25) によって

$$\mu^*\left(A\frown\mathfrak{C}\left(\bigcup_{k=0}^{\infty}\bigcup_{j=0}^{\infty}B_{kj}\right)\right)\leqq\sum_{k=0}^{\infty}\mu\left(A_k\frown\mathfrak{C}\left(\bigcup_{j=0}^{\infty}B_{kj}\right)\right)$$

$$+\mu\left(A\frown\mathfrak{C}\left(\bigcup_{k=0}^{\infty}D_k\right)\right)=0$$

である．ゆえに一般の場合にも，定理 19.2 は証明される．

そこで加法的な有限集合函数 $\Phi(X)$ の一般導函数を定義する．今 $\Phi(X)$ の定義域を $\mathcal{B}_M$ とする．このとき L_n の一点 x に対して，A_x で，$\mathcal{B}_M$ の要素からなる，x における正則集合列 $\{E_k\}$ $(k=0,1,2,\cdots)$ で，

$$\lim_{k\to\infty}\frac{\Phi(E_k)}{\mu(E_k)} \tag{19.26}$$

が存在するものの全体からなる集合を示し，A_x に属する正則集合列 $\{E_k\}$ $(k=0,1,2,\cdots)$ から作られる極限 (19.26) の集合を B_x とするとき

$$\bar{D}\Phi(x)\equiv\sup B_x, \tag{19.27}$$

(19.28) $$\underline{D}\Phi(x)\equiv\inf B_x$$

をそれぞれ $\Phi(X)$ の**一般上導函数**，**一般下導函数**という．定義によって $\bar{D}\Phi(x)\geqq\underline{D}\Phi(x)$ であるが，$\bar{D}\Phi(x)=\underline{D}\Phi(x)$ であるとき，x において $\Phi(X)$ は**一般微分可能**であるという．またこのとき $\bar{D}\Phi(x)$ を $D\Phi(x)$ で示し，これを x における $\Phi(X)$ の**一般微分係数**という．定義によって，x において $\Phi(X)$ が一般微分可能であれば

$$B_x=\{D\Phi(x)\}$$

である．

補題 19.4. $\Phi(X)$ が x において一般微分可能であれば，x における任意の正則集合列 $\{E_k\}$ $(k=0,1,2,\cdots)$ に対して

(19.29) $$\lim_{k\to\infty}\frac{\Phi(E_k)}{\mu(E_k)}=D\Phi(x)$$

である．

証明. $\overline{\lim_{k\to\infty}}\dfrac{\Phi(E_k)}{\mu(E_k)}=\bar{d}$ とすれば，$\{E_k\}$ $(k=0,1,2,\cdots)$ の部分列 $\{E_{\nu_k}\}$ $(k=0,1,2,\cdots)$ を求めて

$$\lim_{k\to\infty}\frac{\Phi(E_{\nu_k})}{\mu(E_{\nu_k})}=\overline{\lim_{k\to\infty}}\frac{\Phi(E_k)}{\mu(E_k)}$$

であるようにできる．また $\{E_{\nu_k}\}$ $(k=0,1,2,\cdots)$ は正則集合列である．ゆえに $\bar{d}\in B_x$ である．ところで $B_x=\{D\Phi(x)\}$ であるから，$\bar{d}=D\Phi(x)$ である．

同様に $\underline{\lim_{k\to\infty}}\dfrac{\Phi(E_k)}{\mu(E_k)}=\underline{d}$ もまた B_x に属す．ゆえに $\underline{d}=D\Phi(x)$ が得られる．よって (19.29) が成立する．

また $D\Phi(x)$ を x の函数と考えるとき，これを $\Phi(X)$ の**一般導函数**という．

注意. x における $\bar{D}\Phi(x)$，$\underline{D}\Phi(x)$ の値を x における $\Phi(X)$ の**一般上微分係数**，**一般下微分係数**ということがある．

今 L_n の有限可測部分集合 E に対して

$$\Phi_E(X)=\mu(X\frown E)$$

と置き，これを ***E* に付随する集合函数**という．

定理 19.3. E を L_n に含まれる有限可測集合とするとき，$\Phi_E(X)$ は加法的な有限集合函数で，L_n のほとんどすべての点 x で

$$D\Phi_E(x)=F_E(x)$$

である．

証明． $\Phi_E(X)$ が加法的な有限集合函数であることは定理 17.7 より明らかである．

次に $\Phi_E(X)$ の一般微分係数を考える．$\mathcal{B}_M$ の任意の要素 X に対して，$\Phi_E(X)\leqq\mu(X)$ であるから，$0\leqq\underline{D}\Phi_E(x)\leqq 1$ である．そこで任意の自然数 p に対して

$$A_p=\left\{x\,|\,\underline{D}\Phi_E(x)\leqq\frac{p}{p+1},\ x\in E\right\} \tag{19.30}$$

と置く．また任意の正数 ε に対して

$$E\subseteqq G,\qquad \mu(G\frown\mathfrak{C}(E))<\varepsilon$$

を満足する開集合 G を取る．

q を p より大なる自然数とすると，A_p の各点 x において $\underline{D}\Phi_E(x)<\dfrac{q}{q+1}$ であるから，x における正則閉集合列 $\{E_k\}$ $(k=0,1,2,\cdots)$ を求めて

$$\lim_{k\to\infty}\frac{\Phi_E(E_k)}{\mu(E_k)}<\frac{q}{q+1}$$

が成立するようにできる．従って自然数 n_0 を求めて，$k\geqq n_0$ のとき

$$\frac{\Phi_E(E_k)}{\mu(E_k)}<\frac{q}{q+1},\qquad E_k\subseteqq G \tag{19.31}$$

であるようにできる．このとき $\{E_k\}$ $(k=n_0,n_0+1,n_0+2,\cdots)$ はまた x における正則閉集合列で，しかも条件 (19.31) を満足する．そこで A_p の各点にこのような正則閉集合列を作り，それらに属する閉集合の全体の集合を $\mathcal{H}$ とする．

定義によって $\mathcal{H}$ は A_p の測度に関する被覆系であるから，定理 19.2 によって，互いに素な，$\mathcal{H}$ に属する閉集合 E_k $(k=0,1,2,\cdots)$ を求めて，

$$\mu\left(A_p\frown\mathfrak{C}\left(\bigcup_{k=0}^{\infty}E_k\right)\right)=0$$

であるようにできる．また E_k は条件 (19.31) を満足する．

このとき $A_p\subseteqq Z\smile\bigcup_{k=0}^{\infty}E_k$ を満足する測度 0 の集合 Z が存在する．ゆえに

$$\mu^*(A_p) \leqq \sum_{k=0}^{\infty} \mu(E_k)$$

である．また $\Phi_E(E_k)=\mu(E_k \frown E)$ であるから，(19.31) によって

$$\mu(E_k \frown E) < \frac{q}{q+1} \mu(E_k)$$

が得られる．ところで

$$E^* = E \frown \mathfrak{C}\left(\bigcup_{k=0}^{\infty} E_k\right)$$

と置けば，$E=E^* \smile \bigcup_{k=0}^{\infty} (E_k \frown E)$ であって，この右辺の各項は互いに素であるから

$$\mu(E) = \mu(E^*) + \sum_{k=0}^{\infty} \mu(E_k \frown E)$$

である．また (19.31) から $E \subseteqq E^* \smile \bigcup_{k=0}^{\infty} E_k \subseteqq G$ が得られ，E^*, E_k $(k=0,1,2,\cdots)$ は互いに素であるから

$$\mu(E) \leqq \mu(E^*) + \sum_{k=0}^{\infty} \mu(E_k) \leqq \mu(G) \leqq \mu(E) + \varepsilon$$

である．従って $E=E^* \smile \bigcup_{k=0}^{\infty} (E_k \frown E)$ と (19.31) によって

$$\begin{aligned}\mu(E) &\leqq \mu(E^*) + \frac{q}{q+1} \sum_{k=0}^{\infty} \mu(E_k) \\ &= \left(\mu(E^*) + \sum_{k=0}^{\infty} \mu(E_k)\right) - \frac{1}{q+1} \sum_{k=0}^{\infty} \mu(E_k) \\ &\leqq \mu(E) + \varepsilon - \frac{1}{q+1} \mu^*(A_p)\end{aligned}$$

が成立する．従って $\mu^*(A_p) \leqq (q+1)\varepsilon$ が得られる．ここで ε は任意の正数であるから，$\mu^*(A_p)=0$ すなわち $\mu(A_p)=0$ が得られる．従って $\mu\left(\bigcup_{p=0}^{\infty} A_p\right) \leqq \sum_{p=0}^{\infty} \mu(A_p) = 0$ より，$\mu\left(\bigcup_{p=0}^{\infty} A_p\right)=0$ であることがわかる．

ところで $\bigcup_{p=0}^{\infty} A_p$ に属しない E の各点 x においては

$$\frac{p}{p+1} < \underline{D}\Phi_E(x) \qquad (p=0,1,2,\cdots)$$

であるから，$1 \leqq \underline{D}\Phi_E(x)$ である．また $\underline{D}\Phi_E(x) \leqq \bar{D}\Phi_E(x) \leqq 1$ であるから，

$\underline{D}\Phi_E(x)=\bar{D}\Phi_E(x)=1$，すなわち $D\Phi_E(x)=1$ が得られる．

よって E のほとんどすべての点 x において，$D\Phi_E(x)=1$ であることがわかる．同様に $\mathfrak{C}(E)$ のほとんどすべての点 x において $D\Phi_E(x)=0$ が得られる．ゆえに定理 19.3 が証明される．

注意． L_n の点 x において，$D\Phi_E(x)$ が存在するとき，この値を x における E の密度という．また $D\Phi_E(x)=1$ のとき，x を E の**密度点**，$D\Phi_E(x)=0$ のとき，x を E の**分散点**という．

系． $F(x)$ を L_n で定義された可積分な有限階段函数とするとき，加法的な集合函数

$$\Phi(X)=\int_X F(x)\,dx$$

は L_n のほとんどすべての点で一般微分可能で，

$$D\Phi(x)=F(x)$$

が L_n のほとんどすべての点で成立する．

証明． $F(x)$ の取る値を c_j $(j=0,1,2,\cdots,p)$ とし

$$E_j=\{x|F(x)=c_j\}$$

と置くとき，$F(x)=\sum_{j=0}^{p}c_jF_{E_j}(x)$ であるから

$$\Phi(X)=\int_X F(x)\,dx=\sum_{j=0}^{p}c_j\int_X F_{E_j}(x)\,dx,$$

$$\int_X F_{E_j}(x)\,dx=\mu(X\frown E_j)=\Phi_{E_j}(X)$$

によって

$$\Phi(X)=\sum_{j=0}^{p}c_i\Phi_{E_j}(X)$$

が得られる．そこで E_j の密度点の全体の集合を $D_j^{(1)}$，その分散点の集合を $D_j^{(0)}$ とすれば，$\mu(\mathfrak{C}(D_j^{(0)}\smile D_j^{(1)}))=0$ である．従って $D=\bigcap_{j=0}^{p}(D_j^{(0)}\smile D_j^{(1)})$ と置けば，D の各点 x に対して

(19.32)　　　$x\in D_j^{(1)},\qquad x\ni D_i^{(0)}\qquad (i\neq j)$

を満足する自然数 j が存在する．このことは E_j $(j=0,1,2,\cdots,p)$ が互いに

素で，その和が L_n であることからわかる.

ところで (19.32) より

$$D\Phi_{E_j}(x)=1, \qquad D\Phi_{E_i}(x)=0 \qquad (i\neq j)$$

が得られる. よって

$$D\Phi(x)=D\left(\sum_{k=0}^{p} c_k\Phi_{E_k}\right)(x)=\sum_{k=0}^{p} c_k D\Phi_{E_k}(x)=c_j=F(x)$$

である. 従って D の各点 x で $D\Phi(x)$ が存在し，その値は $F(x)$ である. また明らかに $\mu(\mathfrak{C}(D))=0$ である. ゆえに L_n のほとんどすべての点 x で $D\Phi(x)=F(x)$ が成立する.

補題 19.5. $\mathscr{B}_M$ で定義された加法的な有限集合函数 $\Phi_k(X)$ $(k=0,1,2,\cdots)$ が L_n のほとんどすべての点で一般微分可能で，L_n のほとんどすべての点 x で $D\Phi_k(x)$ $(k=0,1,2,\cdots)$ が有限であるとする. このとき $\mathscr{B}_M$ の各要素 X において

$$\Phi_k(X)\leqq\Phi_{k+1}(X), \tag{19.33}$$

$$\lim_{k\to\infty}\Phi_k(X)=\Phi(X) \tag{19.34}$$

が成立し，しかも $\Phi(X)$ が加法的な有限集合函数であるならば，$\Phi(X)$ は L_n のほとんどすべての点 x で一般微分可能で，

$$\lim_{k\to\infty} D\Phi_k(x)=D\Phi(x)$$

が L_n のほとんどすべての点で成立する.

証明. $\Phi_k^*(X)=\Phi(X)-\Phi_k(X)$ $(k=0,1,2,\cdots)$ と置けば，$\Phi_k^*(X)$ は $\mathscr{B}_M$ で定義された加法的な正の有限集合函数である. また定義から

$$\Phi_k^*(X)\geqq\Phi_{k+1}^*(X), \qquad \lim_{k\to\infty}\Phi_k^*(X)=0$$

である. ゆえに L_n の各点 x において

$$\bar{D}\Phi_k^*(x)\geqq\bar{D}\Phi_{k+1}^*(x)\geqq 0 \qquad (k=0,1,2,\cdots)$$

である. そこで

$$A=[\lim_{k\to\infty} D\Phi_k^*(x)>0]$$

と置く. このとき $\mu^*(A)>0$ であれば，A の部分集合 B と正数 ε_0 とを求めて，

(19.35)　$0<\mu^*(B)<+\infty$,

(19.36)　B の各点 x において $\lim_{k\to\infty}\bar{D}\Phi_k^*(X)>\varepsilon_0$

であるようにできる．また任意の正数 ε に対して

(19.37)　$B\subseqq G,\qquad \mu^*(G)<\mu^*(B)+\varepsilon$

を満足する開集合 G が存在する．従って B の各点 x において，条件

(19.38)　$\Phi_k^*(E_l)>\varepsilon_0\mu(E_l)\qquad (k,l=0,1,2,\cdots)$,

(19.39)　$E_l\subseqq G$

を満足する正則閉集合列 $\{E_l\}$ $(l=0,1,2,\cdots)$ が存在する．このような正則閉集合列に属する閉集合の全体の集合を $\mathscr{H}$ とする．これは B の測度に関する被覆系であるから，定理 19.2 によって，互いに素な $\mathscr{H}$ の要素 E_k $(k=0,1,2,\cdots)$ を求めて，$\mu(B\frown\mathfrak{C}(\bigcup_{k=0}^{\infty}E_k))=0$ であるようにできる．このとき

$$B\subseqq Z\smile\bigcup_{k=0}^{\infty}E_k\subseqq G$$

を満足する測度0の集合 Z が存在する．

ところで

$$\mu^*(B)\leqq\sum_{k=0}^{\infty}\mu(E_k)$$

であるから，

$$\varepsilon_0\mu^*(B)\leqq\varepsilon_0\sum_{k=0}^{\infty}\mu(E_k)<\sum_{k=0}^{\infty}\Phi_m^*(E_k)=\Phi_m^*\left(\bigcup_{k=0}^{\infty}E_k\right)$$
$$\leqq\Phi_m^*(G),$$

すなわち $\varepsilon_0\mu^*(B)\leqq\Phi_m^*(G)$ である．ところで $\lim_{m\to\infty}\Phi_m^*(G)=0$ であるから，$\mu^*(B)>0$ に矛盾する．よって $\mu(A)=0$ である．従って L_n に含まれる測度0の集合 Z_1 を求めて，$\mathfrak{C}(Z_1)$ の各点 x において

(19.40)　$\lim_{k\to\infty}\bar{D}\Phi_k^*(x)=0$

であるようにできる．また $0\leqq\underline{D}\Phi_k^*(x)\leqq\bar{D}\Phi_k^*(x)$ であるから

(19.41)　$\lim_{k\to\infty}\underline{D}\Phi_k^*(x)=0$

である．

そこで有限な $D\Phi_k(x)$ の存在しないような L_n の点 x の集合を D_k とすれば，仮定によって $\mu(D_k)=0$ $(k=0,1,2,\cdots)$ である．ゆえに $\mu\left(\bigcup_{k=0}^{\infty}D_k\right)=0$ である．ところで $\mathfrak{C}(Z_1\smile\bigcup_{k=0}^{\infty}D_k)$ の各点 x において，$D\Phi_k(x)$ が存在している．ゆえに

$$\bar{D}\Phi_k^*(x)=\bar{D}\Phi(x)-D\Phi_k(x),$$

$$\underline{D}\Phi_k^*(x)=\underline{D}\Phi(x)-D\Phi_k(x)$$

が得られる．よって $\bar{D}\Phi(x)$，$\underline{D}\Phi(x)$ はともに有限である．また

$$\bar{D}\Phi(x)-\underline{D}\Phi(x)=\bar{D}\Phi_k^*(x)-\underline{D}\Phi_k^*(x)$$

であるから，(19.40), (19.41) によって $\bar{D}\Phi(x)=\underline{D}\Phi(x)$ が得られる．すなわち $\mathfrak{C}(Z_1\smile\bigcup_{k=0}^{\infty}D_k)$ の各点 x において $\Phi(X)$ は一般微分可能で，$D\Phi(x)$ は有限である．また $\lim_{k\to\infty}\Phi_k^*(x)=0$ から $\lim_{k\to\infty}D\Phi_k(x)=D\Phi(x)$ である．

定理 19.4. $F(x)$ を L_n で定義された可積分函数とするとき，不定積分

$$\Phi(X)=\int_X F(x)dx$$

は L_n のほとんどすべての点で一般微分可能で，

$$D\Phi(x)=F(x)$$

が L_n のほとんどすべての点で成立する．

証明. 初めに $F(x)$ が L_n において有界である場合を考える．仮定によって有理数 a,b を求めて，L_n の各点 x において $a<F(x)<b$ であるようにできる．そこで (17.12)～(17.14) によって $F_p(x)$ $(p=0,1,2,\cdots)$ を定義するとき，L_n の各点 x において

$$0\leqq F(x)-F_p(x)\leqq\frac{b-a}{p+1} \tag{19.42}$$

である．従って $\Phi_p(X)=\int_X F_p(x)dx$ と置けば，$\Phi_p(X)$ は $\mathscr{B}_M$ で定義された加法的な有限集合函数である．従って定理 19.3 の系によって，$\Phi_p(X)$ は L_n のほとんどすべての点で一般微分可能で，$D\Phi_p(x)=F_p(x)$ が L_n のほとんどすべての点で成立する．従って $D\Phi_p(x)\neq F_p(x)$ を満足する点 x の集合 Z_p については，$\mu(Z_p)=0$ である．

今 $\mathfrak{C}(Z_p)$ の一点 x における正則閉集合列 $\{E_k\}$ $(k=0,1,2,\cdots)$ を取れば，(19.42) によって

$$0 \leqq \Phi(E_k) - \Phi_p(E_k) \leqq \frac{b-a}{p+1}\mu(E_k) \tag{19.43}$$

である．ゆえに

$$0 \leqq \overline{\lim_{k\to\infty}} \frac{\Phi(E_k)}{\mu(E_k)} - D\Phi_p(x) \leqq \frac{b-a}{p+1}$$

である．ところで $D\Phi_p(x)=F_p(x)$ であるから，(19.42) によって

$$\left| \overline{\lim_{k\to\infty}} \frac{\Phi(E_k)}{\mu(E_k)} - F(x) \right| \leqq \frac{2(b-a)}{p+1}$$

である．ゆえに

$$\overline{\lim_{k\to\infty}} \frac{\Phi(E_k)}{\mu(E_k)} = F(x)$$

である．同様に (19.43) から

$$0 \leqq \underline{\lim_{k\to\infty}} \frac{\Phi(E_k)}{\mu(E_k)} - D\Phi_p(x) \leqq \frac{b-a}{p+1}$$

が得られる．ゆえに

$$\underline{\lim_{k\to\infty}} \frac{\Phi(E_k)}{\mu(E_k)} = F(x)$$

が成立する．よって $D\Phi(x)$ が存在して，$D\Phi(x)=F(x)$ である．また $\mu\left(\bigcup_{k=0}^{\infty} Z_k\right)=0$ であるから，$F(x)$ が L_n において有界である場合定理 19.4 は成立する．

次に L_n の各点 x において $F(x)\geqq 0$ である場合を考える．任意の自然数 p に対して

$$\Phi_p(X) = \int_X F_p(x)\,dx, \qquad F_p(x) = \min(p, F(x))$$

と置けば，$\Phi_p(X) \leqq \Phi_{p+1}(X)$ $(p=0,1,2,\cdots)$ であって，$\lim_{p\to\infty} \Phi_p(X) = \Phi(X)$ である．また $F_p(x)$ は L_n において有界であるから，すでに得られた結果によって，L_n のほとんどすべての点において有限な $D\Phi_p(x)$ が存在し，$D\Phi_p(x)=F_p(x)$ が L_n のほとんどすべての点で成立する．ゆえに補題 19.5 によって L_n のほとんどすべての点において $D\Phi(x)$ が存在し，$\lim_{p\to\infty} D\Phi_p(x) = D\Phi(x)$ が

L_n のほとんどすべての点において成立する．従って

$$D\Phi(x)=\lim_{p\to\infty}D\Phi_p(x)=\lim_{p\to\infty}F_p(x)=F(x)$$

が L_n のほとんどすべての点で成立する．

次に一般の場合には，$F^{(+)}(x)=\max(0,F(x))$，$F^{(-)}(x)=\max(0,-F(x))$，$\Phi^{(+)}(X)=\int_X F^{(+)}(x)dx$，$\Phi^{(-)}(X)=\int_X F^{(-)}(x)dx$ と置く．このとき $F(x)=F^{(+)}(x)-F^{(-)}(x)$，$\Phi(X)=\Phi^{(+)}(X)-\Phi^{(-)}(X)$ であって，すでに得られた結果によって，$D\Phi^{(+)}(x)=F^{(+)}(x)$，$D\Phi^{(-)}(x)=F^{(-)}(x)$ が L_n のほとんどすべての点で成立する．ゆえに

$$D\Phi(x)=D\Phi^{(+)}(x)-D\Phi^{(-)}(x)=F^{(+)}(x)-F^{(-)}(x)=F(x)$$

が L_n のほとんどすべての点で成立する．

系． $\mathscr{B}_M$ で定義された絶対連続で，加法的な有限集合函数 $\Phi(X)$ は，L_n のほとんどすべての点で一般微分可能で，

$$\Phi(X)=\int_X \bar{D}\Phi(x)dx$$

が成立する．

証明． 定理 19.1，定理 19.4 より明らかである．

ところで一般微分係数の定義に使われる正則閉集合列に，ある種の条件を置くことがある．L_n に含まれる閉区間の列 $\{\overline{I}_k\}$ $(k=0,1,2,\cdots)$ が正則であるとき，これを**正則閉区間列**という．これは一種の正則閉集合列であるが，微分係数や導函数の定義を正則閉区間列について考えることは，その幾何学的意味が明らかであることや，多くの応用のある点などで有用である．

$\Phi(X)$ を $\mathscr{B}_M$ で定義された加法的な有限集合函数とするとき，L_n の一点 x に対して，x における正則閉区間列 $\{I_k\}$ $(k=0,1,2,\cdots)$ で

(19.44)
$$\lim_{k\to\infty}\frac{\Phi(I_k)}{m(I_k)}$$

の存在するものの全体からなる集合を A_x^* で示し，A_x^* に属する正則閉区間列 $\{I_k\}$ $(k=0,1,2,\cdots)$ から作られる極限値 (19.44) の集合を B_x^* とするとき，

$$\bar{D}_I\Phi(x)\equiv\sup B_x^*,$$

$$\underline{D}_I\Phi(x)\equiv\inf B_x^*$$

をそれぞれ $\Phi(X)$ の**区間上導函数**，**区間下導函数**という．また一般導函数の場合と同様に，**区間微分可能性**，**区間導函数**，**区間(上または下)微分係数**を定義することができる．

問． $\mathcal{B}_M$ で定義された加法的な有限集合函数 $\Phi(X)$ の特異部分 $\Phi_S(X)$ については，L_n のほとんどすべての点で

$$D\Phi_S(x)=0$$

であることを証明せよ．

問　題　6

1． L_n に含まれる可測集合 A, B において，$\mu(A)=\mu(B)$ であるとき，L で定義された可測函数 $F(x)$ で，条件

(19.41)　$F(A)=B,$

(19.42)　E を A に含まれる任意の可測集合とするとき　$\mu(F(E))=\mu(E)$ である

を満足するものが存在することを証明せよ．

2． $F(x), G(x)$ を L_n で定義された有界可測函数とし，Dを L_nに含まれる有限可測集合とするとき，次の不等式を証明せよ．

(19.43)
$$\int_D |F(x)G(x)|dx\leqq\sqrt{\int_D F(x)^2dx\int_D G(x)^2dx},$$

(19.44)
$$\sqrt{\int_D (F(x)+G(x))^2dx}\leqq\sqrt{\int_D F(x)^2dx}+\sqrt{\int_D G(x)^2dx}.$$

3． $\Phi(X)$ を $\mathcal{B}_M$ で定義された加法的な正の有限集合函数とするとき，L_n で定義された可測な階段函数 $F(x)=\sum_{k=0}^{p} c_k F_{E_k}(x)$ と L_n に含まれる有限可測集合 D に対して

$$\int_D F(x)d\Phi=\sum_{k=0}^{p} c_k\Phi(E_k\frown D)$$

と置くとき，

$$\int_D F(x)d\Phi=\int_D F(x)D\Phi(x)dx$$

であることを証明せよ．

参　考　書

A. 純粋実函数論の一般書

[1] C. Caratheodory : Vorlesungen über reelle Funktionen. Leipzig, Berlin, 1927

[2] H. Hahn : Theorie der reellen Funktionen, Bd. I. Berlin, 1921

[3] H. Hahn : Reelle Funktionen. Teil I, Punktfunktionen. Leipzig, 1932

[4] E. W. Hobson : Theory of functions of a real variable and the theory of Fourier's series, Vol. I, II. Cambridge, 1926

[5] 泉信一： 実函数論. 宝文館, 1957

[6] I. P. Natanson : Theorie der Funktionen einer reellen Veränderlichen. Berlin, 1954

[7] I. P. Natanson : Theory of functions of a real variable, Vol. I, II. New York, 1960

[8] 辻正次： 実函数論. 槇書店, 1962

[9] Ch. J. de la Vallée Poussin : Intégrales de Lebesgue. Fonctions d'ensemble. Classes de Baire. Paris, 1916

本書はこれらの中で特に H. Hahn [2] に負うところが多い.

B. 射影集合論の書

[10] 近藤基吉： 解析集合論. 岩波書店, 1938

[11] N. Lusin : Leçons sur les ensembles analytiques et leurs applications. Paris, 1928

[12] A. A. Ljapunow, E. A. Stschegolkow, W. J. Arsenin : Arbeit zur deskriptiven Mengenlehre. Berlin, 1955

[13] W. Sierpinski : Les ensembles projectifs et analytiques. Mémorial des sciences Mathématiques, No. 112. Paris, 1950

また位相的集合論の書

[14] C. Kuratowski : Topologie, I. Warsaw, 1933

[15] C. Kuratowski : Topology, Vol. I. New York, London, Warsaw, 1966

の中に射影集合論に関係する部分がある.

C. Kuratowski [14] の方法論を参考にして本書を書いた.

C. 選択の公理に関する書

[16] 近藤基吉： 選択公理. 数学, 第 17 巻, 13—27, 1965

[17] W. Sierpinski : L'axiome de M. Zermelo et son rôle dans la théorie des ensembles et l'analyse. *Bul. Int. Acad. Sc. Cracovie*, Ser. A, 97—152, 1918

[18] H. Rubin and J. Rubin : Equivalents of the axiom of choice. Amsterdam, 1963

他に K. Gödel [19] も選択の公理に関係がある.

D. 一般連続体仮説に関する書

[19] K. Gödel : The consistency of the continnum hypothesis. Princeton, 1940

[20] W. Sierpinski : Hypothèse du continu. Warsaw, 1934

他に P. J. Cohen [25] も一般連続体仮説に関係がある.

E. 積分論に関する書

[21] S. Saks : Théorie de l'intégrale. Warsaw, 1932

[22] S. Saks : Theory of integral. New York, 1937

F. 解析学の基礎に関する書

[23] E. Landau : Grundlagen der Analysis. Leipzig, 1930

[24] H. Weyl : Das Kontinnum. Leipzig, 1918

G. 公理的集合論に関する書

[25] P. J. Cohen : Set theory and the continum hypothesis. New York, 1966

[26] A. Fraenkel and Y. Bar-Hillel : Foundations of set theory. Amsterdam, 1958

他に K. Gödel [19] も公理的集合論に関係がある.

H. 階層論，帰納的解析学の総合報告

[27] 田中尚夫 : constructive analysis について. 数学基礎論赤倉夏季セミナー報告集, 1962

[28] 柘植利之 : 記述的集合論. 同上

I. 本書に関係する数学基礎論の書

[29] S. C. Kleene : Introduction to metamathematics. New York, Toronto, 1952

[30] E. Mendelson : Introduction to mathematical logic. New York, London, Toronto, 1964

[31] J. Shoenfield : Mathematical logic. Reading, 1967

索　　引

人名索引

アルセニン　Arsenin, W. J.　223
エゴロフ　Egoroff, D. Th.　183

カラテオドリ　Caratheodory, Constantin (1873—1950)　223
カントル　Cantor, Georg (1845—1918)　1, 9, 38, 56, 82
クラトウスキ　Kuratowski, Casimir (1896—　)　223
クリーネ　Kleene, Stephen C.　121, 224
クワイン　Quine, Willard van Orman　1
ゲーデル　Gödel, Kurt (1906—　)　1, 10, 18, 117, 224
コーヘン　Cohen, Paul J. (1934—　)　10, 119, 120, 224

サクス　Saks, Stanislaw (1897—1942)　224
シェンフィルド　Shoenfield, J.　224
シルピンスキ　Sierpinski, Waclaw (1882—　)　223, 224
ジョルダン　Jordan, Camille (1838—1922)　132, 197
スコレム　Skolem, Th.　119
ススリン　Souslin, M. (1894—1919)　92, 101, 103, 122
スチェゴルコフ　Stschegolkow, E. A.　223
セリバノウスキ　Selivanowski, E.　150

チェルメロ　Zermelo, Ernst (1871—1953)　1, 9, 17, 37
チャーチ　Church, Alonzo　85
チューリング　Turing, Alan M.　49
デデキント　Dedekind, Richard (1831—1916)　56

ナタンソン　Natanson, I. P.　223
ノイマン　von Neumann, John (1903—1957)　1, 18, 19

ハウスドルフ　Hausdorff, Felix (1868—1942)　122, 132
バー・ヒレル　Bar-Hillel, Y.　224

ハルナック Harnack, A. 150
バレ・プザン de la Vallée Poussin, Ch. J. (1866— ?) 223
ハーン Hahn, Hans (1879— ?) 223
ビタリ Vitali, G. (1875—1932) 208
フレンケル Fraenkel, A. (1891—) 1, 17, 224
ベルナイズ Bernays, Paul 1, 18
ベール Baire, René (1874—1932) 82, 83, 91, 129, 131, 161, 166, 170, 184
ベルンスタイン Bernstein, Serge (1880— ?) 33
ホブソン Hobson, E. W. (1856— ?) 223
ボレル Borel, Emile (1871—1956) 78, 81, 84, 87, 90, 109, 161

メンデルソン Mendelson, E. 224
モストウスキ Mostowski, A. 1

ラッセル Russell, Bertrand (1872—) 8
ラバン Rubin, H. 224
ラバン Rubin, J. 224
ランダウ Landau, Edmund (1877—1938) 224
リアプノフ Ljapunow, A. A. 223
リーマン Riemann, Georg F. B. (1826—1866) 188
ルジン Lusin, N. (1883—1950) 92, 101, 115, 181, 223
ルベグ Lebesgue, Henri (1875—1941) 78, 81, 110, 115, 132, 161, 179, 185, 188, 192, 193
レビ Lévy, Azriel 117
レーベンハイム Löwenheim, L. 119

ワイル Weyl, Hermann (1885—1955) 224

事 項 索 引

近代数学講座 2
実 函 数 論
定価はカバーに表示

1968 年 2 月 1 日 初版第 1 刷
2004 年 3 月 15 日 復刊第 1 刷

著 者 近藤基吉（こんどう もときち）
発行者 朝 倉 邦 造
発行所 株式会社 朝 倉 書 店
東京都新宿区新小川町 6-29
郵 便 番 号 162-8707
電 話 03 (3260) 0141
FAX 03 (3260) 0180
http://www.asakura.co.jp

中央印刷・渡辺製本

ISBN 4-254-11652-7 C 3341 Printed in Japan

近代数学講座 2
実 函 数 論　　定価はカバーに表示

1968 年 2 月 1 日　初版第 1 刷
2004 年 3 月 15 日　復刊第 1 刷

著 者　近藤基吉（こんどう もときち）
発行者　朝倉邦造
発行所　株式会社 朝倉書店
東京都新宿区新小川町 6-29
郵便番号 162-8707
電 話 03(3260)0141
FAX 03(3260)0180
http://www.asakura.co.jp

〈検印省略〉

中央印刷・渡辺製本

ISBN 4-254-11652-7　C 3341　Printed in Japan

記 号 索 引

A. 論理式

ϕ 11
x 11
$=$, $\in$ 11
$\neg$, $\smile$, $\frown$, $\rightarrow$, $\rightleftarrows$, $\exists$, $\forall$ 11, 12
$|$ 11
$($, $)$ 11

B. 集 合

B, $B_{n_0 n_1 \cdots n_k}$ 82
$\mathcal{B}$, $\mathcal{B}_B$, $\mathcal{B}^{\xi}$, $\mathcal{B}_{\xi}$, $\mathcal{B}_{\xi}^{\xi}$, $(\mathcal{B}_1)_P$ 87, 90, 114
$\mathcal{B}_M$, $\mathcal{B}_T$ 130, 141
C 82
$\mathcal{C}$, $\mathcal{C}_B$, $\mathcal{C}^{\xi}$, $\mathcal{C}_{\xi}$, $\mathcal{C}_{\xi}^{\xi}$ 166, 170
$\mathcal{C}_M$, $\mathcal{C}_T$ 179, 184
$\mathcal{F}$, $\mathcal{F}_B$, $\mathcal{G}$, $\mathcal{G}_B$ 85, 86
$\mathcal{F}_{AP}$, $\mathcal{F}_{BP}$, $\mathcal{F}_{\Gamma}$ 102, 112
$\mathcal{H}_{\sigma}$, $\mathcal{H}_{\delta}$, $\mathcal{H}_{\mathfrak{C}}$, $\mathcal{H}_A$, $\mathcal{H}_{\bar{\lambda}}$, $\mathcal{H}_{\underline{\lambda}}$, $\mathcal{H}_{\lambda}$ 85, 93, 165, 172
I_n, $\bar{I}_n$, $[a,b]$, (a,b) 77
J, $\bar{J}$ 50, 54
L_F, L_N, L, L 58, 61, 74
L 118
N, $\bar{N}$ 40, 51
$\mathcal{N}_M$, $\mathcal{N}_T$ 128, 147
R, $\bar{R}$ 53, 62
$U(a,p)$ 75
$\mathcal{Z}$ 207
$Z(\aleph_\alpha)$ 36
ϕ 2

C. 数

$0, 1, 2, \cdots$ 23, 40
$+\infty$, $-\infty$ 73
$\aleph_\alpha$ 35
ω_α 35

D. 函 数

$B(F,x)$, $b(F,x)$, $L(F,x)$, $l(F,x)$ 153
$D(x)$ 175
$\mathrm{dis}(x,y)$ 74
$F_E(x)$ 46, 171
$G_{E,r}(x)$ 176
$\varphi(l,m)$, $pd(l)$ 46, 50
$S(x)$, $C_a^p(l_1, l_2, \cdots, l_p)$, $I_j^p(l_1, l_2, \cdots, l_p)$ 44
$\omega(F,x)$, $\omega_0(F,x)$ 158

E. 写 像

$C_{\in}(a)$ 30
$\delta(E)$ 96
F_a 3
$\nu(x)$ 163
$\rho(a)$ 29
$\tau(A)$ 102

F. 演 算

$+$, $-$, $\cdot$, $/$ 27, 37, 40, 50, 53, 55, 58, 59, 61, 64, 74
$\dot{-}$ 46
$'$ 23, 40
a^b 28, 37
$\smile$, $\frown$ 4, 5

$\cup$, $\cap$, $\bigcup_{n=0}^{\infty}$, $\bigcap_{n=0}^{\infty}$ 4, 6, 84
$\times$ 6
$\{\ \}$, $\langle\ \rangle$ 2, 3
$\int$ 185
$|a|$ 25
$|a|$ 56, 65
$\|a\|$ 31
$|S|$ 133
$x`u$, $x``u$, $x[u]$ 7
x^{-1} 8
$\bar{A}$, A' 75
$B(F,E)$, $b(F,E)$, $M(F,E)$, $m(F,E)$
$L(F,E)$, $l(F,E)$ 152, 153
Γ_0, Γ_1, Γ 50, 53, 61
$\boldsymbol{\Gamma}$, $\boldsymbol{\Gamma}_\xi$ 102, 105
$\mathfrak{C}$, $\mathfrak{D}$, $\mathfrak{W}$ 5, 7
$\bar{D}_\Delta$, $\underline{D}_\Delta$, D_Δ, $\bar{D}_I$, $\underline{D}_I$, D_I, $\bar{D}$, $\underline{D}$, D
203, 213, 222
$\mathfrak{F}_1$, $\cdots$, $\mathfrak{F}_8$ 118
$[F>r]$, $[F\geqq r]$, $[F<r]$, $[F\leqq r]$ 173
$\Phi(\mathfrak{S}_f)$, Φ_M, Ψ_M, Φ_E 92, 122, 213
Φ_A, Φ_S 201
$\overline{\lim_{n\to\infty}}$, $\underline{\lim_{n\to\infty}}$, $\lim_{n\to\infty}$ 69, 70, 152, 162, 164, 172
$m(X)$, $\mu^*(X)$, $\mu_*(X)$, $\mu(X)$
132, 134, 140, 141
$\mathfrak{M}_a B$, $\mathfrak{M}_a$, $\mathfrak{M}$ 16
max, min 46, 152
$\mathfrak{P}$, $\mathfrak{S}$ 4
$r(E)$, $r(x)$, $r(\mathcal{H}, x)$, $r(\{E_k\})$ 207
$\mathfrak{S}_f$ 92
$\mathfrak{S}_E$, $\mathfrak{S}_E^*$, $\mathfrak{S}_F$ 86, 166
sup, inf 22, 152, 161
$\sum_{n=0}^{\infty}$ 73
$\mathfrak{T}_A$, $\mathfrak{T}_A[u]$ 17
$\bar{W}$, $\underline{W}$, W 194
A, P 93, 110
σ, δ, $\bar{\lambda}$, $\underline{\lambda}$, λ 84, 165, 172

G. 関　係

$\in$ 2
$\overline{\in}$ 2
$=$ 2, 3, 4, 31, 40, 50, 53, 73
$\subseteqq$, $\supseteqq$ 2, 3, 4
$\subset$, $\supset$ 2
$<$, $>$, $\leqq$, $\geqq$ 19, 31, 52, 55, 65, 73
$\sim$, $\simeq$ 21, 29
R_a 3

H. 述　語

E_{I}, $\cdots$, E_{VII} 5～8
On 25
Un, Un_1, Un_l 13, 25

注. 定義記号 $\equiv$ は論理式の定義と，特に必要と思われる集合，函数の定義に対して使用することにする.